Alexander Scheuring

Ultrabreitbandige Strahlungseinkopplung in THz-Detektoren

Karlsruher Schriftenreihe zur Supraleitung   Band 011

HERAUSGEBER

Prof. Dr.-Ing. M. Noe
Prof. Dr. rer. nat. M. Siegel

Eine Übersicht über alle bisher in dieser Schriftenreihe
erschienene Bände finden Sie am Ende des Buchs.

Ultrabreitbandige Strahlungseinkopplung in THz-Detektoren

von
Alexander Scheuring

Dissertation, Karlsruher Institut für Technologie (KIT)
Fakultät für Elektrotechnik und Informationstechnik
Tag der mündlichen Prüfung: 16. Juli 2013
Hauptreferent: Prof. Dr. Michael Siegel
Korreferent: Prof. Dr. Hannes Töpfer

Impressum

Karlsruher Institut für Technologie (KIT)
KIT Scientific Publishing
Straße am Forum 2
D-76131 Karlsruhe

KIT Scientific Publishing is a registered trademark of Karlsruhe
Institute of Technology. Reprint using the book cover is not allowed.

www.ksp.kit.edu

Print on Demand 2013

ISSN 1869-1765
ISBN 978-3-7315-0102-2

Ultrabreitbandige Strahlungseinkopplung in THz-Detektoren

Zur Erlangung des akademischen Grades eines

DOKTOR-INGENIEURS

von der Fakultät für
Elektrotechnik und Informationstechnik
des Karlsruher Instituts für Technologie (KIT)
genehmigte

DISSERTATION

von

Dipl.-Ing. Alexander Scheuring
geboren in Bruchsal

Tag der mündlichen Prüfung: 16. Juli 2013

Hauptreferent: Prof. Dr. Michael Siegel

Korreferent: Prof. Dr. Hannes Töpfer

Vorwort

Die vorliegende Arbeit entstand während meiner Zeit als wissenschaftlicher Mitarbeiter am Institut für Mikro- und Nanoelektronische Systeme (IMS) am Karlsruher Institut für Technologie (KIT). Für die Möglichkeit zur Durchführung dieser Arbeit und für die Übernahme des Hauptreferats möchte ich mich beim Institutsleiter, Herr Prof. Dr. rer. nat. Michael Siegel, vielmals bedanken. Ebenso möchte ich meinen Dank Herrn Prof. Dr.-Ing. habil. Hannes Töpfer für das Interesse an der Arbeit und die Übernahme des Korreferats aussprechen.

Herrn Dr.-Ing. Stefan Wünsch danke ich herzlich für seine Hilfe bei fachlichen Fragen und Problemen, für seine moralische Unterstützung sowie für das freundschaftliche Verhältnis während und außerhalb der Arbeitszeit.

Die erfolgreiche Durchführung dieser Arbeit wäre ohne die enge Zusammenarbeit mit den Kollegen am IMS nicht denkbar gewesen. Im Besonderen möchte ich dabei Dr.-Ing. Axel Stockhausen erwähnen, der mich bereits seit dem Studium begleitet hat, sowie Dr.-Ing. Petra Thoma, die stets einen kühlen Kopf behielt, wenn es bei den Messungen am Speicherring ANKA mal wieder „um die Wurst" ging. Ebenso danke ich Herrn Karlheinz Gutbrod und Herrn Alexander Stassen für die hervorragende technische Unterstützung.

Darüber hinaus möchte ich den weiteren Kollegen für die Zusammenarbeit in einem angenehmen Arbeitsklima danken. In alphabetischer Reihenfolge sind dies: Matthias Arndt, Erich Crocoll, Doris Duffner, Dr. Gerd Hammer, Dr. Dagmar Henrich, Matthias Hofherr, Dr. Konstantin Ilin, Dr. Christoph Kaiser, Max Meckbach, Michael Merker, Juliane Raasch, Frank Ruhnau, Philipp Trojan und Hansjürgen Wermund.

Für die hervorragende Zusammenarbeit mit der School of Electronic and Electrical Engineering an der Universität in Leeds/UK bedanke ich mich bei Dr. Paul Dean, Dr. Alex Valavanis, Prof. Edmund Linfield und Prof. Giles Davies. Ebenso möchte ich meinen Dank an die Gruppe von Dr. Anke-Susanne Müller vom Laboratorium für Applikationen der Synchrotronstrahlung am KIT richten, mit welcher gemeinsam die Messkampagnen bei ANKA durchgeführt wurden. Zusätzlich gilt ein besonderer Dank den Professoren Alain Kreisler und Annick Degardin vom Laboratoire de Génie Electrique de Paris (LGEP) an der École Supérieure d'Électricité (Supélec) in Gif sur Yvette/Paris für die Möglichkeit zur Projektmitarbeit und die freundliche Aufnahme in ihrer Gruppe.

Der größte Dank gilt natürlich meiner Familie für den lebenslangen Rückhalt und die selbstlose Unterstützung in jeder Hinsicht.

Inhaltsverzeichnis

1. Einleitung

In der vorliegenden Arbeit wird die Entwicklung integrierter THz-Sensoren auf der Basis antennengekoppelter Bolometer behandelt. Da die Anforderungen einzelner THz-Anwendungen unterschiedlich gewichtet sind, gliedert sich die Arbeit in zwei Themenbereiche.

Im ersten Teil steht die Entwicklung quasioptischer Detektormodule im Mittelpunkt, anhand derer eine zeitlich hoch aufgelöste Untersuchung transienter THz-Signale ermöglicht werden soll. Im einzelnen geht es dabei um die Detektion ultrakurzer Synchrotronstrahlungsimpulse sowie um die Charakterisierung des Emissionsverhaltens eines THz-Quantenkaskadenlasers (engl. Quantum Cascade Laser - QCL): Durch den Einsatz von Synchrotronquellen konnten in jüngerer Zeit bemerkenswerte Fortschritte bei der Erzeugung von THz-Strahlung erzielt werden. Seit der Inbetriebnahme von Elektronenspeicherringen wie ANKA (ANgströmquelle KArlsruhe) in Karlsruhe im Jahr 2003 [1] oder MLS (Metrology Light Source) in Berlin (2008) [2] sind die technischen Mittel für eine zuverlässige Erzeugung kohärenter Synchrotronstrahlung (engl. Coherent Synchrotron Radiation - CSR) im THz-Frequenzbereich verfügbar. Dadurch werden einer Vielzahl von Anwendungen in den Bereichen Spektroskopie und Materialforschung sowie in der Medizintechnik neue Möglichkeiten eröffnet.

Die Synchrotronstrahlung in solchen Speicherringsystemen entsteht durch die Ablenkung von Elektronenpaketen (engl. Bunches) und stellt sich in einem weiten Frequenzbereich von weniger als 100 GHz bis hin zu mehreren THz ein. Die THz-Signale zeichnen sich neben der enorm hohen Emissionsbandbreite vor allem durch ihre hohe Brillanz aus. Bedingt durch die beschleunigte Bewegung der Elektronenpakete auf einer Kreisbahn breitet sich Synchrotronstrahlung, in Bezug auf eine fixe Beobachterposition, in Form ultrakurzer Impulse aus. Die Dauer solcher Strahlungsimpulse liegt im Bereich weniger Pikosekunden, wobei die einzelnen Impulse sehr hohe Energiepegel von mehr als 10 nJ erreichen können [3].

Um das volle Leistungspotential der Synchrotrontechnik ausschöpfen zu können, werden THz-Sensoren benötigt, die in der Lage sind, die ultrakurzen Impulse aufzulösen. Ein Sensortyp mit vielversprechenden Eigenschaften ist das Heiße-Elektronen-Bolometer (engl. Hot-Electron Bolometer - HEB) aus der Gruppe der supraleitenden Detektoren. Neben den allgemeinen Vorteilen supraleitender Detektoren wie einer hohen Empfindlichkeit sowie eines niedrigen Rauschpegels verfügen HEBs aufgrund der schnell ablaufenden intrinsischen Energietransferprozesse über extrem kurze Detektionszeitkonstanten. Herausragende

Ergebnisse im optischen Wellenlängenbereich konnten im Besonderen durch den Einsatz von Yttrium-Barium-Kupferoxid ($Y_1Ba_2Cu_3O_{7-x}$, kurz: YBCO) erzielt werden [4]. YBCO gehört zu den Kupraten, welche die wichtigste Gruppe der Hochtemperatursupraleiter bilden, und zeichnet sich durch eine extrem kurze Elektron-Phonon-Wechselwirkungszeit von 1-2 ps aus [5, 6]. Die Grundlagen zur Funktionsweise bolometrischer Detektoren sowie eine Erläuterung des Heiße-Elektronen-Effekts werden in Kapitel 2 dargestellt.

Um die besonderen Materialeigenschaften eines Heiße-Elektronen-Bolometers im THz-Frequenzbereich optimal nutzen zu können, sollen in dieser Arbeit spezielle Breitbandantennen entwickelt werden, durch deren Einsatz die effiziente Ankopplung an das sich im Freiraum ausbreitende THz-Signal gewährleistet ist. Dazu erfolgt einführend in Kapitel 3 ein Abriss über die Gaußsche Quasioptik und die Antennentheorie, welche durch eine Beschreibung der Methoden zum Entwurf linsengekoppelter Breitbandantennen in Kapitel 4 vertieft wird. Die Entwicklung kompletter Detektormodule, welche für den Einsatz am Elektronensynchrotron ANKA optimiert werden, wird in Kapitel 5 beschrieben und diskutiert.

Neben der Strahlungseinkopplung ist vor allem die breitbandige Signalauslese von großer Wichtigkeit, da durch diese unmittelbar die erreichbare Zeitauflösung bestimmt wird. Hierzu ist es notwendig, das Detektorelement inklusive Antenne in eine Mikrowellenumgebung einzubetten, über welche das Detektorsignal möglichst verzerrungsarm einer extern angeschlossenen Messelektronik zugeführt wird. Dabei sollen die Strukturen derart entworfen werden, dass mittels der am IMS verfügbaren technologischen Prozesse zur Abscheidung und Strukturierung von Dünnschichten die Integration von Bolometer, Antenne und Ausleseleitung auf einem einzelnen Detektorchip möglich ist. Dieser Teil wird ebenfalls in Kapitel 5 behandelt, welches durch die Diskussion der experimentell erzielten Messergebnisse vervollständigt wird.

Neben dem Aufbau der Synchrotronbeschleuniger auf dem Forschungsgebiet der Großgeräte konnten Köhler *et al.* im Jahr 2002 einen Durchbruch mit der Entwicklung des THz-Quantenkaskadenlasers erzielen [7]. Dabei handelt es sich um eine leistungsstarke, kompakte Festkörperquelle, durch welche ebenfalls kohärente THz-Strahlung erzeugt wird. Bei konventionellen Halbleiterlasern ist die Strahlungsfrequenz durch die Bandlücke des verwendeten Halbleiters festgelegt. Diese liegt bei den bekannten Materialien in einem Bereich von etwa $E_g = 0,1 - 4$ eV. Daher werden Halbleiterlaser hauptsächlich für den optischen sowie infraroten (IR) Wellenlängenbereich eingesetzt. Beim Quantenkaskadenlaser dagegen werden durch Intersubband-Übergange von Elektronen innerhalb des Leitungsbands eines Halbleiterlasers Photonen mit einer Energie unterhalb der Bandlücke des Halbleiters emittiert. Durch die Weiterentwicklungen während der letzten 10 Jahre lässt sich mittlerweile eine Vielzahl verschiedener Emissionslinien im Frequenzbereich von $f = 1,2 - 5$ THz realisieren [8, 9, 10]. Die mittels THz-QCLs erzeugten Signale verfügen über eine hohe Ausgangsleistung (mehr als 250 mW im gepulsten Betrieb [11]) sowie eine schmale Linienbreite (<30 kHz [12]). Im Gegensatz zu den ebenfalls verfügbaren IR-QCLs können THz-QCLs ausschließlich bei kryogenen Temperaturen betrieben werden ($T < 200$ K [13]), um den Quantenkaskadeneffekt nutzbar zu machen. Durch die hohe elektrische Verlustleistung von einigen Watt und der damit verbundenen Erwärmung gestaltet sich der Dauerstrichbetrieb (engl. Continuous Wave - CW) eines THz-QCLs derzeit als große Herausforderung, weshalb diese Strahlungsquellen typischerweise durch kurze Impulse mit einer Dauer im Sub-μs-Bereich angeregt werden.

Dabei treten innerhalb der Impulsdauer geringfügige Schwankungen des Laserstroms auf, welche auf Stehwellen zwischen dem QCL und der Treiberelektronik zurückzuführen sind. Diese Schwankungen treten auf einer Nanosekundenzeitskala auf und besitzen einen signifikanten Einfluss auf die emittierte Strahlungsleistung. Um das dynamische Zusammenspiel zwischen dem Anregungsstrom und der emittierten Strahlungsleistung eines THz-QCLs zu verstehen, ist eine Zeitbereichsanalyse erforderlich. Zu diesem Zweck soll ebenfalls ein quasioptisches Detektormodul entwickelt werden, wobei zur Herstellung des Detektorelements eine Niobnitrid-Dünnschichttechnologie eingesetzt werden soll. Niobnitrid (NbN) besitzt eine charakteristische intrinsische Detektorantwortzeit von $\tau \approx 30$ ps [14, 15]. Daher lässt sich zwar die ultimative Zeitauflösung von YBCO nicht erreichen, allerdings verfügen NbN-basierte Sensoren über eine höhere Detektionsempfindlichkeit sowie geringere Rauschanteile aufgrund einer niedrigeren Arbeitstemperatur. Die Funktionsweise und der Aufbau des untersuchten THz-QCLs sowie die Vorstellung des speziell entwickelten Detektormoduls werden in Kapitel 6 zusammen mit einer Diskussion der Strahlungsmessungen bei 3,1 THz behandelt.

Der zweite Teil der Arbeit widmet sich der Entwicklung ultrabreitbandiger Planarantennen zur Verwendung mit Raumtemperaturbolometern. Gekühlte supraleitende Sensoren werden vor allem in Anwendungsbereichen eingesetzt, bei denen besondere Leistungsmerkmale gefordert sind wie z.B. eine minimale Rauschtemperatur oder, wie bereits angesprochen, eine hohe Zeitauflösung. Zusätzlich existiert aber der Wunsch nach kostengünstigen, integrierbaren Detektoren für die Entwicklung von Multipixelarrays. Im Bereich der Bildgebung soll dadurch der Aufbau kompakter, hoch auflösender Endgeräte ermöglicht werden, ähnlich den CCD-Kameras im optischen Bereich.

Durch den Verzicht auf komplexe und teure Kühlsysteme sowie die gute Integrierbarkeit und den geringen Platzbedarf sind antennengekoppelte Raumtemperaturbolometer eine interessante Alternative zu Detektoren, welche auf Schottkydioden [16] oder MOSFET-Technologien [17] basieren. Amorph aufgewachsenes YBCO (a-YBCO) beispielsweise bietet mit 3-4 %/K sogar einen höheren Temperaturkoeffizienten des elektrischen Widerstands (engl. Temperature Coefficient of Resistance - TCR) als das im IR-Bereich etablierte Vanadiumoxid (VO_x) und erlaubt zudem die Integration in bestehende CMOS-Prozesse [18]. Allerdings stellen sich bei der Verwendung standardisierter Planarantennen hohe Reflexionsverluste ein, welche auf eine massive Fehlanpassung der extrem hohen Detektorimpedanz ($Z_D = 1 - 10$ kΩ) an die Antennenimpedanz ($Z_A \propto 100$ Ω) zurückzuführen ist. Aus diesem Grund ist der Entwurf neuartiger Breitbandantennen erforderlich, welche eine hohe Eingangsimpedanz ($Z_A > 1$ kΩ) besitzen und somit eine effiziente Ankopplung an den Detektor erlauben. Diese Antennen sowie eine Untersuchung ihrer elektromagnetischen Eigenschaften werden in Kapitel 7 erörtert.

In Kapitel 8 erfolgt ergänzend zu den hochohmigen Detektoren aus a-YBCO erstmalig die Untersuchung von $Pr_1Ba_2Cu_3O_{7-x}$ (PBCO) zur Herstellung bolometrischer THz-Detektoren. Vor allem durch die Verwendung als Pufferschicht bei supraleitenden YBCO-Detektoren bekannt, besitzt PBCO mit einem relativ hohen Widerstandstemperaturkoeffizienten ($TCR = 1 - 2$ %/K) sowie einem geringen spezifischen Widerstand ($\rho \approx 2000$ μΩcm) zwei Eigenschaften, die eine hohe Detektionsempfindlichkeit sowie eine effiziente Ankopplung an konventionelle Antennenstrukturen versprechen.

2. Funktionsweise und Kenngrößen bolometrischer Detektoren

In diesem Kapitel wird das Prinzip der bolometrischen Detektion erläutert und die wichtigsten Kenngrößen zur Charakterisierung eines Bolometers vorgestellt. Es wird erklärt, warum beim Übergang vom kurzwelligen optischen und Infrarotbereich zum längerwelligen THz-Bereich der Einsatz von Antennenstrukturen notwendig wird. Neben einer Vorstellung der grundlegenden Eigenschaften supraleitender Materialien wird im speziellen der Heiße-Elektronen-Effekt behandelt, aufgrund dessen eine hohe zeitliche Auflösung überhaupt ermöglicht wird. Das Kapitel schließt mit einer Betrachtung der unterschiedlichen Rauscheinflüsse, welche maßgeblich für die Festlegung der Nachweisgrenze eines Bolometers verantwortlich sind.

2.1. Aufbau und Funktion eines Bolometers

Ein Bolometer ist ein Sensor zur Detektion elektromagnetischer Strahlung. Der Detektionsmechanismus eines Bolometers beruht auf der Erwärmung eines Strahlungsabsorbers durch die Aufnahme von Strahlungsenergie. Die Erwärmung wird mit Hilfe eines Thermometers in Form eines temperaturabhängigen Widerstands $R_{\mathrm{bol}}(T_{\mathrm{bol}})$ messtechnisch erfasst. Die Temperaturabhängigkeit des Thermometers wird dabei durch den Temperaturkoeffizienten des elektrischen Widerstands α bzw. TCR beschrieben. Die mathematische Definition lautet:

$$\alpha = TCR = \frac{1}{R_{\mathrm{bol}}(T_{\mathrm{bol}})} \frac{dR_{\mathrm{bol}}(T_{\mathrm{bol}})}{dT_{\mathrm{bol}}} \left[\frac{1}{\mathrm{K}}\right] \tag{2.1}$$

Der prinzipielle Aufbau eines Bolometers ist in Abbildung 2.1 dargestellt. Das Bolometer besteht aus einem Absorber, der die Temperatur T_{bol} und die Wärmekapazität C besitzt. Die Wärmekapazität ist ein Maß dafür, wie viel Wärmeenergie bei einer bestimmten Temperaturänderung im Detektor gespeichert werden kann. Sie hängt von der materialabhängigen spezifischen Wärmekapazität c_{s} sowie dem Volumen V des Detektors ab und berechnet sich zu

$$C = c_{\mathrm{s}} \cdot V \left[\frac{\mathrm{J}}{\mathrm{K}}\right]. \tag{2.2}$$

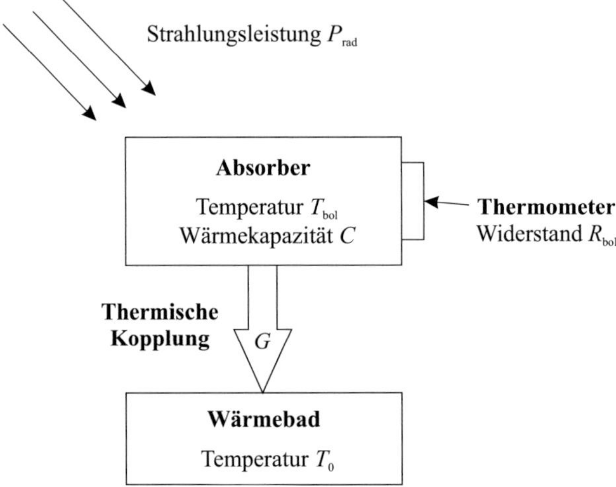

Abbildung 2.1.: Schematischer Aufbau eines Bolometers.

Der Absorber ist über einen thermischen Kontakt mit dem Wärmeleitwert G an ein Wärmebad der Temperatur T_0 gekoppelt. Wird das Bolometer mit elektromagnetischen Wellen bestrahlt, so bewirkt die absorbierte Leistung $P_{\text{abs}} = \eta P_{\text{rad}}$ einen Temperaturanstieg des Absorbers ($T_{\text{bol}} > T_0$). Dabei bezeichnet η die Effizienz, mit welcher die Strahlungsleistung P_{rad} absorbiert wird. Beim Abschalten der Strahlung relaxiert das Bolometer, indem die in der Wärmekapazität gespeicherte Energie an das Wärmebad abgeführt wird, bis sich der Ausgangszustand wieder eingestellt hat. Die Zeitkonstante, welche charakteristisch für diesen Vorgang ist, berechnet sich nach [19] zu

$$\tau = \frac{C}{G}\ [\text{s}]. \tag{2.3}$$

Handelt es sich bei dem Absorber und dem Thermometer um separate Strukturen, so wird in der Fachsprache der Begriff *Composite Bolometer* verwendet. Umgekehrt gibt es Materialien, die die Funktion des Absorbers und des Thermometers in sich vereinen und daher als *integrierte Bolometer* bezeichnet werden.

Das dynamische Verhalten eines Bolometers lässt sich mathematisch anhand der Leistungsbilanzgleichung [20] beschreiben:

$$C\frac{d(T_{\text{bol}} - T_0)}{dt} = P_+ - P_- = P_{\text{abs}} + P_{\text{el}} - G(T_{\text{bol}} - T_0) \tag{2.4}$$

Die zu einem bestimmten Zeitpunkt umgesetzte Leistung ergibt sich aus der Differenz der zugeführten Leistung P_+ und der abgeführten Leistung P_-. Die zugeführte Leistung setzt sich aus der absorbierten Strahlungsleistung P_{abs} sowie der elektrischen Leistung P_{el}, welche durch den zur Arbeitspunkteinstellung des Detektors eingespeisten Konstantstrom I_b (engl. Bias Current) verursacht wird, zusammen. Die an das Wärmebad abgeführte Leistung hängt vom Wärmeleitwert und dem Temperaturunterschied zwischen Absorber und Bad ab. Durch das Anlegen des Konstantstroms zur messtechnischen Erfassung des Thermometerwiderstands wird der Zustand des Bolometer beeinflusst: Aufgrund der erzeugten elektrischen Verlustwärme ändert das Thermometer seinen Widerstand. Dies wirkt sich wiederum unmittelbar auf die Verlustleistung selbst aus, wodurch sich die Temperatur wiederum ändert usw. Dieser Rückkopplungseffekt wird als *Electro-Thermal Feedback* bezeichnet. Als Folge dieses Effekts ergeben sich Effektivwerte für den thermischen Leitwert sowie für die Zeitkonstante, welche sich von den Werten ohne angelegten Strom unterscheiden. Abhängig von den elektrischen Parametern lauten die Effektivwerte [19]:

$$G_{\text{eff}} = G - I_b^2 R_{\text{bol}} \alpha \; \left[\frac{\text{W}}{\text{K}}\right] \tag{2.5}$$

bzw.

$$\tau_{\text{eff}} = C / G_{\text{eff}} \; [\text{s}] \tag{2.6}$$

Die Arbeitspunkteinstellungen sind vorsichtig zu wählen, um einen stabilen Betriebszustand des Bolometers zu erreichen. Bei Werten, die zu einem extrem kleinen effektiven thermischen Leitwert G_{eff} führen, besteht die Gefahr, dass die Verlustwärme nicht hinreichend schnell an das Wärmebad abtransportiert wird und der Detektor durch Überhitzung zerstört wird. Als Richtwert zur Einstellung eines stabilen Betriebszustandes dient der Instabilitätskoeffizient a (engl. Electro-Thermal Instability Coefficient) [19]. Dieser berechnet sich zu

$$a = \alpha I_b^2 R_{\text{bol}} / G. \tag{2.7}$$

Damit lässt sich der effektive thermische Leitwert folgendermaßen ausdrücken:

$$G_{\text{eff}} = (1 - a)G \tag{2.8}$$

Für einen stabilen Betrieb wird ein Richtwert von $a < 0{,}3$ empfohlen [19].

Ein Maß zur Beschreibung der Leistungsfähigkeit eines Bolometers ist die elektrische Empfindlichkeit S_{el}. Die Empfindlichkeit gibt an, mit welcher Signalspannung ΔU_{s} der Detektor auf eine Änderung der absorbierten Leistung ΔP_{abs} reagiert. Nach [19] lässt sich die elektrische Empfindlichkeit in der *Lorentzschen Form* angeben:

$$S_{\mathrm{el}}(\omega) = \frac{\Delta U_{\mathrm{s}}}{\Delta P_{\mathrm{abs}}} = \frac{\alpha I_{\mathrm{b}} R_{\mathrm{bol}}}{G_{\mathrm{eff}} \sqrt{1 + (\omega \tau_{\mathrm{eff}})^2}} \left[\frac{\mathrm{V}}{\mathrm{W}}\right] \tag{2.9}$$

Dabei beschreibt ω die Frequenz, mit welcher das Nutzsignal moduliert wird. Für kleine Modulationsfrequenzen ($\omega \tau_{\mathrm{eff}} << 1$) nimmt die Empfindlichkeit einen konstanten Wert $S_{\mathrm{el}} = \alpha I_{\mathrm{b}} R_{\mathrm{bol}} / G_{\mathrm{eff}}$ an. Für große Frequenzen ($\omega \tau_{\mathrm{eff}} >> 1$) zeigt sich eine Abhängigkeit von der Frequenz in der Form $S_{\mathrm{el}} = \alpha I_{\mathrm{b}} R_{\mathrm{bol}} / \omega C$. Neben den Materialeigenschaften (TCR, c_{s}) sowie den elektrischen Parametern (I_{b}, R_{bol}) ist die Wahl der Geometrie von entscheidender Bedeutung für die Entwicklung empfindlicher Detektoren: Eine Reduzierung des Detektorvolumens führt gemäß Gleichung (2.2) zu einer verringerten Wärmekapazität. Das bedeutet, dass bereits geringe Energiemengen zu einer großen Temperatur- und somit Widerstandsänderung des Detektors führen [21], wodurch die Empfindlichkeit des Detektors maßgeblich beeinflusst wird. Zudem ergibt sich nach Gleichung (2.3) eine schnellere Antwortzeit des Detektors. Weiterhin gilt, dass der thermische Leitwert G von der Querschnittsfläche A abhängt, mit welcher der Detektor an das Wärmebad kontaktiert ist. Für den Fall planarer Strukturen auf einem Substrat, wie sie in dieser Arbeit betrachtet werden, gilt eine direkte Proportionalität $G \propto A$ [22]. Dementsprechend führt eine reduzierte Detektorfläche zu einer schwächeren thermischen Kopplung zum Substrat und somit gemäß Gleichung (2.9) zu einer verbesserten Detektorempfindlichkeit. Um einer damit einhergehenden Erhöhung der Antwortzeit des Detektors entgegenzuwirken, lässt sich durch die Herstellung sehr dünner Schichten eine weitere Verringerung der Wärmekapazität erreichen.

Eine alternative Formulierung der Detektorempfindlichkeit wurde von Jones anhand der elektrischen Parameter eines Bolometers entwickelt [23]. Die mathematische Definition lautet

$$S_{\mathrm{el}}(\omega) = \frac{(Z_{\mathrm{bol}}(\omega) - R_{\mathrm{bol}})}{2 I_{\mathrm{b}} R_{\mathrm{bol}}} \left[\frac{\mathrm{V}}{\mathrm{W}}\right], \tag{2.10}$$

wobei $Z_{\mathrm{bol}} = dU_{\mathrm{bol}} / dI_{\mathrm{bol}}$ der frequenzabhängige differentielle Widerstand des Detektors im Arbeitspunkt ist. Anhand der Jones-Formel ist es möglich, die Empfindlichkeit eines Detektors direkt aus dessen Strom-Spannungs-Kennlinie zu berechnen, ohne dass der Temperaturkoeffizient des elektrischen Widerstands oder der thermische Leitwert bekannt sein müssen.

Beide Formeln sind lediglich unterschiedliche Darstellungen derselben Detektoreigenschaften und führen deshalb zu identischen Empfindlichkeitswerten.

Besonders hinsichtlich der Charakterisierung kompletter Sensorsysteme wird auch häufig die optische Empfindlichkeit S_opt als Kenngröße verwendet. Bei der optischen Empfindlichkeit dient nicht die absorbierte Leistung P_abs als Referenzgröße, sondern die einfallende Strahlungsleistung P_rad. Wie bereits erwähnt wurde, sind die absorbierte Leistung und die Strahlungsleistung über die Koppeleffizienz η miteinander verknüpft [19]. Somit ergibt sich die optische Empfindlichkeit zu

$$S_\text{opt} = \frac{\Delta U_\text{s}}{\Delta P_\text{rad}} = \eta \frac{\Delta U_\text{s}}{\Delta P_\text{abs}} = \eta S_\text{el} \left[\frac{\text{V}}{\text{W}}\right]. \tag{2.11}$$

Die Koppeleffizienz kann maximal den Wert 1 annehmen, weshalb die optische Empfindlichkeit maximal so groß wie die elektrische Empfindlichkeit sein kann.

Im nahen (NIR) und im mittleren Infrarotbereich (MIR) werden Absorberstrukturen verwendet, welche aus freistehenden Membranen bestehen [24, 25, 26, 27, 28]. Die Membrane besitzen laterale Abmessungen von bis zu $100 \times 100\ \mu\text{m}^2$ bei einer Dicke von wenigen Mikrometern. Strahlung wird direkt in der Membran absorbiert und in Wärme umgewandelt. Dadurch, dass die Wellenlänge der einfallenden Strahlung kleiner als die Detektorabmessungen sind, lässt sich eine starke Wechselwirkung zwischen der elektromagnetischen Welle und der Membran erzielen, was Voraussetzung für eine effiziente Strahlungsabsorption ist. Darüber hinaus kommen bei der Herstellung der Membrane halbleitende Materialien zum Einsatz, deren Bandlücke geringer als die Photonenenergie optischer sowie infraroter Strahlung ist und somit eine direkte Absorption überhaupt ermöglicht wird. Die für den Infrarotbereich eingesetzten Absorberstrukturen besitzen aufgrund der langjährigen Entwicklungsgeschichte eine hohe technologische Reife und finden auch in kommerziell verfügbaren Wärmebildkameras Verwendung [29]. Beim Übergang zum fernen Infrarotbereich (FIR) bzw. zum THz-Frequenzbereich übersteigt jedoch die Wellenlänge der Strahlung die Abmessungen der Absorberstrukturen. Die Folge ist eine geringe elektromagnetische Wechselwirkung und somit eine schwache Strahlungsabsorption.

Ein vielversprechender Ansatz zur Strahlungseinkopplung im THz-Frequenzbereich stellt die Verwendung integrierter Antennenstrukturen dar [22, 30, 31]. Eine Antenne besitzt eine Strukturgröße im Bereich der Wellenlänge oder darüber hinaus. Sie besitzt die Eigenschaft, Strahlung effizient zu absorbieren und verlustarm dem Detektor in Form eines hochfrequenten Stroms zuzuführen [32]. Da dem eigentlichen Detektor nicht die Aufgabe der Strahlungsaufnahme zukommt, kann dessen Geometrie hinsichtlich der gewünschten Detektions-

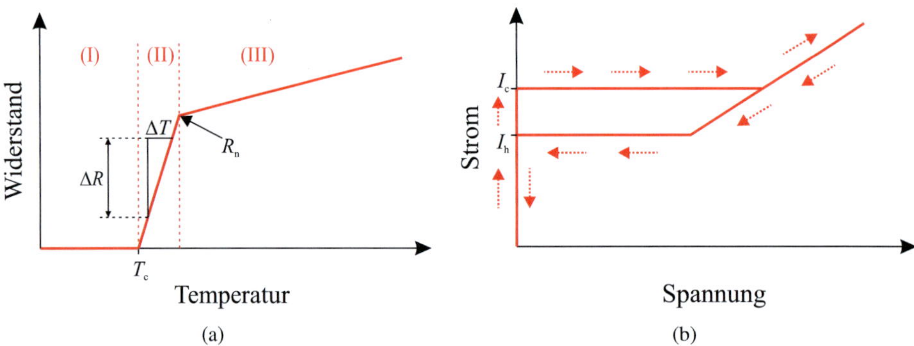

Abbildung 2.2.: (a) Schematischer Widerstandsverlauf eines Supraleiters abhängig von der Temperatur. (b) Idealisierte Strom-Spannungs-Kennlinie eines Supraleiters für $T \ll T_\mathrm{c}$. Bei Temperaturen nahe der kritischen Temperatur verschwindet die Hysterese.

eigenschaften wie einer hohen Empfindlichkeit oder einer kurzen Antwortzeit optimiert werden, ohne Einbußen hinsichtlich der Absorptionseffizienz hinnehmen zu müssen. Dabei lassen sich je nach gewähltem Antennentyp extrem hohe Empfangsbandbreiten realisieren. Da sich besonders planare Antennen zudem hervorragend in technologische Prozesse integrieren lassen, bieten solche Strukturen weitere Vorteile wie eine hohe mechanische Stabilität, eine hohe Reproduzierbarkeit sowie die Möglichkeit zur Herstellung von Multipixelarrays. Dies ist besonders vor dem Hintergrund interessant, dass bildgebende Systeme eine immer wichtigere Rolle einnehmen.

2.2. Eigenschaften supraleitender Heiße-Elektronen-Bolometer

2.2.1. Grundlagen der Supraleitung

Supraleiter sind Materialien, deren elektrischer Widerstand R beim Unterschreiten einer kritischen Temperatur T_c sprungartig auf Null abfällt. Der R-T-Verlauf eines Supraleiters ist in Abbildung 2.2a schematisch dargestellt. Die Ursache für den Verlust des elektrischen Widerstands liegt in der Existenz sogenannter *Cooper-Paare*, zu denen sich jeweils zwei Elektronen mit entgegengesetztem Spin bei tiefen Temperaturen zusammenschließen [33]. Cooper-Paare besitzen die Eigenschaft, elektrischen Strom verlustfrei zu transportieren. In diesem Zustand (s. Abbildung 2.2a-I) ist bei einem angelegten Konstantstrom kein Spannungsabfall über dem Supraleiter zu messen. Steigt die Temperatur über den Wert der kritischen Temperatur, brechen Cooper-Paare auf und es entstehen *Quasiteilchen*. Dabei handelt es sich also um thermisch angeregte Elektronen. Im supraleitenden Übergang (s. Abbildung 2.2a-II) wird der Strom sowohl von den supraleitenden Cooper-Paaren als auch von den normalleitenden Quasiteilchen getragen und ist folglich widerstandsbehaftet. Der Stromtransport in diesem Zustand wird durch das von Gorter und Casimir vorgestellte *Zweiflüssigkeitsmodell* beschrieben [34]. Wird die Temperatur letztendlich so weit erhöht, dass keine Cooper-Paare mehr vorhanden sind, geht der Widerstandsverlauf in den ohmschen Bereich über (s. Abbildung 2.2a-III). Diese Stelle ist durch den Normalleitungswiderstand R_n gekennzeichnet.

Es ist zu beachten, dass die Cooper-Paare im supraleitenden Zustand keinen beliebig hohen Strom transportieren können. Oberhalb des kritischen Stroms I_c bricht die Supraleitung zusammen und es stellt sich ein messbarer Widerstand ein. Die Strom-Spannungs-Kennlinie eines Supraleiters zeigt ein deutlich nichtlineares Verhalten, wie in Abbildung 2.2b veranschaulicht ist. Wird der Strom von Null an sukzessive erhöht, so ist kein Spannungsabfall messbar, solange der Stromfluss unterhalb des kritischen Werts bleibt. Bei $I = I_\mathrm{c}$ springt der Supraleiter in den normalleitenden ohmschen Bereich. Wird der Strom im normalleitenden Zustand wieder reduziert, so ist ein Rücksprung in den supraleitenden Zustand bei einem Wert festzustellen, der geringer als der kritische Strom ist. Die Ursache liegt darin, dass die elektrisch erzeugte Verlustleistung Wärme erzeugt und der Supraleiter oberhalb seiner kritischen Temperatur betrieben wird. Erst wenn mit abnehmendem Strom die Verlustleistung hinreichend gering wird, stellt sich der supraleitende Zustand wieder ein. Da die Strom-Spannungs-Kennlinie aufgrund dieses Verhaltens eine Hysterese aufweist, wird der Rücksprungstrom auch als *Hysteresestrom* I_h bezeichnet. Die Strom-Spannungs-Kennlinie eines Supraleiters hängt stark von der Arbeitstemperatur ab, wobei sowohl der kritische Strom als auch der Hysteresestrom mit zunehmender Temperatur absinken. Nähert sich die Arbeitstemperatur der kritischen Temperatur, so verschwindet die Hysterese.

Aufgrund der besonderen physikalischen Eigenschaften der Supraleiter werden diese vielfältig eingesetzt. Im Hinblick auf die Verwendung als Strahlungsdetektoren macht man sich speziell den Phasenübergang vom supraleitenden zum normalleitenden Zustand zunutze, wie z.B. beim Kantenbolometer (engl. Transition Edge Sensor - TES) [35]. Je nach Breite des supraleitenden Übergangs kann der Temperaturkoeffizient des elektrischen Widerstands extrem hohe Werte von über 100 %/K annehmen. Im Vergleich zu ungekühlten metallischen [22] oder halbleitenden [24] Materialien liegen diese Werte um mehr als zwei Größenordnungen darüber. Somit lassen sich durch den Einsatz supraleitender Technologien bolometrische Detektoren mit einer extrem hohen Empfindlichkeit realisieren [19]. Um die Detektoren bei Temperaturen unterhalb der kritischen Temperatur zu betreiben, werden Kühlsysteme eingesetzt wie z.B. Kryostate mit flüssigem Helium (LHe) oder flüssigem Stickstoff (LN_2) oder kryogenfreie Pulsrohrkühler.

2.2.2. Der Heiße-Elektronen-Effekt

Eine weitere Besonderheit, die in Zusammenhang mit tiefen Temperaturen auftreten kann, ist der *Heiße-Elektronen-Effekt* (engl. Hot-Electron Effect). Dieser Effekt ist sowohl bei

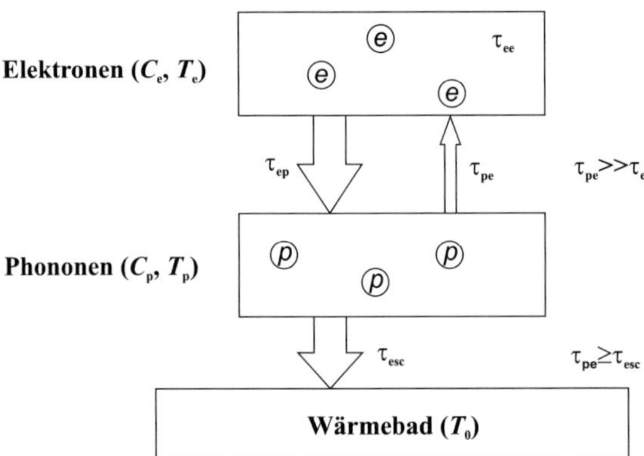

Abbildung 2.3.: Schematische Darstellung der Subsysteme eines Heiße-Elektronen-Bolometers. Die Pfeile veranschaulichen den Energietransfer der Thermalisierungsvorgänge [15].

Halbleitern [36] als auch bei Supraleitern [15] bekannt und hängt von den Materialeigenschaften sowie dessen geometrischen Faktoren wie z.B. der Schichtdicke ab. Der Heiße-Elektronen-Effekt in einer supraleitenden Schicht nahe der kritischen Temperatur kann anhand des Schemas in Abbildung 2.3 erklärt werden [15]. Das gesamte System besteht aus vier Untersystemen, nämlich Cooper-Paaren, Quasiteilchen, Phononen innerhalb der supraleitenden Schicht sowie Phononen im Substrat. Wie bereits erwähnt wurde, handelt es sich bei Quasiteilchen um Elektronen, die aus aufgebrochenen Cooper-Paaren hervorgehen. Neben einer Erhöhung der Umgebungstemperatur kann die zum Aufbrechen eines Cooper-Paars notwendige Energie auch durch Absorption eines Photons gewonnen werden, dessen Energie mindestens doppelt so hoch wie die Energielücke des Supraleiters ist. Phononen sind ebenfalls Quasiteilchen, durch welche die Ausbreitung von Gitterschwingungen innerhalb einer kristallinen Festkörperstruktur beschrieben werden kann. Die einzelnen Untersysteme sind durch ihre effektive Temperatur sowie die jeweilige Wärmekapazität charakterisiert. Im *Hot-Electron*-Modell wird das Elektronensystem als weitgehend vom Phononensystem entkoppelt betrachtet. Wird nun durch Absorption von Photonen durch die Quasiteilchen bzw. die Cooper-Paare dem Elektronensystem Energie zugeführt, so kommt es innerhalb der Thermalisierungsdauer τ_{ee} zu einer Temperaturerhöhung des Elektronensystems gegenüber dem Phononensystem, woher auch der Begriff *Hot-Electron* stammt. Dieses Verhalten wird durch das *Zwei-Temperatur-Modell* (2T-Modell) beschrieben [15]. Anschließend findet ein Energietransfer vom Elektronen- zum Phononensystem statt, was eine Temperaturerhöhung des Phononensystems zur Folge hat. Dieser Vorgang findet innerhalb der Elektron-Phonon-Wechselwirkungszeit τ_{ep} statt. In einem weiteren Schritt wird die Energie vom Phononensystem entweder innerhalb der Relaxationsdauer τ_{esc} (engl. Escape Time) an das Substrat abgegeben oder aber innerhalb der Dauer $\tau_{pe} = \tau_{ep}C_p/C_e$ an das Elektronensystem zurück transferiert. Typischerweise ist die Wärmekapazität des Phononensystems deutlich größer als die des Elektronensystems, weshalb dieser Vorgang deutlich länger als in umgekehrter Richtung dauert. Nachdem die gespeicherte Energie komplett an das Substrat abgegeben wurde, stellt sich wieder ein Gleichgewichtszustand der Subsysteme ein. Mathematisch lassen sich diese zeitlichen Prozesse anhand eines Systems gekoppelter Differentialgleichungen beschreiben [15]:

$$\frac{dT_e}{dt} = -\frac{T_e - T_p}{\tau_{ep}} + \frac{1}{C_e}P_{abs}(t) \tag{2.12}$$

$$\frac{dT_p}{dt} = \frac{C_e}{C_p}\frac{T_e - T_p}{\tau_{ep}} - \frac{T_p - T_0}{\tau_{esc}} \tag{2.13}$$

Beim *Hot-Electron*-Bolometer macht man sich diesen Effekt zunutze, indem lediglich das Elektronengas mit seiner geringen Wärmekapazität als Absorber dient und nicht das komplette Materialvolumen, etwa wie beim Kantenbolometer. Dadurch vereint dieser Detektortyp in idealer Weise eine hohe Empfindlichkeit mit einer kurzen Antwortzeit.

2.3. Rauschgrößen bolometrischer Detektoren

Aus Gleichung (2.9) ist ersichtlich, dass sich bei einem Bolometer eine von der absorbierten Strahlungsleistung abhängige Ausgangsspannung einstellt. Bei einem realen Detektor lässt sich jedoch auch dann eine Spannung feststellen, wenn kein Strahlungssignal anliegt. Der Grund dafür liegt in der Existenz verschiedener Rauschquellen. Im Folgenden werden die einzelnen Rauscharten betrachtet, welche maßgeblich Einfluss auf ein bolometrisches Sensorsystem nehmen. Die wichtigsten Rauschtypen sind im Einzelnen [19, 37]:

- Thermisches Rauschen (Johnson-Rauschen)

- Phononenrauschen

- 1/f-Rauschen

- Photonenrauschen

Um ein Strahlungssignal messtechnisch erfassen zu können, muss das entsprechend der eingekoppelten Strahlungsleistung erzeugte Detektorsignal mindestens so groß sein wie die Rauschspannung U_n. Die Rauschspannung U_n wird typischerweise auf eine Ausleseband breite von 1 Hz bezogen und besitzt die Einheit $\left[V/\sqrt{Hz}\right]$. Für den Fall, dass Signal und Rauschen gleich groß sind, also ein Signal-Rausch-Verhältnis (engl. Signal-to-Noise-Ratio

- SNR) von 1 bzw. 0 dB vorliegt, wird die Signalleistung als äquivalente Rauschleistung (engl. Noise Equivalent Power - NEP) bezeichnet. Dieses Maß dient zur Festlegung der Nachweisgrenze eines Bolometers, woraus sich die Eignung eines Detektors für eine bestimmte Sensoranwendung bestimmen lässt. Die äquivalente Rauschleistung ergibt sich unmittelbar aus der Rauschspannung und der elektrischen Detektorempfindlichkeit [37]:

$$NEP = \frac{U_\mathrm{n}}{S_\mathrm{el}} \left[\frac{\mathrm{W}}{\sqrt{\mathrm{Hz}}} \right] \qquad (2.14)$$

Die effektive Rauschspannung bzw. Rauschleistung setzt sich dabei aus den Einzelrauschanteilen folgendermaßen zusammen:

$$U_\mathrm{n} = \left[U_\mathrm{j}^2 + U_\mathrm{phon}^2 + U_\mathrm{1/f}^2 + U_\mathrm{phot}^2 \right]^{1/2} \left[\frac{\mathrm{V}}{\sqrt{\mathrm{Hz}}} \right] \qquad (2.15)$$

bzw.

$$NEP = \left[NEP_\mathrm{j}^2 + NEP_\mathrm{phon}^2 + NEP_\mathrm{1/f}^2 + NEP_\mathrm{phot}^2 \right]^{1/2} \left[\frac{\mathrm{W}}{\sqrt{\mathrm{Hz}}} \right] \qquad (2.16)$$

Je nach Systemaufbau kann auch das Rauschen der verwendeten Ausleseelektronik, z.B. eines Verstärkers, in diese Rechnung mit einbezogen werden.

2.3.1. Thermisches Rauschen

Das thermische Rauschen oder Johnson-Rauschen tritt in allen Bereichen der Elektrotechnik auf, in denen widerstandsbehaftete Komponenten verwendet werden. Mit steigender Temperatur erhöht sich die Bewegungsenergie der Ladungsträger in einem elektrischen Widerstand und es kommt vermehrt zu Stößen mit Gitterschwingungen. Das damit verbundene wiederholte Abbremsen und Beschleunigen der Ladungsträger führt als Spannungs- bzw. Stromschwankungen schließlich zu einem Rauschsignal. Die Rauschspannung berechnet sich gemäß [19] zu

$$U_\mathrm{j} = \sqrt{4 k_\mathrm{B} T_\mathrm{bol} R_\mathrm{bol}} \left[\frac{\mathrm{V}}{\sqrt{\mathrm{Hz}}} \right]. \qquad (2.17)$$

Entsprechend gilt für die Rauschleistung

$$NEP_\mathrm{j} = \frac{\sqrt{4 k_\mathrm{B} T_\mathrm{bol} R_\mathrm{bol}}}{S_\mathrm{el}} \left[\frac{\mathrm{W}}{\sqrt{\mathrm{Hz}}} \right]. \qquad (2.18)$$

Der Wert ist abhängig von der Temperatur T_{bol} und dem Widerstand R_{bol} des Detektors. Die thermische Rauschspannung ist frequenzunabhängig und wird daher auch als *weißes Rauschen* bezeichnet. Dies gilt allerdings für die Rauschleistung aufgrund des Zusammenhangs mit der frequenzabhängigen Empfindlichkeit nicht. Durch den Einsatz bei tiefen Temperaturen kann das thermische Rauschen im Vergleich zum Raumtemperaturbetrieb erheblich reduziert werden.

2.3.2. Phononenrauschen

Wie bereits beim *Hot-Electron*-Effekt erklärt wurde, sind Phononen Quasiteilchen, die das Verhalten der Gitterschwingungen in einer Kristallstruktur beschreiben. Diese stehen in Wechselwirkung mit den Elektronen und können sich in einem Bolometer sowohl vom Absorber zum Wärmebad als auch in umgekehrter Richtung bewegen. Ein hoher thermischer Leitwert G führt gemäß Gleichung (2.3) zwar zu einer schnellen Antwortzeit des Detektors, jedoch kommt es durch den erhöhten Phononenaustausch auch zu verstärktem Rauschen. Die erzeugte Rauschspannung berechnet sich nach [19] zu

$$U_{\mathrm{phon}} = \sqrt{4k_{\mathrm{B}}T_{\mathrm{bol}}^2 G S_{\mathrm{el}}} \left[\frac{\mathrm{V}}{\sqrt{\mathrm{Hz}}} \right], \tag{2.19}$$

für die Rauschleistung gilt

$$NEP_{\mathrm{phon}} = \sqrt{4k_{\mathrm{B}}T_{\mathrm{bol}}^2 G} \left[\frac{\mathrm{W}}{\sqrt{\mathrm{Hz}}} \right]. \tag{2.20}$$

Ebenso wie das thermische Rauschen ist das Phononenrauschen von der Temperatur abhängig. Somit besteht die Möglichkeit, das Phononenrauschen durch Kühlung gering zu halten, ohne auf die Vorteile einer schnellen Detektorantwort verzichten zu müssen.

2.3.3. 1/f-Rauschen

Die genauen Ursachen des 1/f-Rauschens sind nicht vollständig geklärt. Als Hauptursache in elektronischen Bauelementen wie z.B. Verstärkern auf Halbleiterbasis werden Störstellen im Gitteraufbau der Materialien betrachtet. Wie der Name bereits aussagt, handelt es sich um ein frequenzabhängiges Phänomen, das bei niedrigen Frequenzen hohe Werte annehmen kann und dessen Amplitude mit steigender Frequenz abfällt. Die Formeln für die Rauschspannung und die Rauschleistung lauten gemäß [37]

$$U_{1/\mathrm{f}} = I_{\mathrm{b}} R_{\mathrm{bol}} \sqrt{\frac{n}{f_{\mathrm{mod}}}} \left[\frac{\mathrm{V}}{\sqrt{\mathrm{Hz}}} \right] \tag{2.21}$$

und

$$NEP_{1/f} = \frac{I_b R_{bol}}{S_{el}} \sqrt{\frac{n}{f_{mod}}} \left[\frac{W}{\sqrt{Hz}}\right].$$

(2.22)

Neben der Abhängigkeit von den elektrischen Parametern (I_b, R_{bol}) sowie von der Modulationsfrequenz f_{mod} wird in Gleichung (2.21) bzw. Gleichung (2.22) ein Anpassungsfaktor n verwendet. Dieser Faktor ist stark vom experimentellen Aufbau abhängig und muss empirisch ermittelt werden.

2.3.4. Photonenrauschen

Bei den bisher genannten Rauschgrößen handelt es sich um intrinsische Rauschursachen, die direkt im Detektor entstehen. Im Unterschied dazu handelt es sich beim Photonenrauschen um eine extrinsische Rauschquelle. Der Hintergrund, auf den die Optik eines Detektors ausgerichtet ist, besitzt eine bestimmte Temperatur $T > 0$ K und emittiert folglich Wärmestrahlung. Es hat sich gezeigt, dass sich das Verhalten der Strahlungsemission vieler Szenarien gut durch einen Schwarzkörper der entsprechenden Temperatur modellieren lässt. Für dessen von der Frequenz f abhängigen Strahlungsintensität B_f gilt gemäß des Planckschen Strahlungsgesetzes [19]:

$$B_f(f,T) = \frac{2hf^3}{c_0^2 \left[\exp\left(\frac{hf}{k_B T} - 1\right)\right]} \left[\frac{W}{m^2 \, Hz \, sr}\right]$$

(2.23)

Je nachdem, ob der Empfänger auf einen Raumtemperaturhintergrund oder etwa auf den freien Himmel ausgerichtet ist, kann es dabei zu signifikanten Unterschieden in Bezug auf die Strahlungsintensität kommen. Aus den Kenngrößen eines optischen Systems kann bestimmt werden, wie viel Leistung allein durch die Umgebungsstrahlung auf den Detektor trifft. Die wesentlichen Kenngrößen sind die Empfangsfläche A, auf welche die innerhalb eines bestimmten Raumwinkelbereichs Ω ankommende Strahlung fällt, sowie der frequenzabhängige Transmissionsfaktor $\tau(f)$ der optischen Komponenten, die Emission ε des Hintergrunds und die Systemkoppeleffizienz η. Daraus lässt sich die Strahlungsleistung nach [19] folgendermaßen berechnen:

$$P_{phot} = \int_0^\infty A\Omega\varepsilon\tau\eta B_f(f,T)df \; [W]$$

(2.24)

Die Photonendichte der Hintergrundstrahlung unterliegt gewissen zeitlichen Schwankungen. Entsprechend diesen Schwankungen lässt sich die Rauschleistung nach [35] folgendermaßen berechnen:

$$NEP_{\text{phot}} = \left[\frac{2}{\eta} \int_0^\infty B_{\text{f}}(f,T)hf\,df + 2 \int_0^\infty B_{\text{f}}^2(f,T)c_0^2/A\Omega f^2\,df \right]^{1/2} \left[\frac{\text{W}}{\sqrt{\text{Hz}}} \right] \qquad (2.25)$$

3. Antennengrundlagen und Strahlungsausbreitung

Basierend auf den Maxwell-Gleichungen folgt eine Einführung in die Gaußsche Quasioptik, welche ein wichtiges Mittel zur kompakten mathematischen Beschreibung von THz-Wellen und deren Ausbreitung im freien Raum darstellt. Im Unterschied zur geometrischen Strahlenoptik des sichtbaren Wellenlängenbereichs werden bei der Gaußoptik zusätzlich Beugungseffekte berücksichtigt, welche im langwelligen THz-Bereich eine wichtige Rolle spielen. Weiterhin wird die Funktionsweise von Antennen erläutert sowie die wichtigsten Kenngrößen zu deren Charakterisierung beschrieben. Die dabei vorgestellten formalen Zusammenhänge stellen die Grundlagen für den Entwurf von Breitbandantennen und die Berechnung derer Eigenschaften in den späteren Kapiteln dar.

3.1. Maxwell-Gleichungen und Gaußwellen

Aus Anwendungen im optischen und infraroten Wellenlängenbereich ist eine Vielzahl von Komponenten zur Einkopplung, Übertragung und Transformation von Strahlungssignalen bekannt. Die bekanntesten unter ihnen sind Spiegel, Linsen und Prismen. Frühzeitig hat der Mensch grundlegende Eigenschaften des Lichts wie Reflexion und Brechung erkannt und gelernt, diese Effekte mit Hilfe der geometrischen Strahlenoptik zu beschreiben. Dieses einfache Konzept, bei dem Licht als gerade, unendlich dünne Strahlen betrachtet wird, bietet die Möglichkeit zum effizienten Entwurf optischer Bauelemente und Systeme. Die Annahmen der geometrischen Optik sind gültig, solange die Größe der verwendeten Strukturen sehr viel größer als die betrachtete Wellenlänge ist. Beim Übergang zu größeren Wellenlängen tritt, unter Beibehaltung der Strukturgröße, ein weiterer Effekt in Erscheinung: Die Beugung. Beugungseffekte entstehen aufgrund des Wellencharakters elektromagnetischer Strahlung. Durch die Überlagerung von Wellenzügen bestimmter Amplitude und Phasenlage kommt es zu Interferenzen, die eine Verstärkung oder Abschwächung von Strahlungssignalen oder gar eine komplexe, räumlich ausgedehnte Verteilung der Felder, sogenannte Beugungsmuster, zur Folge haben kann.

Im Millimeterwellen- und THz-Bereich besitzen die betrachteten Wellenlängen typischerweise die gleiche Größe wie die eingesetzten Komponenten. In diesem Fall wird das Verhalten und die Ausbreitung der Strahlung durch Beugungseffekte dominiert, die geometrische Strahlenoptik ist nicht mehr anwendbar. Die Basis zur mathematischen Beschreibung des

Wellencharakters elektromagnetischer Strahlung stellen die Maxwell-Gleichungen dar [38]:

$$\nabla \times H(r,t) = J(r,t) + \dot{D}(r,t) \tag{3.1}$$

$$\nabla \times E(r,t) = -\dot{B}(r,t) \tag{3.2}$$

$$\nabla D(r,t) = \rho(r,t) \tag{3.3}$$

$$\nabla B(r,t) = 0 \tag{3.4}$$

Die Maxwell-Gleichungen bilden ein System aus linearen Differentialgleichungen. Ausgehend von diesen Gleichungen folgt ein kurzer Abriss zur formalen Beschreibung eines sich im Freiraum ausbreitenden THz-Strahls. Die vorgestellten Zusammenhänge dienen als Basis zum Verständnis der in den nachfolgenden Kapiteln erläuterten Methoden zum Entwurf und zur Analyse quasioptischer Komponenten. Die vorgestellten Zusammenhänge basieren auf den in [39] dargestellten Ausführungen. Dort sind auch weiterführende Details zu finden. Im vorliegenden Fall wird das Strahlungssignal als harmonische Welle betrachtet, es gilt also eine zeitliche Abhängigkeit der Form $e^{j\omega t}$. Der Strahl breite sich entlang der z-Achse eines kartesischen Koordinatensystems aus. Anhand dieser Annahmen lässt sich aus den Maxwell-Gleichungen die *Helmholtz-Gleichung* ableiten:

$$(\nabla^2 + k^2)E(x,y,z) = 0 \tag{3.5}$$

Die elektrische Feldverteilung lässt sich anhand der Formel

$$E(x,y,z) = u(x,y,z)e^{-jkz} \tag{3.6}$$

ausdrücken, wobei $u(x,y,z)$ eine komplexwertige Amplitudenfunktion darstellt. Der Exponentialterm beschreibt die ortsabhängige Phasendrehung, deren Änderungsgeschwindigkeit über die Wellenzahl $k = 2\pi/\lambda$ festgelegt ist und somit direkt von der Wellenlänge λ abhängt. Weiterhin soll angenommen werden, dass sich die Amplitude über die Distanz einer Wellenlänge nur geringfügig ändert, also dass lokal eine ebene Welle vorliegt. In diesem Fall können die Normalenvektoren der Wellenfronten als paraxiale Strahlen betrachtet. Mathematisch ausgedrückt bedeutet dies

$$\left|\frac{\partial^2 u}{\partial z^2}\right| \ll \left|2k\frac{\partial u}{\partial z}\right|, \tag{3.7}$$

wodurch sich die Helmholtz-Gleichung zur *paraxialen Wellengleichung* vereinfachen lässt:

$$\frac{\partial^2 u}{\partial x^2} + \frac{\partial^2 u}{\partial y^2} - 2jk\frac{\partial u}{\partial z} = 0 \tag{3.8}$$

Eine Lösung hiervon stellt die *Gaußsche Grundmode* dar [39]. Für diese gilt:

$$E(x,y,z) = \sqrt{\frac{2}{\pi}}\frac{1}{w(z)}e^{-\frac{x^2+y^2}{w_0^2}}\, e^{-j\left(kz - \frac{\pi\left(x^2+y^2\right)}{\lambda R(z)} + \Phi_0\right)} \tag{3.9}$$

Der Parameter $w(z)$ bezeichnet die Breite eines Gaußstrahls. Definitionsgemäß ist die elektrische Feldstärke $E(x,y,z')$ an einer beliebigen Ausbreitungsposition $z = z'$ im Abstand $r = \sqrt{x^2+y^2} = w(z')$ vom Strahlzentrum auf den Anteil $1/e$ des Maximums an der Stelle $E(0,0,z')$ abgefallen. Der Wert $w(0) = w_0$ stellt die geringste Breite eines Gaußstrahls dar und wird daher auch als *Strahltaille* bezeichnet. Die Strahltaille kann mit dem Fokuspunkt eines geometrischen Strahls verglichen werden, besitzt im Unterschied zu diesem allerdings eine endliche räumliche Ausdehnung. Die Strahlbreite entlang der Ausbreitungsachse berechnet sich zu

$$w(z) = w_0\left[1 + \left(\frac{\lambda z}{\pi w_0^2}\right)^2\right]^{1/2} = w_0\left[1 + \left(\frac{z}{z_\mathrm{c}}\right)^2\right]^{1/2}. \tag{3.10}$$

Dabei stellt

$$z_\mathrm{c} = \frac{\pi w_0^2}{\lambda} \tag{3.11}$$

den sogenannten *konfokalen Parameter* dar. Nach Formel (3.10) hat sich der Strahl im Abstand $z = z_\mathrm{c}$ von der Position der Strahltaille um den Faktor $\sqrt{2}$ verbreitert. Ab dieser Entfernung, die auch als *Rayleigh-Länge* bezeichnet wird, weist der Strahl signifikantes Divergenzverhalten auf. Der konfokale Parameter dient somit als Grenzwert für den Übergang zwischen dem Nahfeld- und dem Fernfeldbereich, wie in Abschnitt 3.2 näher erläutert wird. Der Verlauf eines Gaußstrahls entlang der optischen Ausbreitungsachse ist in Abbildung 3.1 veranschaulicht. Betrachtet man den Phasenterm in Formel (3.9), so gibt es zwei weitere Parameter zur Charakterisierung eines Gaußstrahls: Den Phasenwinkel Φ_0 und den Krüm-

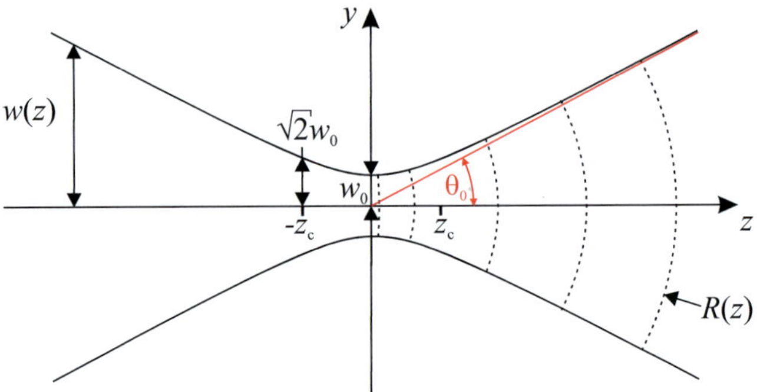

Abbildung 3.1.: Verlauf der Breite eines Gaußstrahls in der Grundmode entlang der Ausbreitungsachse. Die gestrichelten Linien deuten den Krümmungsradius der Phasenfront an.
Die rote Linie stellt die Asymptote des Divergenzwinkels dar [39].

mungsradius der Phasenfront R. Für den Phasenwinkel gilt

$$\Phi_0(z) = \arctan\left(\frac{\lambda z}{\pi w_0^2}\right) = \arctan\left(\frac{z}{z_c}\right) \tag{3.12}$$

und für den Krümmungsradius

$$R(z) = z\left[1 + \left(\frac{\pi w_0^2}{\lambda z}\right)^2\right] = z + \frac{z_c^2}{z}. \tag{3.13}$$

An der Position der Strahltaille besitzt der Strahl eine ebene Wellenfront. Damit ergibt sich
für den Krümmungsradius $R(0) \to \infty$. Mit steigendem Abstand von der Position der Taille
nimmt der Krümmungsradius zunächst rapide ab. In großer Entfernung ($z \gg z_c$) verläuft
der Krümmungsradius proportional zur Ausbreitungsdistanz z. Das bedeutet, dass sich der
Verlauf des Strahls dem einer Kugelwelle nähert. Dabei nähert sich der Verlauf der Strahlbreite einer Asymptote, die unter dem Winkel

$$\theta_0 = \arctan\left(\frac{\lambda}{\pi w_0}\right) \tag{3.14}$$

zur Ausbreitungsachse geneigt ist.

Die vorgestellte Gaußsche Grundmode oder auch *Fundamentalmode* stellt lediglich eine
mögliche Lösung der paraxialen Wellengleichung dar. Weitere Lösungen der Wellengleichung werden durch die Gauß-Hermite- und die Gauß-Laguerre-Moden höherer Ordnungen

dargestellt. Diese werden im Rahmen dieser Arbeit nicht weiter behandelt. Für weiterführende Informationen diesbezüglich sei auf [39] verwiesen. Im Gegensatz zu den höheren Moden erlaubt die Grundmode den Entwurf räumlich kompakter Komponenten sowie eine möglichst verlustarme Strahlungskopplung zwischen den einzelnen Komponenten eines quasioptischen Systems. Aus diesem Grund kommt der Gaußschen Grundmode ein besonderer Stellenwert beim Entwurf quasioptischer THz-Systeme zu.

Für den praktischen Entwurf realer Systemkomponenten ist zu beachten, dass das elektrische Feld an den Randbereichen der jeweiligen Komponente entsprechend stark abgefallen sein sollte, um Koppelverluste zu minimieren sowie um Beugungseffekte zu vermeiden. Für eine Komponente mit einem Aperturradius r_e lässt sich der Anteil der Strahlungsleistung, welche die Öffnung passiert, berechnen zu

$$F_e\left(r_e\right) = 1 - e^{-\frac{2r_e^2}{w^2}}. \tag{3.15}$$

Als Richtwert hat es sich bewährt, den Durchmesser optischer Komponenten mindestens viermal so groß wie die Strahlbreite an der entsprechenden Position zu wählen. In diesem Fall liegen $99,97$ % der Strahlungsleistung innerhalb der Öffnung und Beugungseffekte können vernachlässigt werden [39].

3.2. Grundlagen der Antennentheorie

Antennen ermöglichen den Übergang zwischen der leitungsgebundenen Ausbreitung elektromagnetischer Signale und der Wellenausbreitung im freien Raum. Dieser Übergang kann in beide Richtungen erfolgen: Bei einer Sendeantenne wird eine Welle von der Leitung gelöst und in den Freiraum abgestrahlt. Umgekehrt entzieht eine Empfangsantenne einem einfallenden elektromagnetischen Signal Energie und transformiert diese in einen hochfrequenten Strom. Prinzipiell ist jede Antenne sowohl als Sende- als auch als Empfangsantenne einsetzbar. Die mathematische Charakterisierung der dabei in Erscheinung tretenden elektrischen und magnetischen Wechselfelder erfolgt anhand der in Kapitel 3.1 vorgestellten Maxwell-Gleichungen.

Antennen können sowohl anhand ihrer Nahfeld- als auch ihrer Fernfeldeigenschaften beschrieben werden. Dabei wird zwischen drei verschiedenen Feldbereichen unterschieden [32]: Das reaktive Nahfeld, das abstrahlende Nahfeld und das Fernfeld. Diese Bereiche hängen vom maximalen Durchmesser D der Antenne sowie von der Wellenlänge λ ab und sind schematisch in Abbildung 3.2 dargestellt. Eine Quantifizierung der Bereichsgrenzen ist in [32] angegeben. Der Übergang vom reaktiven zum abstrahlenden Nahfeld liegt im Abstand

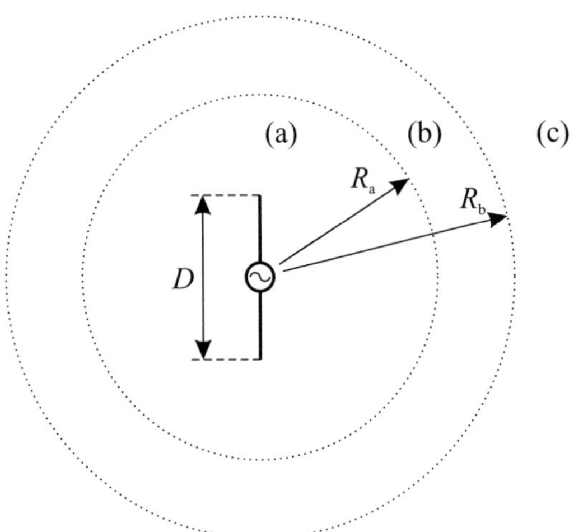

Abbildung 3.2.: Schematische Darstellung der Feldbereiche in der Umgebung einer Antenne: (a) reaktives Nahfeld, (b) abstrahlendes Nahfeld, (c) Fernfeld [32].

$R_\mathrm{a} = 0{,}62\sqrt{D^3/\lambda}$ von der Antenne. Entsprechend fängt der Fernfeldbereich bei einer Distanz $R_\mathrm{b} = 2D^2/\lambda$ an.

Als Bereich des reaktiven Nahfelds wird die unmittelbare Umgebung einer Antenne bezeichnet. Befindet sich ein Objekt, z.B. eine andere Antenne, in diesem Bereich, so kann es aufgrund von Koppeleffekten, sogenanntem Übersprechen (engl. Crosstalk), zu einer direkten Beeinflussung der Antenneneigenschaften wie etwa einer Veränderung der Eingangsimpedanz kommen. Innerhalb des abstrahlenden Nahfeldbereichs hat sich die Welle von der Antenne gelöst und beginnt damit, sich im Raum auszubreiten. Dabei hängt die räumliche Verteilung der elektrischen und magnetischen Feldanteile stark vom Abstand zur Antenne ab. Mit steigender Distanz stellt sich schließlich eine bestimmte Winkelabhängigkeit der Feldverteilung ein. Im Fernfeld ist dieser Verlauf praktisch invariant gegenüber dem Abstand zur Antenne. Außerdem verschwinden die Feldanteile entlang der Ausbreitungsrichtung. Typischerweise wird zur Beschreibung der Nahfeldeigenschaften ein kartesisches Koordinatensystem und zur Beschreibung der Fernfeldeigenschaften ein Kugelkoordinatensystem verwendet. Die zugehörige Darstellung beider Koordinatensysteme ist in Abbildung 3.3 zu finden. Sämtliche in dieser Arbeit vorgestellten Berechnungen sind auf diese beiden Koordinatensysteme bezogen.

3.2.1. Umrechnung zwischen Nah- und Fernfeldern

Je nach Anwendungsfall kann sich die Untersuchung der Nahfelder oder aber der Fernfelder als vorteilhaft erweisen, um Antennenstrukturen hinsichtlich ihres Abstrahl- und Koppel-

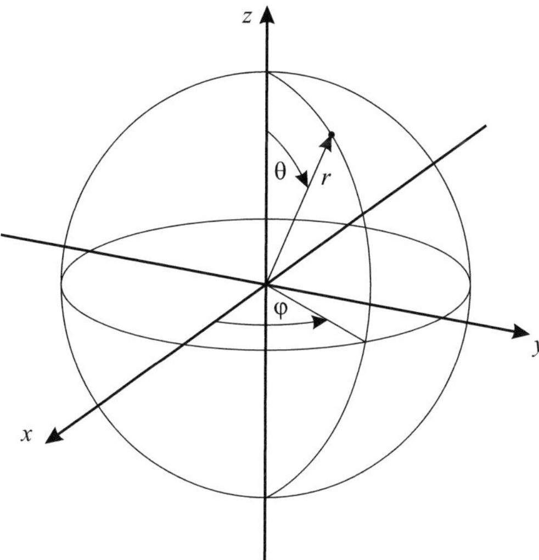

Abbildung 3.3.: Darstellung eines kartesischen und eines Kugelkoordinatensystems. Das kartesische System dient zur räumlichen Beschreibung von Nahfeldern, das sphärische Koordinatensystem wird in Bezug auf Fernfelder verwendet.

verhaltens zu untersuchen. Grundsätzlich besteht die Möglichkeit, Nahfelder und Fernfelder ineinander umzurechnen. Die Umrechnung erfolgt auf der Basis einer zweidimensionalen Fouriertransformation. Aufgrund einer kompakteren Darstellungs- und Berechnungsform werden für die folgenden Erläuterungen Sendeantennen betrachtet. Zwar werden die im Rahmen dieser Arbeit konzipierten Antennen für THz-Detektoren und damit für den Empfangsfall eingesetzt, jedoch sind die Antenneneigenschaften dem *Reziprozitätstheorem* zufolge für beide Fälle identisch [32]. Für die vorliegenden Betrachtungen wird angenommen, dass sich die zu untersuchende Antenne im Ursprung des Koordinatensystems befindet und parallel zur x-y-Ebene orientiert ist. Bei Anregung der Antenne mit einer Signalquelle bilden sich elektrische und magnetische Nahbereichsfelder $E_\mathrm{a}(x,y,z)$ bzw. $H_\mathrm{a}(x,y,z)$ um die Antenne herum aus. Diese Felder lassen sich als Überlagerung beliebig vieler ebener Wellen unterschiedlicher Frequenz und Phasenlage beschreiben, die sich zusätzlich in verschiedene Raumrichtungen ausbreiten. Diese Wellen werden als Fundamentalmoden bezeichnet. Zur Bestimmung der Fernfeldeigenschaften müssen die Nahfelder in ihre Fundamentalmoden zerlegt werden. Wie zuvor erwähnt, geschieht dies anhand einer zweidimensionalen Fouriertransformation, die separat für die elektrischen und die magnetischen Feldanteile durchgeführt wird. Gemäß [32, 40] lauten die formalen Zusammenhänge

$$\vec{f}(\theta,\varphi) = \int\limits_{y_{\min}}^{y_{\max}} \int\limits_{x_{\min}}^{x_{\max}} \vec{E}_a(x',y',z') \cdot \exp(jk_x x' + jk_y y')dx'dy' \tag{3.16}$$

$$\vec{g}(\theta,\varphi) = \int\limits_{y_{\min}}^{y_{\max}} \int\limits_{x_{\min}}^{x_{\max}} \vec{H}_a(x',y',z') \cdot \exp(jk_x x' + jk_y y')dx'dy' \tag{3.17}$$

mit

$$k_x = k \cdot \sin\theta \cdot \cos\varphi \tag{3.18}$$

$$k_y = k \cdot \sin\theta \cdot \sin\varphi. \tag{3.19}$$

Da die Felder vektoriellen Charakter besitzen, ist eine Berücksichtigung der Richtungsabhängigkeit erforderlich. Dazu werden die Felder in ihre Komponenten entlang der x- und der y-Achse zerlegt. Die Nahfelder entlang der z-Achse werden nicht berücksichtigt, da sie keinen Beitrag zum Verlauf der Fernfelder leisten. Der Grund hierfür liegt in der Tatsache, dass sich mit steigender Ausbreitungsdistanz eine TEM-Welle (<u>T</u>ransversal-<u>E</u>lektrisch-<u>M</u>agnetisch) ausbreitet und Feldkomponenten parallel zum Wellenvektor nicht propagieren können. Exemplarisch wird die Feldzerlegung anhand der elektrischen Felder demonstriert, erfolgt jedoch in identischer Weise für die magnetischen Anteile. Sind $\vec{x}$ und $\vec{y}$ die Einheitsvektoren entlang der Koordinatenachsen, so ergibt sich für das elektrische Feld

$$\vec{E}_a = \vec{x}E_{ax} + \vec{y}E_{ay} \tag{3.20}$$

mit

$$\vec{f} = \vec{x}f_x + \vec{y}f_y \tag{3.21}$$

und

$$f_x = \int\limits_{y_{\min}}^{y_{\max}} \int\limits_{x_{\min}}^{x_{\max}} E_{ax}(x',y') \cdot \exp(jk_x x' + jk_y y')dx'dy' \tag{3.22}$$

$$f_y = \int\limits_{y_{\min}}^{y_{\max}} \int\limits_{x_{\min}}^{x_{\max}} E_{ay}(x',y') \cdot \exp(jk_x x' + jk_y y')dx'dy'. \tag{3.23}$$

Die resultierenden Fernfeldkomponenten an einem Beobachtungspunkt mit den Koordinaten (r, θ, φ) ergeben sich schließlich zu

$$E_\theta = jk\frac{\exp(-jkr)}{4\pi r}\left[(f_\mathrm{x}\cos\varphi + f_\mathrm{y}\sin\varphi) + Z_0\cos\theta(g_\mathrm{y}\cos\varphi - g_\mathrm{x}\sin\varphi)\right]\left[\frac{\mathrm{V}}{\mathrm{m}}\right] \quad (3.24)$$

$$E_\varphi = jk\frac{\exp(-jkr)}{4\pi r}\left[\cos\theta(f_\mathrm{y}\cos\varphi - f_\mathrm{x}\sin\varphi) - Z_0(g_\mathrm{x}\cos\varphi + g_\mathrm{y}\sin\varphi)\right]\left[\frac{\mathrm{V}}{\mathrm{m}}\right]. \quad (3.25)$$

Die elektrische und die magnetische Feldstärke sind über die Freiraumwellenimpedanz Z_0 miteinander verknüpft. Diese berechnet sich zu

$$Z_0 = \sqrt{\frac{\mu_0}{\varepsilon_0}} = 120\pi\ \Omega \approx 377\ \Omega. \quad (3.26)$$

Für die magnetischen Fernfeldkomponenten ergibt sich schließlich

$$H_\theta = -\frac{1}{Z_0}E_\varphi\ \left[\frac{\mathrm{A}}{\mathrm{m}}\right] \quad (3.27)$$

$$H_\varphi = \frac{1}{Z_0}E_\theta\ \left[\frac{\mathrm{A}}{\mathrm{m}}\right]. \quad (3.28)$$

Anhand der elektrischen und magnetischen Felder lässt sich die *Strahlungsintensität* oder auch *Leistungsflussdichte S* bestimmen. Die Intensität ist eine richtungsabhängige Größe und wird durch den *Poynting-Vektor*

$$\vec{S}(x,y,z,t) = \vec{E}(x,y,z,t) \times \vec{H}(x,y,z,t)\ \left[\frac{\mathrm{W}}{\mathrm{m}^2}\right] \quad (3.29)$$

repräsentiert. Im Fernfeld einer Antenne existiert nur die radiale Komponente. Diese berechnet sich zu

$$S_\mathrm{r} = \frac{1}{2Z_0}\left(|E_\theta(\theta,\varphi)|^2 + |E_\varphi(\theta,\varphi)|^2\right)\ \left[\frac{\mathrm{W}}{\mathrm{m}^2}\right]. \quad (3.30)$$

An dieser Stelle sei angemerkt, dass die Berechnung der Fernfelder unabhängig von der z-Position der untersuchten Nahfelder ist. Nahfelder in unterschiedlichen Ausbreitungsebenen z' lassen sich gemäß [40] ineinander propagieren und führen somit zu einer identischen

Fernfeldverteilung. Wichtig ist dabei jedoch, dass das betrachtete Nahfeld an den Rändern des untersuchten, räumlich begrenzten Bereichs hinreichend stark abgefallen ist, um eine Verfälschung durch Nichtberücksichtigung der Randfelder auszuschließen. In [32] wird ein Richtwert von 45 dB angegeben, um den die Feldstärke an den Rändern im Vergleich zum auftretenden Maximalwert abgefallen sein sollte. Da Strahlung entlang der Ausbreitungsrichtung z zu divergieren beginnt, muss deshalb die Position des untersuchten Nahfeldbereichs mit Bedacht gewählt werden.

3.2.2. Antennenkenngrößen

Wie im vorigen Abschnitt gezeigt wurde, hängt der Verlauf der Fernfelder direkt von der räumlichen Verteilung der Nahfelder ab. Daher weisen Antennen bestimmte Vorzugsrichtungen auf, in welche die eingespeiste Leistung emittiert wird bzw. aus denen einfallende Signale empfangen werden. Somit kann eine Antenne als räumliches Filter betrachtet werden. Die Kenngröße zur Beschreibung dieser Richtungsabhängigkeit ist die *Richtcharakteristik C*. Weitere geläufige Begriffe sind *Antennendiagramm* oder *Richtdiagramm*. Die vollständige Beschreibung der Fernfelder erfolgt durch die komplexwertige, vektorielle Darstellungsform [41]:

$$\underline{\vec{C}}(\theta,\varphi) = \left.\frac{\underline{\vec{E}}(r,\theta,\varphi) \cdot \exp(jkr)}{\left|\underline{\vec{E}}(r,\theta,\varphi) \cdot \exp(jkr)\right|_{\max}}\right|_{\substack{r=const \\ r\to\infty}} = \underline{C}_\theta(\theta,\varphi) \cdot \vec{e}_\theta + \underline{C}_\varphi(\theta,\varphi) \cdot \vec{e}_\varphi \qquad (3.31)$$

Dabei gilt

$$\underline{C}_{\theta,\varphi} = \left.\frac{\underline{E}_{\theta,\varphi}(r,\theta,\varphi) \cdot \exp(jkr)}{\left|\underline{E}_{\theta,\varphi}(r,\theta,\varphi) \cdot \exp(jkr)\right|_{\max}}\right|_{\substack{r=const \\ r\to\infty}}. \qquad (3.32)$$

Abhängig vom Abstand r der Antenne zum Beobachtungspunkt erfolgt eine Phasendrehung der Felder gemäß der Form $\exp(-jkr)$. Um die Richtcharakteristik bei unterschiedlichen Entfernungen miteinander vergleichen zu können, wird in Gleichung (3.31) daher der Faktor $\exp(+jkr)$ eingesetzt, um die Abhängigkeit der Phase vom Abstand r zu kompensieren.

Häufig wird die Richtcharakteristik in einer vereinfachten, skalaren Form dargestellt. In dieser Form wird ausschließlich die Amplitudenverteilung der Felder berücksichtigt, jedoch keine polarisations- und phasenabhängigen Eigenschaften. Dementsprechend lautet die formale Darstellung:

$$C(\theta,\varphi) = \left.\frac{\left|\vec{E}(\theta,\varphi)\right|}{\left|\vec{E}(\theta,\varphi)\right|_{\max}}\right|_{\substack{r=const \\ r\to\infty}} = \left.\frac{\left|\vec{H}(\theta,\varphi)\right|}{\left|\vec{H}(\theta,\varphi)\right|_{\max}}\right|_{\substack{r=const \\ r\to\infty}} \tag{3.33}$$

Zwischen der skalaren und der vektoriellen Richtcharakteristik besteht folgender Zusammenhang:

$$C(\theta,\varphi) = \left|\underline{\vec{C}}(\theta,\varphi)\right| = \sqrt{\left|\underline{C}_\theta(\theta,\varphi)\right|^2 + \left|\underline{C}_\varphi(\theta,\varphi)\right|^2} \tag{3.34}$$

Eine weitere Kenngröße, die unmittelbar aus der Richtcharakteristik einer Antenne hervorgeht, ist der *Richtfaktor D* (engl. Directivity), auch *Richtschärfe* genannt. Im Gegensatz zur richtungsabhängigen Richtcharakteristik trifft der Richtfaktor eine integrale Aussage über das Verhalten einer Antenne. Der Richtfaktor gibt an, wie stark die Intensität $S_{\mathrm{r,max}}$ einer Antenne in Richtung der Hauptstrahlachse im Vergleich zu einem *isotropen Strahler* ist. Ein isotroper Strahler oder auch Kugelstrahler ist eine idealisierte Modellantenne, deren Abstrahlverhalten in alle Richtungen gleich ist, es gilt also $C(\theta,\varphi) = 1$. Die Strahlungsintensität S_{i} im Abstand r zum Kugelstrahler berechnet sich zu

$$S_{\mathrm{i}} = \frac{P_{\mathrm{s}}}{4\pi r^2}. \tag{3.35}$$

Dabei ist P_{s} die Sendeleistung der Antenne. Der Richtfaktor ergibt sich somit zu

$$D = \frac{S_{\mathrm{r,max}}}{S_{\mathrm{i}}} = \frac{4\pi r^2 S_{\mathrm{r,max}}}{P_{\mathrm{s}}}. \tag{3.36}$$

Der Richtfaktor kann nach [32, 40, 41] direkt aus der Richtcharakteristik gemäß der Gleichung

$$D = \frac{4\pi}{\int\limits_{\varphi=0}^{2\pi} \int\limits_{\theta=0}^{\pi} C^2(\theta,\varphi)\sin\theta \, d\theta \, d\varphi} \tag{3.37}$$

ermittelt werden und wird typischerweise in einer logarithmischen Darstellung angegeben.

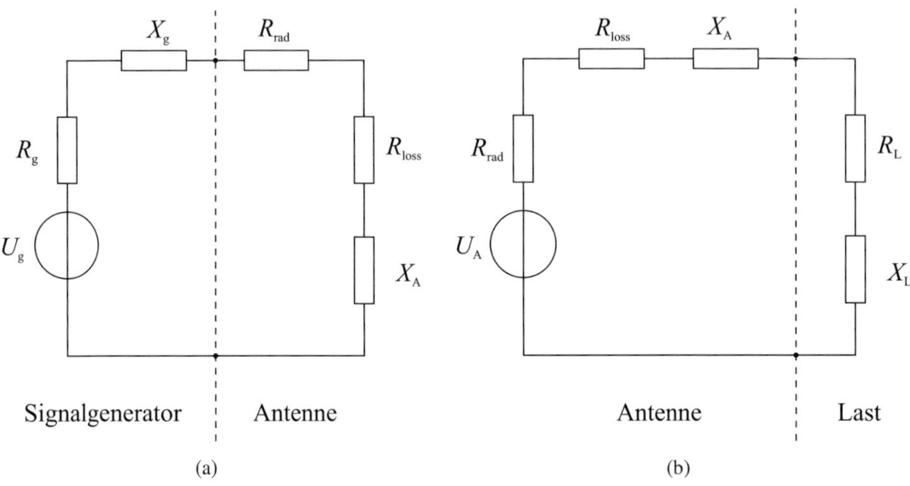

Abbildung 3.4.: Thevenin-Ersatzschaltbild einer Antenne für (a) den Sendefall und (b) den Empfangsfall [32].

Die Umrechnung dazu lautet

$$D_{dB} = 10 \cdot \log_{10}(D) \; [\text{dBi}]. \tag{3.38}$$

Das i in der Einheit *dBi* steht dabei für *isotrop* aufgrund der Verwendung eines Kugelstrahlers als Bezugsgröße.

Neben der Aufnahme und Abstrahlung elektromagnetischer Wellen, also der Wechselwirkung mit dem Freiraum, besteht die weitere Aufgabe einer Antenne in der effizienten Ankopplung an ein leitungsgebundenes System. Dies kann z.B. in Form einer Durchgangsleitung, eines Signalgenerators oder, wie in dieser Arbeit, anhand eines Detektorelements realisiert sein. Ein leitungsgebundenes Netzwerk lässt sich durch seine frequenzabhängige Impedanz $Z(\omega)$ beschreiben. Für eine effiziente Ankopplung ist es notwendig, dass eine Antenne die Impedanz Z_0 des Freiraums, in welchem sich das Strahlungssignal ausbreitet, derart transformiert, dass eine Anpassung (engl. Matching) an die Impedanz des angeschlossenen Netzwerks gewährleistet ist und somit reflexionsbedingte Verluste vermieden werden. Ein Antennensystem wird in der Fachliteratur [32, 40] typischerweise anhand seines äquivalenten Thevenin- oder Norton-Ersatzschaltbildes dargestellt. In Abbildung 3.4 ist dies exemplarisch anhand einer Thevenin-Schaltung für den Sende- und den Empfangsfall veranschaulicht. Die Antenne wird dabei durch die komplexwertige Impedanz

$$Z_A = R_A + jX_A \ [\Omega] \tag{3.39}$$

beschrieben. Der Realteil der Impedanz setzt sich aus dem Strahlungswiderstand R_{rad} und dem Verlustwiderstand R_{loss} folgendermaßen zusammen:

$$R_A = R_{rad} + R_{loss} \ [\Omega] \tag{3.40}$$

Der Strahlungswiderstand ist zwar reellwertig, aber dennoch kein ohmscher Widerstand. Daher entsteht im Strahlungswiderstand, im Gegensatz zum Verlustwiderstand, keine Verlustwärme. Vielmehr kommt es zur Entstehung von Streustrahlung. Der Wert des Strahlungswiderstands ergibt sich aus dem Verhältnis der elektrischen und der magnetischen Feldstärke zueinander und ist ein Maß dafür, welchen Widerstand eine elektromagnetische Welle beim Abstrahlen von einer Antenne bzw. bei der Einkopplung in eine solche erfährt.

Bei dem in Abbildung 3.4a dargestellten Sendefall erzeugt ein Signalgenerator der Impedanz $Z_g = R_g + jX_g$ eine effektive Signalspannung U_g. Die in den Freiraum abgestrahlte Leistung berechnet sich nach [32] zu

$$P_{rad} = \frac{|U_g|^2}{2} \left[\frac{R_{rad}}{(R_{rad} + R_{loss} + R_g)^2 + (X_A + X_g)^2} \right] \ [W]. \tag{3.41}$$

Für eine Maximierung der Sendeleistung müssen die Generatorimpedanz Z_g und die Antennenimpedanz Z_A konjugiert komplex zueinander angepasst sein, es muss also

$$R_g = R_{rad} + R_{loss} \tag{3.42}$$
$$X_g = -X_A \tag{3.43}$$

gelten. Dies bedeutet, dass im angepassten Fall allerdings nur die Hälfte der Gesamtleistung abgestrahlt wird. Die andere Hälfte wird in der Impedanz der Signalquelle verbraucht. Die maximale Strahlungsleistung im Anpassungsfall lautet somit

$$P_{rad,max} = \frac{|U_g|^2}{8} \left[\frac{R_{rad}}{(R_{rad} + R_{loss})^2} \right] \ [W]. \tag{3.44}$$

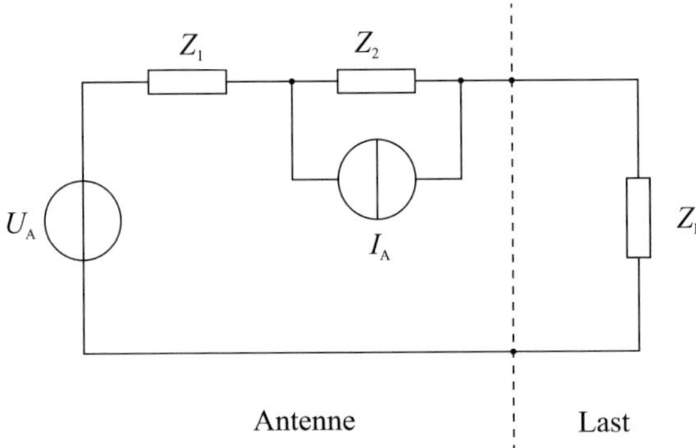

Abbildung 3.5.: Erweitertes Ersatzschaltbild einer Empfangsantenne nach [42].

Für den Empfangsfall gemäß Abbildung 3.4b wird folgender Erklärungsansatz verwendet: Eine in der Antenne absorbierte elektromagnetische Welle induziert eine Spannung U_A. Somit wird in diesem Fall der Antenne die Rolle des Signalgenerators zuteil. Analog zum Sendefall lässt sich unter Annahme der Impedanzanpassung die maximale Leistung ermitteln, die der Last zugeführt werden kann. Die berechnet sich zu

$$P_{\mathrm{L,max}} = \frac{|U_A|^2}{8R_A} \; [\mathrm{W}] \, . \tag{3.45}$$

Auch in diesem Fall kann maximal die Hälfte der einfallenden Strahlungsleistung genutzt werden, während die andere Hälfte als Streustrahlung am Strahlungswiderstand der Antenne verloren geht.

Obwohl sich die Verwendung dieser Ersatzschaltbilder zur Beschreibung einer Antenne in der Fachwelt etabliert hat, existieren Erklärungsansätze, wonach es möglich sei, im Empfangsfall die komplette einfallende Leistung der Last zuzuführen und die somit an der Gültigkeit der vorgestellten Schaltbilder zweifeln lassen. In jüngerer Vergangenheit wurde zur Beschreibung einer Empfangsantenne in [42] daher ein erweitertes Schaltbild entwickelt. Dieses Schaltbild ist in Abbildung 3.5 dargestellt. Ein intensive fachliche Auseinandersetzung mit diesem Thema findet sich in [42, 43, 44, 45, 46]. Die verwendeten Impedanzen stehen mit der Antennenimpedanz in folgender Beziehung:

$$Z_1 = (1 - \eta)\,R_A - X_A \; [\Omega] \tag{3.46}$$

$$Z_2 = \eta R_A \; [\Omega] \tag{3.47}$$

Die an die Last übertragene Leistung ergibt sich für das erweiterte Ersatzschaltbild zu

$$P_{\mathrm{L}} = \frac{4U_{\mathrm{A}}^2 R_{\mathrm{L}}}{(R_1 + R_2 + R_{\mathrm{L}})^2 + (X_1 + X_{\mathrm{L}})^2} \ [\mathrm{W}], \qquad (3.48)$$

die in der Antenne umgesetzte Leistung beträgt

$$P_{\mathrm{A}} = U_{\mathrm{A}}^2 \left[\frac{1}{R_2} - \frac{4R_{\mathrm{L}}}{(R_1 + R_2 + R_{\mathrm{L}})^2 + (X_1 + X_{\mathrm{L}})^2} \right] \ [\mathrm{W}]. \qquad (3.49)$$

Sind Antenne und Last angepasst, also $Z_{\mathrm{L}} = (Z_1 + Z_2)^*$, so lassen sich Gleichung (3.48) und Gleichung (3.49) vereinfachen:

$$P_{\mathrm{L,max}} = \frac{U_{\mathrm{A}}^2}{(R_1 + R_2)} = \frac{U_{\mathrm{A}}^2}{R_{\mathrm{A}}} \ [\mathrm{W}] \qquad (3.50)$$

bzw.

$$P_{\mathrm{A,min}} = \frac{U_{\mathrm{A}}^2 R_1}{R_2(R_1 + R_2)} = \frac{U_{\mathrm{A}}^2 R_1}{R_2 R_{\mathrm{A}}} \ [\mathrm{W}] \qquad (3.51)$$

Für $R_1 = 0$ folgt, dass grundsätzlich die Möglichkeit besteht, die von einer Antenne aufgenommene Leistung komplett der angeschlossenen Last zuzuführen und die Erzeugung von Streuleistung in der Antenne zu unterdrücken. Da auch der messtechnische Nachweis einer Antenneneffizienz von mehr als 50 % erbracht werden konnte [47], wird in dieser Arbeit das Ersatzschaltbild gemäß Abbildung 3.5 zugrunde gelegt. Je nachdem, welches Ersatzschaltbild verwendet wird, führt die Berechnung der Koppeleffizienz im Endeffekt zu bis um den Faktor 2 unterschiedlichen Ergebnissen.

In einem realen System sind aufgrund der nicht idealen Eigenschaften der verwendeten Materialien immer Verluste zu verzeichnen. Diese entstehen durch die endliche Leitfähigkeit der Metalle, die zur Herstellung der Antennenstrukturen verwendet werden, sowie durch die Umladeverluste der freien Ladungsträger im Inneren der verwendeten Mikrowellendielektrika. Ein Maß zur Bestimmung der materialbedingten Verluste ist die Effizienz η_{loss}. Für die Effizienz gilt gemäß [32]:

$$\eta_{\mathrm{loss}} = \frac{R_{\mathrm{rad}}}{R_{\mathrm{rad}} + R_{\mathrm{loss}}} \qquad (3.52)$$

Neben den Materialverlusten entstehen reflexionsbedingte Verluste, falls eine ideale Anpassung der Antennenimpedanz an die Lastimpedanz nicht gegeben ist. Diese Reflexionsverluste lassen sich anhand der aus der Netzwerktheorie bekannten Streuparameter, kurz S-Parameter, beschreiben. Der Reflexionsfaktor S_{11} oder Γ einer Antenne berechnet sich zu

$$\underline{S}_{11} = \Gamma = \frac{\underline{Z}_A - \underline{Z}_L^*}{\underline{Z}_A + \underline{Z}_L^*}, \tag{3.53}$$

für die Anpassungseffizienz gilt damit

$$\eta_{\text{match}} = 1 - |\underline{S}_{11}|^2. \tag{3.54}$$

Zu einer ausführlicheren Charakterisierung einer Antenne werden der Richtfaktor und die Effizienzanteile oftmals zusammengefasst und anhand des sogenannten *Antennengewinns* (engl. Gain) dargestellt:

$$G = \eta D = \eta_{\text{loss}} \eta_{\text{match}} D \tag{3.55}$$

Weiterhin kann einer Antenne eine effektive Antennenwirkfläche A_{eff}, auch *Apertur* genannt, zugeordnet werden. Die Antennenwirkfläche ergibt sich aus der Intensität S einer ebenen Welle, die auf die Antenne einfällt und der resultierenden Leistung P_L, die an eine angeschlossene Last angekoppelt wird:

$$A_{\text{eff}} = \frac{P_L}{S} \ [\text{m}^2] \tag{3.56}$$

Die effektive Wirkfläche A_{eff} ist nicht der geometrischen Fläche einer Antenne A_{geo} gleichzusetzen. Sie wird durch den Bereich definiert, deren enthaltene Feldlinien an die Antenne koppeln. Das Verhältnis der Antennenwirkfläche zur geometrischen Fläche wird *Aperureffizienz* genannt:

$$\eta_{\text{ap}} = \frac{A_{\text{eff}}}{A_{\text{geo}}} \tag{3.57}$$

Die Antennenwirkfläche hängt unmittelbar mit dem Gewinn zusammen und berechnet sich folgendermaßen:

$$A_{\text{eff}} = \lambda^2 \frac{G}{4\pi} = \lambda^2 \frac{\eta \cdot D}{4\pi} \ [\text{m}^2] \tag{3.58}$$

Letztendlich ist eine Antenne empfindlich gegenüber der Richtung, in welcher die Vektoren der elektrischen und magnetischen Felder der Strahlungssignale orientiert sind. Dieses Verhalten wird als *Polarisation* bezeichnet. Zur Beschreibung der Art und des Grads der Polarisation wird eine einfallende Welle, die sich entlang der z-Achse ausbreitet, entsprechend ihrer x- und y-Komponente des elektrischen Feldes zerlegt [32]:

$$\vec{E}(z,t) = E_x(z,t)\vec{x} + E_y(z,t)\vec{y} \tag{3.59}$$

Bei Annahme einer harmonischen Welle gilt für die einzelnen Feldkomponenten:

$$E_x(z,t) = E_{x0}\cos(\omega t + kz + \phi_x) \tag{3.60}$$

$$E_y(z,t) = E_{y0}\cos(\omega t + kz + \phi_y) \tag{3.61}$$

wobei E_{x0} und E_{y0} die Feldamplituden repräsentieren. Entsprechend des Werts der Phasendifferenz $\Delta\phi = \phi_y - \phi_x$ unterscheidet man zwischen linearer, zirkularer oder elliptischer Polarisation. Im Fall linearer Polarisation gilt

$$\Delta\phi = n\pi \quad \text{mit} \quad n = 0,1,2,... \tag{3.62}$$

Bei der zirkularen Polarisation wird neben dem Phasenversatz

$$\Delta\phi = \pm\left(\frac{1}{2}+n\right)\pi \quad \text{mit} \quad n = 0,1,2,... \tag{3.63}$$

vorausgesetzt, dass die Amplituden der Feldkomponenten identisch sind, also dass $E_{x0} = E_{y0}$ gilt. Bei allen anderen Kombinationen aus Amplitudenwert und Phasenversatz ergibt sich eine elliptische Polarisation. Wie stark elliptisch ein Strahlungssignal polarisiert ist, lässt sich anhand des Achsenverhältnisses (engl. Aspect Ratio - AR) der Vektoramplituden der Feldkomponenten ausdrücken:

$$AR = \frac{OA}{OB} \quad \text{mit} \quad 1 \leq AR \leq \infty \tag{3.64}$$

Dabei ist OA die Hauptachse und OB die Nebenachse der Polarisationsellipse. Diese ist in Abbildung 3.6 veranschaulicht. Die Achsenwerte lassen sich direkt aus den Amplituden-

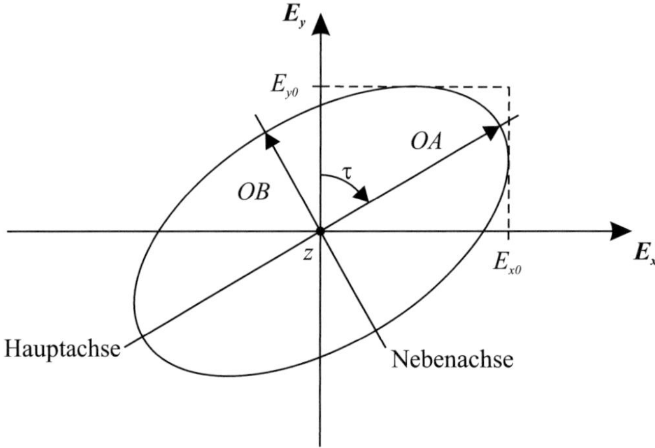

Abbildung 3.6.: Schematische Darstellung einer Polarisationsellipse gemäß [32].

und Phasenwerten berechnen:

$$OA = \left[\frac{1}{2} \left\{ E_{x0}^2 + E_{y0}^2 + \left[E_{x0}^4 + E_{y0}^4 + 2E_{x0}^2 E_{y0}^2 \cos\left(2\Delta\phi\right) \right]^{1/2} \right\} \right]^{1/2} \tag{3.65}$$

$$OB = \left[\frac{1}{2} \left\{ E_{x0}^2 + E_{y0}^2 - \left[E_{x0}^4 + E_{y0}^4 + 2E_{x0}^2 E_{y0}^2 \cos\left(2\Delta\phi\right) \right]^{1/2} \right\} \right]^{1/2} \tag{3.66}$$

Der Verkippungswinkel der Ellipse relativ zur y-Achse ergibt sich dabei zu

$$\tau = \frac{\pi}{2} - \frac{1}{2} \arctan\left[\frac{2E_{x0}E_{y0}}{E_{x0}^2 - E_{y0}^2} \cos\left(\Delta\phi\right) \right]. \tag{3.67}$$

Für $AR \to \infty$ ist eine Antenne linear polarisiert, bei $AR = 1$ handelt es sich um eine zirkulare Polarisation. In allen anderen Fällen liegt eine elliptische Polarisation vor.

Trifft eine elektromagnetische Welle auf eine Antenne, so ergibt sich eine optimale Ankopplung nur dann, wenn die Welle die identische Polarisation wie die Antenne besitzt. Ist dies nicht der Fall, so entstehen Kopplungsverluste. Die polarisationsbedingte Koppeleffizienz berechnet sich gemäß [32] aus dem normierten Skalarprodukt der Polarisationsvektoren des Sendefelds $\vec{E}_S(z,t)$ und der Empfangsantenne $\vec{E}_A(z,t)$:

$$\eta_{\mathrm{pol}} = \frac{\left| \vec{E}_S(z,t) \cdot \vec{E}_A(z,t) \right|^2}{\left| \vec{E}_S(z,t) \right|^2 \left| \vec{E}_A(z,t) \right|^2} \tag{3.68}$$

3.3. Methoden zur Berechnung der Strahlungskopplung

Die im vorigen Abschnitt vorgestellten Kenngrößen dienen zur Beschreibung der Eigenschaften einzelner Antennenelemente. Da Antennen oftmals Teil eines komplexeren Systems sind, ist jedoch auch von großer Wichtigkeit, wie die Antennen mit den anderen Systemkomponenten wechselwirken. So ist in einem THz-Messsystem eine verlustarme Signalübertragung nur dann gewährleistet, wenn die von den quasioptischen Elementen erzeugte Strahlform an die Feldverteilung bzw. Richtcharakteristik der Empfangsantenne angepasst ist. Ein Maß zur Quantifizierung dieser Eigenschaft ist die Strahlungskoppeleffizienz η_{rad}. Die mathematischen Methoden zur Berechnung dieser Koppeleffizienz werden im Folgenden vorgestellt.

3.3.1. Grundlagen der elektromagnetischen Feldtheorie

Im Vergleich zum Mikrowellenbereich besitzen Strahlungssignale bei THz-Frequenzen in der Regel deutlich niedrigere Leistungspegel. Dies sowie die Tatsache, dass THz-Signale aufgrund der kürzeren Wellenlänge ein ausgeprägtes Divergenzverhalten aufweisen, führt bei vielen Anwendungen notwendigerweise zum Einsatz fokussierender Elemente wie Spiegel oder Linsen. Durch die spezielle Amplituden- und Phasenverteilung fokussierter Strahlen ist die Annahme einer ebenen Wellenfront mit einer homogenen Intensitätsverteilung nicht mehr gültig und eine direkte Berechnung der Empfangsleistung anhand der Antennenwirkfläche oder des Gewinns oftmals nicht möglich. Vielmehr hat in diesem Fall eine exakte Bestimmung der Strahlungskopplung anhand feldtheoretischer Berechnungsmethoden zu erfolgen: Gemäß der Feldtheorie stellt sich in der Umgebung einer im Sendemodus betriebenen Antenne eine bestimmte Aperturfeldverteilung $E_{\mathrm{A}}(x,y,z')$ ein. Aufgrund des Reziprozitätstheorems ergibt sich beim Empfang eines Strahlungssignals genau dann eine gute Kopplung, wenn das eintreffende Feld $E_{\mathrm{S}}(x,y,z')$ möglichst gut mit dem im Sendefall betrachteten Aperturfeld übereinstimmt. Mathematisch lässt sich die Kopplungsstärke anhand des Feldkopplungskoeffizienten c_{rad} bestimmen [39]:

$$c_{\mathrm{rad}} = \int \int E_{\mathrm{A}}^{*}(x,y,z') E_{\mathrm{S}}(x,y,z') dA \qquad (3.69)$$

Dabei kennzeichnet A die aufgespannte Fläche an der Position z', in welcher die beiden Felder betrachtet werden. Die Strahlungsleistungskoppeleffizienz η_{rad} ergibt sich aus dem Betragsquadrat des Feldkopplungskoeffizienten. Da die Koppeleffizienz unabhängig von der Feldstärke bzw. der Signalleistung ist, muss bei der Berechnung eine Normierung auf die jeweiligen Leistungspegel P_{A} und P_{S} von Sende- und Empfangsfeld vorgenommen werden.

Diese berechnen sich zu

$$P_{A/S} = \int \int E^*_{A/S}(x,y) E_{A/S}(x,y) dA \; [\mathrm{W}], \qquad (3.70)$$

Für die Strahlungskoppeleffizienz gilt schließlich

$$\eta_{\mathrm{rad}} = \frac{|c_{\mathrm{rad}}|^2}{P_A P_S} = \frac{\left| \int \int E^*_A(x,y) E_S(x,y) dA \right|^2}{\int \int E^*_A(x,y) E_A(x,y) dA \int \int E^*_S(x,y) E_S(x,y) dA}. \qquad (3.71)$$

Neben der kartesischen Darstellung kann diese Gleichung auch durch Kugelkoordinaten ausgedrückt werden. Dieser Ansatz bietet sich für die Anwendung auf Fernfelder an und berechnet sich zu

$$\eta_{\mathrm{rad}} = \frac{\left| \int \int E^*_A(\theta,\varphi) E_S(\theta,\varphi) \sin\theta \, d\theta \, d\varphi \right|^2}{\int \int E^*_A(\theta,\varphi) E_A(\theta,\varphi) \sin\theta \, d\theta \, d\varphi \int \int E^*_S(\theta,\varphi) E_S(\theta,\varphi) \sin\theta \, d\theta \, d\varphi}. \qquad (3.72)$$

Gleichung (3.71) bzw. Gleichung (3.72) sind allgemeingültig und für beliebige, komplexwertige Feldverteilungen E_A und E_S anwendbar. Die mathematische Bestimmung kann sich je nach Komplexität der Feldverteilungen allerdings als extrem rechenintensiv erweisen.

3.3.2. Kopplung von Gaußstrahlen

Handelt es sich bei den in Gleichung (3.71) betrachteten Feldern um Gaußstrahlen mit einer Feldverteilung gemäß Formel (3.9), so lassen sich die Doppelintegrale analytisch lösen. Hierzu werden zwei Gaußstrahlen betrachtet, die anhand der Lage und Größe ihrer Taillen (w_{0a} und w_{0b}) charakterisiert sind. Für den Fall, dass die Strahlen deckungsgleich sind, erhält man ideale Strahlungskopplung. Verluste ergeben sich bei einem *axialen Versatz*, also bei einer Verschiebung um eine Distanz Δz entlang der optischen Achse, oder bei der seitlichen Verschiebung um Δr, dem sogenannten *lateralen Versatz*. Beide Fälle sind in Abbildung 3.7 gezeigt. Der Faktor für die Leistungskopplung lautet

$$\eta_{\mathrm{rad}} = \eta_{\mathrm{ax}} \cdot \eta_{\mathrm{lat}}. \qquad (3.73)$$

Dabei gilt

$$\eta_{\mathrm{ax}} = \frac{4}{(w_{0b}/w_{0a} + w_{0a}/w_{0b})^2 + (\lambda \Delta z / \pi w_{0a} w_{0b})^2} \qquad (3.74)$$

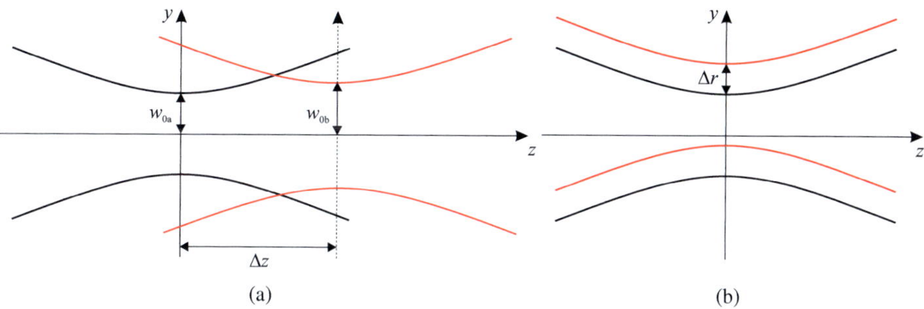

Abbildung 3.7.: (a) Axialer und (b) lateraler Versatz zweier Gaußstrahlen [39].

und

$$\eta_{\text{lat}} = \exp\left[\frac{-2\Delta r^2 (w_{0a}^2 + w_{0b}^2)}{(w_{0a}^2 + w_{0b}^2)^2 + (\lambda \Delta z/\pi)^2}\right]. \tag{3.75}$$

Da im Unterschied zu Gleichung (3.71) die aufwendige Berechnung eines zweidimensionalen, komplexwertigen Integrals entfällt, lässt sich die Kopplung von Gaußstrahlen anhand der Gleichungen (3.73)-(3.75) sehr effizient bestimmen. Allerdings lässt sich die Ausbreitung idealer Gaußstrahlen in einem realen Systemaufbau nur näherungsweise erreichen. Je nachdem, wie exakt ein Strahlungssignal durch einen Gaußstrahl repräsentiert wird, führen diese Gleichungen zu mehr oder weniger genauen Ergebnissen. Gerade da sich bei antennenbasierten System Nebenkeulen in der Richtcharakteristik ausbilden können, durch welche zusätzlich zur Hauptkeule ein Strahlungstransfer stattfindet, kann es zu erheblichen Abweichungen im Vergleich zur allgemeinen feldtheoretischen Berechnung kommen [48]. Daher muss für jeden Anwendungsfall sorgfältig geprüft werden, ob die Annäherung eines Signals durch einen Gaußstrahl hinreichend genau ist.

4. Entwurf und Berechnung von Breitbandantennen im THz-Bereich

In diesem Kapitel werden die unterschiedlichen Konzepte zum Entwurf von Ultrabreitbandantennen vorgestellt und miteinander verglichen. Dabei werden neben geometrischen Besonderheiten auch die Einflüsse der Materialeigenschaften auf die Verlustanteile betrachtet, welche speziell bei hohen Frequenzen eine nicht zu vernachlässigende Rolle spielen. Anhand zweier ausgewählter Planarstrukturen werden die Funktionsweise und die analytischen Vorschriften zum Entwurf von THz-Antennen diskutiert. Ergänzend erfolgt ein Vergleich mit numerischen Simulationsergebnissen sowie eine messtechnische Untersuchung anhand skalierter Mikrowellenmodelle im GHz-Frequenzbereich. Abschließend wird die Erweiterung einer Planarantenne durch Kombination mit einer Linse zur sogenannten *Hybridantenne* vorgestellt. Neben der Erklärung der Funktionsweise und den Vorteilen einer solchen Konstruktion werden die mathematischen Methoden zur Berechnung der Strahlungseigenschaften solcher quasioptischen Komponenten erläutert. Wesentliche Ergebnisse dieses Kapitels sind in [49] veröffentlicht.

4.1. Konzepte zur Realisierung breitbandiger Antennen

Für eine Vielzahl technischer Anwendungen ist eine hohe Strahlungsbandbreite wünschenswert. Je nach Einsatzgebiet unterliegt die Entwicklung von Breitbandsystemen unterschiedlichen Kriterien und Zielsetzungen. Beispielhaft seien die steigenden Anforderungen an heutige Kommunikationssysteme hinsichtlich maximaler Datenübertragungsraten, die verbesserte Messempfindlichkeit von Sensoranwendungen oder die Erhöhung der Zeitauflösung von Radarsystemen genannt. So unterschiedlich die Motivationsgründe für die Entwicklung solcher Systeme auch sind, so verbindet sie doch alle der Bedarf an Breitbandantennen für die effiziente Übertragung und Ankopplung elektromagnetischer Signale an die entsprechende Messelektronik. Aus diesem Grund reicht die Entwicklung spezifizierter Antennentypen bis in die 1950er Jahre zurück.

Wie in der Einleitung dargelegt wurde, besteht die Motivation dieser Arbeit zur Antennenentwicklung einerseits in der Aufnahme ultrakurzer THz-Impulse sowie andererseits in der breitbandigen Strahlungsdetektion als Basis für zukünftige Multipixelanwendungen. Bei der Messung von Impulssignalen hängt das Strahlungsspektrum im wesentlichen von Form und

Breite des Impulses ab, wobei die Bandbreite mit kürzer werdender Impulsdauer ansteigt. Um eine formtreue Übertragung der Signale zu gewährleisten, muss die Antennenbandbreite mindestens so groß wie Signalbandbreite sein. Bei bildgebenden Verfahren dagegen liegt der Schwerpunkt auf dem Empfang von CW-Signalen. Hierbei kann durch Erhöhung der Empfangsbandbreite eine Erhöhung der Signalleistung und somit ein verbessertes Signal-Rausch-Verhältnis bzw. eine verbesserte Messempfindlichkeit erreicht werden. Dies gilt besonders bei der Charakterisierung thermischer Strahlungsquellen.

Der Begriff *breitbandig* bedeutet in den geschilderten Zusammenhängen, dass sich die Charakteristika einer Antenne wie Impedanz oder Richtcharakteristik innerhalb des betrachteten Frequenzbereichs nur unwesentlich ändern. Die Bandbreite BW (engl. Bandwidth) wird durch eine untere Grenzfrequenz f_u und eine obere Grenzfrequenz f_o festgelegt. Häufig wird die relative Bandbreite BW_{rel} in Bezug auf die Mittenfrequenz f_m ausgedrückt:

$$BW_{rel} = \frac{f_o - f_u}{f_m} \cdot 100 \; [\%] \;\; \text{mit} \;\; f_m = \frac{f_u + f_o}{2} \tag{4.1}$$

Speziell bei der Untersuchung ultrabreitbandiger Strukturen ist auch die Definition

$$BW_{rel} = \frac{f_o}{f_u} \tag{4.2}$$

sehr geläufig. In diesem Fall wird der Wert der Bandbreite auch oft durch die Anzahl der enthaltenen Oktaven N ausgedrückt. Eine Oktave bedeutet, dass die obere Grenzfrequenz doppelt so groß wie die untere ist. Allgemein formuliert ergibt sich

$$N = \frac{\log(f_o/f_u)}{\log(2)}. \tag{4.3}$$

Bereits in den 1950er Jahren wurden Antennen mit einer Bandbreite $BW_{rel} > 40 : 1$ entwickelt, was einem enormen Wert von mehr als 5 Oktaven entspricht [32]. Aufbauend auf diesem Durchbruch wurde an unterschiedlichen Konzepten geforscht, um den Ansprüchen der jeweiligen Anwendungsbereiche gerecht zu werden. In den folgenden Abschnitten werden die wichtigsten Konzepte vorgestellt und ihre Eignung für den Einsatz in einem THz-Strahlungsempfänger untersucht.

4.1.1. Winkelkonstante Antennen

Gemäß [32, 50] verfügt eine Antenne über frequenzunabhängige Charakteristika, wenn eine komplette Beschreibung ihrer Geometrie durch Winkel möglich ist. Einfache Beispiele

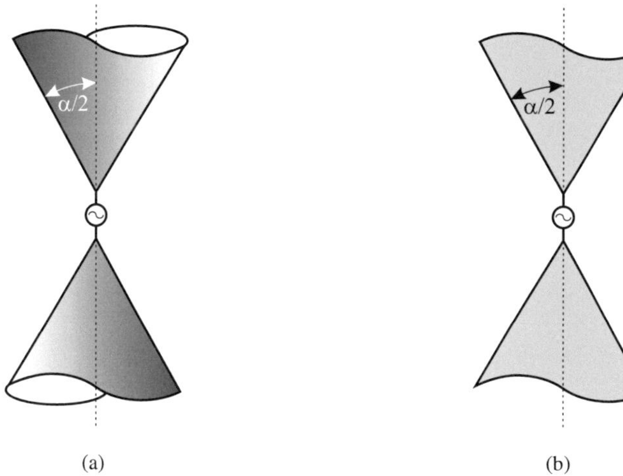

Abbildung 4.1.: Beispiele winkelkonstanter Antennen: (a) Bikonischer Dipol, (b) Planare Bowtie-Antenne [32].

sogenannter *winkelkonstanter* Strukturen stellen der unendlich ausgedehnte bikonische Dipol sowie dessen planares Äquivalent, die Bowtie-Antenne, dar (siehe Abbildung 4.1). Diese Strukturen lassen sich allein anhand ihres Öffnungswinkels α beschreiben. Eine allgemeine Untersuchung dieses Konzepts wurde von Rumsey anhand kongruenter Antennengeometrien durchgeführt [50]. Betrachtet wurde dabei eine Antenne, deren Kantenverlauf r als Funktion der Winkel in einem Kugelkoordinatensystem beschrieben werden kann, also

$$r = F(\theta, \varphi). \tag{4.4}$$

Damit die Antenne bei einer um den Faktor K skalierten Wellenlänge die gleichen elektromagnetischen Eigenschaften wie bei der ursprünglichen Wellenlänge aufweist, muss die Antennengeometrie r' um den gleichen Faktor skaliert werden. Folglich gilt

$$r' = KF(\theta, \varphi). \tag{4.5}$$

Um die Position des Antennenfußpunkts im Ursprung des Koordinatensystems fix zu lassen, ist es notwendig, zusätzlich zur Skalierung eine Drehung um den Winkel C durchzuführen. Letztendlich ergibt sich für eine kongruente Antenne der Zusammenhang

$$KF(\theta, \varphi) = F(\theta, \varphi + C). \tag{4.6}$$

Eine Lösung dieser Gleichung lautet:

$$r = F(\theta, \varphi) = e^{a\varphi} f(\theta) \qquad (4.7)$$

mit

$$a = \frac{1}{K} \frac{dK}{dC}. \qquad (4.8)$$

Dies ist eine allgemeingültige Lösung für eine beliebige Funktion $f(\theta, \varphi)$. Der bekannteste Vertreter dieses Typs ist die logarithmische Spiralantenne. Die ausführliche Untersuchung dieses Antennentyps erfolgt in Kapitel 4.4. Abschließend sei hierzu noch erwähnt, dass sich echt frequenzunabhängige Systeme aufgrund ihrer unendlich großen bzw. kleinen geometrischen Abmessungen in der Realität nicht umsetzen lassen. Vielmehr ergeben sich aus den begrenzten Abmessungen eine obere und eine untere Grenzfrequenz, durch welche die Bandbreite definiert wird. Die Abmessungsbegrenzung kann durch den maximal verfügbaren Raum, durch die Anforderungen an die mechanische Stabilität oder durch die minimal erreichbare Strukturgröße bei der Herstellung festgelegt sein.

4.1.2. Selbstkomplementäre Antennen

Beim Konzept der selbstkomplementären Antennen handelt es sich um einen Sonderfall des *Babinetschen Prinzips* [32]. Dieses Prinzip wurde 1837 von Jacques Babinet aufgestellt und besagt, dass ein optischer Strahl, der auf eine Blende fällt, das gleiche Beugungsmuster erzeugt wie die der Blende entsprechende komplementäre Struktur. Komplementär bedeutet dabei, dass die abgedeckten Bereiche offen sind und umgekehrt. Dieses Prinzip lässt sich auf Antennen übertragen und führt zu folgendem Zusammenhang zwischen der Impedanz einer Antenne Z_1 und der Impedanz Z_2 ihrer komplementären Struktur:

$$Z_1 Z_2 = \frac{Z_0^2}{4} \qquad (4.9)$$

Dabei ist Z_0 die Wellenimpedanz des Freiraums. Ein bekanntes Beispiel komplementärer Strukturen sind die Dipolantenne und ihre zugehörige Schlitzantenne.

Wird nun eine Antenne derart entworfen, dass die metallisierten Bereiche und die nicht metallisierten Bereich dieselbe Geometrie besitzen, so werden diese Strukturen als selbst-

(a)

(b)

Abbildung 4.2.: Beispiele selbstähnlicher Antennengeometrien: (a) logarithmisch-periodische Antenne, (b) Sierpinski-Fraktalantenne [32].

komplementär bezeichnet. In diesem Fall gilt $Z_A = Z_1 = Z_2$ und es folgt

$$Z_A = \frac{Z_0}{2}. \tag{4.10}$$

Das bedeutet, dass eine selbstkomplementäre Antenne eine konstante, reellwertige Impedanz besitzt, die unabhängig von der Frequenz ist. Daraus ergibt sich die Möglichkeit, Antennen mit extrem großer Bandbreite zu entwerfen. Dieser Ansatz wurde erstmals von Mushiake aufgegriffen und ist daher auch als *Mushiake-Prinzip* bekannt [51]. Die am häufigsten eingesetzten Beispiele selbstkomplementärer Antennen sind Spiralantennen oder die logarithmisch-periodische Antenne, welche in Kapitel 4.3 näher erklärt wird.

4.1.3. Selbstähnliche Antennen

Eine weitere Möglichkeit zur Realisierung einer sehr hohen Bandbreite ist die Verwendung selbstähnlicher Antennen. Eine selbstähnliche Antenne basiert auf einer einfachen geometrischen Form, welche durch Skalierung, Drehung und Verschiebung zur einer komplexeren Struktur erweitert wird. Beispiele für diesen Antennentyp sind logarithmisch-periodische Antennen oder fraktale Antennen (s. Abbildung 4.2). Die Grundform ist dabei anhand einer Struktur realisiert, welche selbst nur über eine schmale Bandbreite verfügt. Entsprechend der physikalischen Größe stellt sich das Abstrahlverhalten bei einer bestimmten Wellenlänge λ ein. Aus der Linearität der Maxwell-Gleichungen ergibt sich, dass eine um den Faktor

K skalierte Struktur die gleichen elektromagnetischen Eigenschaften bei der Wellenlänge $\lambda' = K\lambda$ besitzt wie die Grundstruktur bei der Wellenlänge λ. Wird der Skalierungsfaktor derart gewählt, dass die einzelnen Wellenlängenbereiche hinreichend nah beieinander liegen, so lässt sich eine hohe Bandbreite für die Gesamtstruktur erzielen. Im Gegensatz zu den anderen vorgestellten Konzepten handelt es sich dabei aber nicht um frequenzunabhängige Strukturen. Die Gesamtbandbreite der Antenne ergibt sich aus der Wahl des Skalierungsfaktors sowie aus der Anzahl der skalierten Basiselemente.

4.2. Betrachtung von Materialeigenschaften bei hohen Frequenzen

Neben der Auswahl eines für die Anwendung passenden Konzepts ist die Wahl geeigneter Materialien zur Herstellung der Strukturen von entscheidender Bedeutung. Dabei gilt es, unterschiedliche Kriterien zu beachten wie mechanische Stabilität, die Möglichkeit zur maschinellen Bearbeitung bzw. die Integration in den verwendeten technologischen Herstellungsprozess. Von besonderer Wichtigkeit ist das Wechselwirkungsverhalten eines Materials gegenüber elektromagnetischen Wellen bei den zu betrachtenden Signalfrequenzen. Im Speziellen soll hierzu auf die Einflüsse verschiedener Verlustfaktoren eingegangen werden.

Quantitativ lassen sich die Hochfrequenzeigenschaften von Materialien anhand ihrer komplexwertigen Permittivität

$$\varepsilon_{\mathrm{r}}(\omega) = \varepsilon_{\mathrm{r}}'(\omega) - j\varepsilon_{\mathrm{r}}''(\omega) \tag{4.11}$$

beschreiben. Speziell bei optischen Anwendungen ist auch die Verwendung der Brechzahl n zur Charakterisierung der Materialeigenschaften gebräuchlich. Die Permittivität und die Brechzahl stehen in direktem Zusammenhang:

$$n(\omega) = n'(\omega) - jn''(\omega) = \sqrt{\varepsilon_{\mathrm{r}}(\omega)} = \sqrt{\varepsilon_{\mathrm{r}}'(\omega) - j\varepsilon_{\mathrm{r}}''(\omega)} \tag{4.12}$$

mit

$$n'(\omega) = \sqrt{\frac{1}{2}\left(\sqrt{(\varepsilon_{\mathrm{r}}'(\omega)^2 + \varepsilon_{\mathrm{r}}''(\omega)^2)} + \varepsilon_{\mathrm{r}}'(\omega)\right)} \tag{4.13}$$

$$n''(\omega) = \sqrt{\frac{1}{2}\left(\sqrt{(\varepsilon_{\mathrm{r}}'(\omega)^2 + \varepsilon_{\mathrm{r}}''(\omega)^2)} - \varepsilon_{\mathrm{r}}'(\omega)\right)}. \tag{4.14}$$

Die Permittivität eines Materials wird durch Intraband- sowie Interbandeffekte bestimmt. Die Intrabandeffekte werden durch freie, ungebundene Elektronen verursacht, wohingegen Interbandeffekte durch Elektronen entstehen, welche durch Protonen an Atomrümpfe gebunden sind. Somit lässt sich Gleichung (4.11) gemäß [52] folgendermaßen formulieren:

$$\varepsilon_\mathrm{r}(\omega) = \varepsilon_\mathrm{r}^{f}(\omega) + \varepsilon_\mathrm{r}^{b}(\omega) \tag{4.15}$$

Der Intrabandanteil der freien Elektronen wird durch das *Drude-Modell* beschrieben und berechnet sich zu

$$\varepsilon_\mathrm{r}^{f}(\omega) = 1 - \frac{f_0 \omega_\mathrm{p}^2}{\omega^2 - j\omega\gamma_0}. \tag{4.16}$$

Dabei steht ω_p für die Plasmafrequenz, f_0 für die zugehörige Oszillationsstärke und γ_0 für den Dämpfungsfaktor. Die Plasmafrequenz gibt die Grenzfrequenz an, ab welcher Elektronen einem elektrischen Wechselfeld aufgrund ihrer Massenträgheit nicht mehr folgen können. Der Dämpfungsfaktor stellt den Kehrwert der Lebensdauer τ_c der Ladungsträger dar, es gilt also $\gamma_0 = 1/\tau_\mathrm{c}$.

Analog dazu lässt sich der Interbandanteil anhand des *Lorentz-Modells* beschreiben. Für dieses gilt:

$$\varepsilon_\mathrm{r}^{b}(\omega) = \sum_{i-1}^{m} \frac{f_\mathrm{i} \omega_\mathrm{p}^2}{\omega_\mathrm{i}^2 - \omega^2 + j\omega\gamma_\mathrm{i}} \tag{4.17}$$

Mit Hilfe dieser Modelle lässt sich das Resonanzverhalten von Materialien beschrieben, welches z.B. durch Vibrationsmoden oder Polarisationsmechanismen bestimmt wird [40].

4.2.1. Materialien zur Herstellung von Antennen

Wie in Kapitel 2.1 bereits erwähnt wurde, wird einer Antenne die Aufgabe zuteil, hochfrequente Signale möglichst verlustarm einem Detektorelement zuzuführen. Aufgrund der hohen elektrischen Leitfähigkeit σ und der damit verbundenen geringen Verlustanteile hat sich die Verwendung gut leitender Metalle zur Herstellung von Antennen besonders im Mikrowellenbereich als vorteilhaft erwiesen. Im MHz-Bereich wurden zwar auch supraleitende Materialien erfolgreich zur Antennenherstellung eingesetzt [53], aufgrund der quadratischen Frequenzabhängigkeit der Oberflächenimpedanz von Supraleitern übersteigen die auftretenden HF-Verluste im oberen GHz-Bereich jedoch die Verluste von Metallen [54]. Hinzu kommt, dass abhängig von der Energielücke des gewählten supraleitenden Materials bei ho-

Tabelle 4.1.: Vergleich der elektrischen Leitfähigkeit verschiedener Metalle bei Raumtemperatur.

Material	Leitfähigkeit $\sigma_0 \left(\frac{S}{m} \right)$
Silber (Ag)	$6,30 \cdot 10^7$
Kupfer (Cu)	$5,80 \cdot 10^7$
Gold (Au)	$4,56 \cdot 10^7$
Aluminium (Al)	$3,56 \cdot 10^7$

hen Strahlungsfrequenzen sogar eine komplette Unterdrückung der Supraleitung auftreten kann. Aus diesen Gründen beschränkt sich diese Arbeit im Folgenden auf die Betrachtung metallischer Antennen. Für die elektrische Leitfähigkeit eines Metalls gilt die Frequenzabhängigkeit

$$\sigma(\omega) = \frac{\sigma_0}{1 - j\omega\tau_c} \left[\frac{S}{m} \right], \tag{4.18}$$

wobei σ_0 den Gleichstromwert repräsentiert. Gemäß [40] besteht folgender Zusammenhang zwischen der Leitfähigkeit und der Permittivität:

$$\varepsilon_r(\omega) = 1 + \frac{\sigma(\omega)}{j\omega\varepsilon_0} \tag{4.19}$$

Zur Übersicht ist in Tabelle 4.1 eine Auswahl von Metallen mit hoher Leitfähigkeit dargestellt.

Neben geringen Leitungsverlusten spricht besonders eine weitere Eigenschaft für den Einsatz von Metallen: Bei Metallen findet eine Überlappung der Energiebänder statt und somit weisen diese, im Unterschied zu Halbleitern, keine Bandlücke auf. Dies bedeutet, dass Metalle grundsätzlich in der Lage sind, Photonen mit beliebig kleiner Energie zu absorbieren, was speziell beim Übergang vom Infrarotbereich zum langwelligen THz-Bereich von großer Wichtigkeit ist. Eine untere Grenzfrequenz hinsichtlich der Strahlungseinkopplung ist somit aufgrund der materiellen Eigenschaften von Metallen nicht existent.

Bei der Einkopplung eines Strahlungssignals in eine Antenne erfolgt die Absorption, indem das eindringende E-Feld an die freien Elektronen angreift und diese in Bewegung setzt, wodurch eine Feldkompensation stattfindet. Dieser Kompensationseffekt äußert sich somit in Form eines Hochfrequenzstroms. Das Ziel beim Entwurf von Antennen besteht darin, diesen Hochfrequenzstrom möglichst effizient der Last, also dem Detektorelement, zuzuführen. Im Falle einer Fehlanpassung erzeugt der nicht in der Last absorbierte Anteil des HF-Stroms wiederum selbst ein abstrahlendes Feld, was effektiv zu einer Reflexion des Strahlungssi-

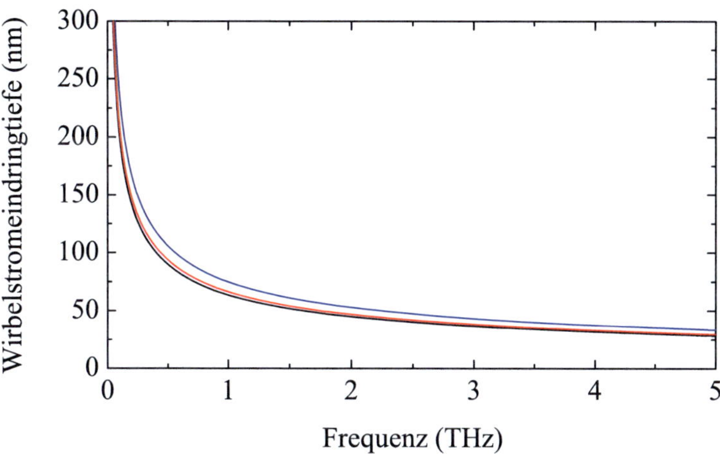

Abbildung 4.3.: Frequenzabhängiger Verlauf der Wirbelstromeindringtiefe für Silber (schwarz), Kupfer (rot) und Gold (blau) bei Raumtemperatur.

gnals führt. Dieser Effekt ist bei Antennen natürlich unerwünscht, lässt sich z.B. zum Aufbau verlustarmer Metallspiegel aber auch vorteilhaft nutzen.

Der aktive Bereich, in welchem sich dieser Absorptionsprozess abspielt, wird durch die Wirbelstromeindringtiefe δ definiert. Die Wirbelstromeindringtiefe hängt von der Signalfrequenz sowie von der elektrischen Leitfähigkeit des Metalls ab und berechnet sich folgendermaßen [55]:

$$\delta = \sqrt{\frac{1}{\pi f \mu_0 \sigma_0}} = \sqrt{\frac{2}{\omega \mu_0 \sigma_0}} \ [\mathrm{m}] \tag{4.20}$$

Die Wirbelstromeindringtiefe gibt den Abstand zur Metallisierungsoberfläche an, bei welchem die elektrische Feldstärke auf den Faktor $1/e$ abgefallen ist. Um eine hohe Absorption eines Strahlungssignals zu erreichen, muss die Metallisierungsdicke t_{met} folglich mindestens so groß wie die Wirbelstromeindringtiefe bei der entsprechenden Frequenz sein. In Abbildung 4.3 sind die frequenzabhängigen Verläufe der Wirbelstromeindringtiefe beispielhaft für Silber, Kupfer und Gold dargestellt. Der Verlauf der Wirbelstromeindringtiefe fällt umgekehrt proportional zur Wurzel der Frequenz ab und weist bei einer Frequenz von $f = 0$ Hz eine Polstelle auf. Das bedeutet, dass bei Gleichstromanregung eine vollständige Felddurchdringung eines Metalls stattfindet. Somit lässt sich die Schlussfolgerung ziehen, dass für praktische Anwendungen die untere Grenzfrequenz durch die geometrischen Randbedingungen in Form der Dicke t_{met} der Antennenmetallisierung mitbestimmt wird. Beim Vergleich der verschiedenen Metalle ist erkennbar, dass die Wirbelstromeindringtiefe für ein

Material umso kleiner wird, je höher dessen elektrische Leitfähigkeit ist. Im dargestellten Beispiel weist Silber aufgrund der höchsten Leitfähigkeit somit die geringste Eindringtiefe auf.

Die Hochfrequenzverluste, die in einer Metallschicht der Dicke t_{met} auftreten, werden durch die komplexwertige Oberflächenimpedanz $\underline{Z}_s$ bestimmt [56]:

$$\underline{Z}_s = (1+j)\, R_s \coth\left(\frac{t_{met}}{\delta}(1+j)\right)\ [\Omega] \tag{4.21}$$

Der Oberflächenwiderstand berechnet sich dabei zu

$$R_s = \frac{1}{\sigma_0 \delta}\ [\Omega]. \tag{4.22}$$

Durch den direkten Einfluss der Wirbelstromeindringtiefe auf den Oberflächenwiderstand zeigt sich, dass die Hochfrequenzverluste mit der Quadratwurzel der Frequenz zunehmen. Nimmt die Signalfrequenz schließlich derart hohe Werte an, dass sie im Bereich der Plasmafrequenz oder sogar darüber liegt, so sind die Ladungsträger nicht mehr in der Lage, dem Wechselfeld zu folgen und die Funktionalität einer Antenne ist nicht mehr gewährleistet. Physikalisch bedeutet dies, dass das Material transparent wird, da die einfallende elektromagnetische Welle nicht mehr kompensiert wird und somit das Material durchdringen kann.

Um nun eine Aussage über die Eignung von Metallen hinsichtlich der Verwendung für Antennenstrukturen im THz-Frequenzbereich treffen zu können, wird zunächst das Reflexionsverhalten einer ebenen Metallfläche bei senkrechter Bestrahlung betrachtet. Der Reflexionsfaktor R gibt an, welcher Leistungsanteil eines Strahlungssignals reflektiert wird. Ein Anteil von 100 % kann nur von einem ideal leitenden Material erreicht werden und bedeutet, dass eine einfallende Welle komplett absorbiert und danach wieder vollständig abgestrahlt wird. Bei realen Metallen dagegen gehen Anteile der Strahlungsleistung als Verlustwärme verloren und/oder werden werden nicht komplett in das Elektronensystem eingekoppelt. Der Reflexionsfaktor lässt sich sowohl anhand des Oberflächenwiderstands als auch mittels der Brechzahl ausdrücken [39]:

$$R(\omega) = 1 - \frac{4R_s(\omega)}{Z_0} = \frac{\left(n'(\omega)-1\right)^2 + n''(\omega)^2}{\left(n'(\omega)+1\right)^2 + n''(\omega)^2} \tag{4.23}$$

Mit den in [52] gegebenen Werten für Plasmafrequenzen, Dämpfungsfaktoren und Oszillationsstärken für verschiedene Metalle wurde anhand der Gleichungen (4.11)-(4.17) zunächst

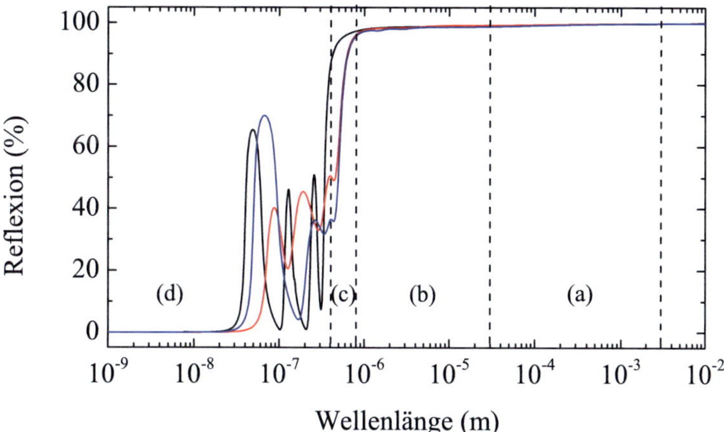

Abbildung 4.4.: Berechneter Verlauf der Strahlungsreflexion für Silber (schwarz), Kupfer (rot) und Gold (blau) für verschiedene Wellenlängenbereiche: (a) THz-Bereich, (b) IR-Bereich, (c) sichtbarer Bereich, (d) UV-Bereich. Für Wellenlängen unterhalb der Plasmafrequenzen fällt die Reflexion stark ab.

die komplexwertige Permittivität berechnet und anschließend mittels Gleichung (4.23) der Verlauf des Reflexionsfaktors für Silber, Kupfer und Gold bestimmt. Die zugehörigen Ergebnisse sind in Abbildung 4.4 abhängig von der Wellenlänge dargestellt. Aus diesen Kurven ist ersichtlich, dass alle drei Metalle einen homogenen Verlauf über den kompletten THz-Bereich hinweg bis weit in den infraroten Wellenlängenbereich besitzen. Die größten Verluste sind für Gold zu verzeichnen, allerdings beläuft sich der absorptionsbedingte Verlustanteil am Übergang zum IR-Bereich auf lediglich 1,2 %. Somit lässt sich aussagen, dass die Metalle grundsätzlich hervorragend für den Einsatz in THz-Anwendungen geeignet sind und vergleichbare Eigenschaften wie im Mikrowellenbereich besitzen. Problematisch wird der Einsatz erst ab optischen Wellenlängen aufgrund der jeweiligen Plasmafrequenzen. Beim direkten Vergleich tritt der Einbruch des Reflexionsparameters für Kupfer und Gold bei ähnlichen Wellenlängen auf, für Silber hingegen ist der Einbruch aufgrund der höheren Plasmafrequenz hin zu kürzeren Wellenlängen verschoben. Da Kupfer und Gold im Vergleich zu Silber nicht in der Lage sind, Blauanteile zu reflektieren, besitzen diese Metalle eine rötliche bzw. gelbliche Färbung. Im UV-Bereich schließlich ist für keine der drei Metalle ein reflektierendes Verhalten mehr festzustellen.

Für die praktische Anwendung ist zu beachten, dass Silber und Kupfer zwar eine hohe Leitfähigkeit besitzen, jedoch unter atmosphärischen Einflüssen ein korrosives Verhalten aufweisen. Im Gegensatz dazu verhält sich Gold sehr stabil. Aus diesem Grund ist Gold trotz der geringeren Leitfähigkeit als Silber oder Kupfer bei der Herstellung von THz-Antennen zu bevorzugen. Hinzu kommt, dass durch die am IMS verfügbaren Prozesse die Abscheidung qualitativ hochwertiger Goldschichten gewährleistet ist.

4.2.2. Einflüsse von Substrateigenschaften

Die geometrischen Dimensionen einer Antenne hängen unmittelbar vom Wellenlängenbereich ab, in welchem die Antenne eingesetzt werden soll. Für Anwendungen im MHz- und unteren GHz-Bereich wie z.B. Rundfunk verfügen die eingesetzten Antennen aufgrund ihrer Abmessungen im Zentimeter-, Dezimeter- oder sogar Meter-Bereich allein durch ihre Größe und Dicke über eine hohe mechanische Stabilität. Daher können die Komponenten als freistehende Elemente wie z.B. Stabantennen realisiert werden. Solche Strukturen lassen sich einfach mittels mechanischer Bearbeitungsverfahren wie Fräsen herstellen. Im THz-Bereich dagegen weisen Antennen laterale Abmessungen von einigen $10 - 100 \ \mu$m auf. Aufgrund dieser extrem kleinen Abmessungen sind solche Strukturen äußerst empfindlich gegenüber mechanischen Einflüssen. Hinzu kommt, dass wegen der hohen Ansprüche in Bezug auf die Fertigungsgenauigkeit konventionelle Herstellungsverfahren unzureichend sind. Aus diesen Gründen erfolgt die Herstellung der THz-Antennen, ebenso wie der Detektorelemente, durch Abscheidung dünner Schichten auf einem Mikrowellensubstrat. Die Dünnschichten werden anschließend mittels lithografischer Prozesse und diverser Ätzverfahren strukturiert. Dadurch lassen sich Bauelemente mit einer kleinsten Strukturbreite im μm- oder sogar nm-Bereich herstellen, die sich zuverlässig reproduzieren lassen und zudem über eine hohe mechanische Stabilität verfügen.

In Bezug auf die elektromagnetischen Eigenschaften ist daher zu beachten, dass neben den innerhalb der Antennenmetallisierung auftretenden Hochfrequenzverlusten zusätzlich dielektrische Verluste im Mikrowellensubstrat existieren. Diese Verluste werden durch freie Ladungsträger sowie polarisationsbedingte Umladevorgänge verursacht. Die Hochfrequenzverlustanteile dielektrischer Materialien werden anhand des Verlustwinkels

$$\tan \delta = \frac{\varepsilon_\mathrm{r}''}{\varepsilon_\mathrm{r}'} \tag{4.24}$$

dargestellt. Verluste treten dann auf, wenn der Imaginärteil der Permittivität ungleich Null ist. Dies kann folgendermaßen erklärt werden: Betrachtet man den Phasenterm e^{-jkz} einer Wellenfunktion, so lässt sich dieser nach [40] bei Betrachtung einer komplexwertigen Wellenzahl

$$k = \omega \sqrt{\mu_0 \mu_\mathrm{r} \varepsilon_0 \left(\varepsilon_\mathrm{r}' - j\varepsilon_\mathrm{r}'' \right)} \tag{4.25}$$

Tabelle 4.2.: Auflistung dielektrischer Materialien für den Mikrowellen- und THz-Frequenzbereich.

Material	Brechzahl n	$\tan(\delta)\times 10^{-4}$	Frequenz (GHz)	Referenz
Diamant	2,38	20	180	[57]
Galliumarsenid	3,59	4-9	90-420	[58]
Magnesiumoxid	3,13	0,46	92,8	[59]
Mylar	1,73-1,76	360-680	120-1000	[60]
Polyethylen	1,51	3-8	150-1110	[61]
Quartz	2,16	-	900-6000	[62]
Rexolite	1,58	-	300-10800	[63]
Saphir	3,07-3,41	4-9	90-400	[64]
Silizium	3,42	6-13	90-450	[58]
Teflon	1,43	2,5-17	120-1110	[61]
TPX	1,46	5,6-13	300-1200	[61]

sowie mittels der Ausbreitungskonstante

$$\gamma = jk = \alpha + j\beta \tag{4.26}$$

in einen reellwertigen und einen imaginären Faktor zerlegen:

$$e^{-jkz} = e^{-\gamma z} = e^{-\alpha z}e^{-j\beta z} \tag{4.27}$$

Der zweite Term beschreibt aufgrund seiner Komplexwertigkeit die kontinuierliche Phasendrehung der Oszillationsbewegung, wie sie typisch für eine harmonischen Welle ist. Der erste Term jedoch ist reellwertig und führt somit zu einem exponentiellen Abfall der Amplitude, was als Dämpfung eines Signals innerhalb eines Materials verstanden werden kann. Für verlustfreie Materialien, also $\varepsilon_r'' = 0$, besitzt die Ausbreitungskonstante keinen Realteil und die Welle propagiert mit konstanter Amplitude.

Um absorptionsbedingte Signalverluste bei Anwendungen im Mikrowellen- und THz-Bereich gering zu halten, sollten zur Herstellung der Systemkomponenten also Materialien verwendet werden, die einen möglichst geringen Verlustwinkel aufweisen. Eine Auswahl häufig verwendeter Materialien ist in Tabelle 4.2 zusammengefasst. Neben den Eigenschaften wie Brechzahl oder Verlusttangens hängt die Eignung eines Materials stark davon ab, wie und für welchen Zweck es eingesetzt werden soll. Kunststoffe wie Teflon oder Polyethylen lassen sich einfach mechanisch bearbeiten und werden deshalb häufig zur Herstellung quasioptischer Komponenten wie Linsen oder Transmissionsfenster für die Strahlungsübertragung verwendet. Im Hinblick auf die Verwendung als Trägersubstrat integrierter Antennen- und Detektorelemente sind Kunststoffe allerdings nicht geeignet: Kunststoffe werden bei den hohen Temperaturen, die während der Abscheideprozesse zur Herstellung der Dünnschichten vorherrschen, beschädigt. Darüber hinaus ist ein homogenes Schichtwachstum oder eine gute Oberflächenhaftung des abzuscheidenden Materials nicht gegeben. Aufgrund ihrer kristallinen Struktur sowie einer hohen Temperaturunempfindlichkeit eignen sich dagegen Halbleiter oder oxidische Materialien wie Silizium, Saphir oder Galliumarsenid als Trägermaterial für Dünnschichten sehr gut. Hierbei ist jedoch sicherzustellen, dass die Struktur bzw. die Gitterkonstante des Substrats zu der Gitterkonstante der Dünnschicht passt. Ist dies nicht der Fall, so kann es auch hier zu Haftungsproblemen oder sogar zu Beschädigungen durch mechanische Spannungen kommen.

Zusammenfassend kann man festhalten, dass die Entscheidung für die Auswahl eines bestimmten Materials auf den materiellen Eigenschaften, der Möglichkeit zur maschinellen Bearbeitung sowie der Integration in den jeweiligen technologischen Herstellungsprozess beruht.

4.3. Entwurf logarithmisch-periodischer Antennen

Prinzipiell ist eine enorme Vielfalt an Antennenentwürfen denkbar, welche sich anhand der in Abschnitt 4.1 vorgestellten Konzepte realisieren lassen. Bei der Betrachtung bereits existierender wissenschaftlicher Arbeiten stechen im Besonderen vier verschiedene planare Antennengeometrien durch die Häufigkeit ihrer Verwendung für Strahlungssensoren im THz-Frequenzbereich hervor. Diese sind die Doppelschlitzantenne, die Bowtie-Antenne sowie die logarithmisch-periodische Antenne und die logarithmische Spiralantenne.

Die Schlitzantenne stellt die Komplementärstruktur zum Dipol dar und funktioniert als $\lambda/2$-Resonator bei einer bestimmten Wellenlänge. Die Verwendung zweier parallel angeordneter Schlitze (daher der Name *Doppelschlitz*) bewirkt im Vergleich zum Einzelschlitz eine Symmetrierung der Richtcharakteristik bei gleichzeitiger Erhöhung des Richtfaktors. Besonders für Mischeranwendungen zur Untersuchung einzelner Spektrallinien konnte die Doppelschlitzantenne äußerst erfolgreich eingesetzt werden [65, 66]. Durch die Funktionsweise als Resonator verfügt dieser Antennentyp allerdings über eine eingeschränkte Bandbreite von etwa 20 % [67] und wird daher in dieser Arbeit nicht weiter betrachtet.

Mit einer Bowtie-Antenne, die zur Gruppe der Wanderwellenantennen gehört, lassen sich dagegen sehr hohe Bandbreiten realisieren. Allerdings weist deren Richtcharakteristik zwei Hauptkeulen auf, welche zudem schräg zur Senkrechten der Antennenebene geneigt sind

[68, 69]. Beim Einsatz der Bowtie-Antenne in einem quasioptischen Empfänger äußert sich dieses Verhalten in einer schlechten Ankopplung an einen einfallenden fokussierten THz-Strahl. Daher wird von der Verwendung dieses Antennentyps abgeraten [70].

Die logarithmisch-periodische Antenne (kurz: log-periodische Antenne) aus der Gruppe der selbstähnlichen Antennen sowie die logarithmische Spiralantenne (kurz: log-Spiralantenne) als Vertreter winkelkonstanter Antennen dagegen bieten die Möglichkeit zum Entwurf extrem breitbandiger Strukturen und besitzen zudem eine Richtcharakteristik mit stark ausgeprägter Hauptkeule in senkrechter Richtung zu Antennenebene, wodurch eine effiziente Strahlungskopplung erreicht werden kann. Der erfolgreiche Einsatz beider Antennentypen konnte vielfach erfolgreich demonstriert werden [48, 66, 71]. Aus diesem Grund wurden diese beiden Strukturen für weiterführende Untersuchungen ausgewählt. Eine zunächst grundlegende Analyse der Funktionsweise log-periodischer Antennen wird in diesem Abschnitt vorgestellt. Im darauf folgenden Abschnitt folgt eine entsprechende Übersicht zur logarithmischen Spiralantenne.

Obwohl log-periodische Antennen grundsätzlich breitbandiges Verhalten aufweisen, erfüllt ein Großteil der in der Fachliteratur vorgestellten Geometrien zusätzlich das Mushiake-Prinzip; es handelt sich also um selbstkomplementäre Strukturen. Wie bereits erklärt wurde, besitzen selbstkomplementäre Antennen eine konstante, rein reellwertige Impedanz, welche nur von der Wellenimpedanz abhängt. Da die in dieser Arbeit untersuchten Antennen auf einem Mikrowellensubstrat mit der Permittivität ε_r aufgebracht sind, muss dessen Einfluss auf die effektive Wellenimpedanz mitberücksichtigt werden. Unter der Annahme, dass das Substrat als elektrisch dick betrachtet werden kann ($t_{sub} >> \lambda$), lässt sich die effektive Permittivität näherungsweise zu $\varepsilon_{eff} \approx (\varepsilon_r + 1)/2$ berechnen. Als Erweiterung von Gleichung (4.10) ergibt sich damit der Wert für die Impedanz einer selbstkomplementären, planaren Antenne auf einem massiven Substrat zu

$$Z_A = \frac{Z_0}{2 \cdot \sqrt{\varepsilon_{eff}}}. \tag{4.28}$$

Der Entwurf einer selbstkomplementären log-periodischen Antenne ist in Abbildung 4.5 dargestellt. Die Struktur besteht aus keilförmig gegenübergestellten Flächen, die einen Öffnungswinkel β aufweisen und an eine Bowtie-Antenne erinnern. An den Randbereichen dieser Flächen sind resonante Armbögen mit einem Segmentwinkel α angebracht. Die Gesamtstruktur weist eine Punktsymmetrie zum Ursprung auf. Für selbstkomplementäre Antennen muss die Bedingung $\alpha + \beta = 90°$ erfüllt sein.

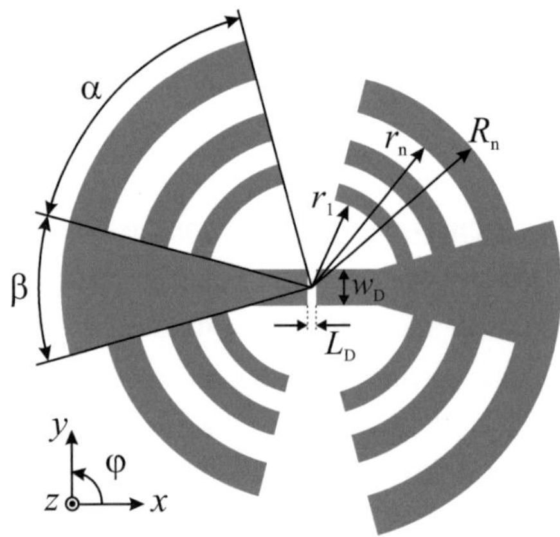

Abbildung 4.5.: Layout einer log-periodischen Planarantenne. Die gezeigte Struktur verfügt über $n =$ 6 Armpaare [49].

Für reale Strukturen zeigt sich, dass das Mushiake-Prinzip nur näherungsweise zur Beschreibung der Antennenimpedanz herangezogen werden kann, denn im Vergleich zu einer Bowtie-Antenne oder einer Spiralantenne handelt es sich bei einer log-periodischen Antenne nicht um eine echt frequenzunabhängige Antenne. Die log-periodischen Antennen basieren vielmehr auf Resonanzeffekten, die sich periodisch mit der Logarithmus der Frequenz wiederholen. Bei einer Resonanzfrequenz funktionieren zwei Antennenarme, die sich punktsymmetrisch zum Antennenfußpunkt gegenüber liegen, als abstrahlende Elemente. Der Zusammenhang zweier Resonanzfrequenzen f_n und f_{n+1} hängt vom Skalierungsfaktor τ, dem inneren Armradius r_n und dem äußeren Armradius R_n folgendermaßen ab:

$$\frac{f_n}{f_{n+1}} = \frac{R_{n+1}}{R_n} = \frac{r_{n+1}}{r_n} = \sqrt{\tau} \tag{4.29}$$

mit

$$R_n = \tau^{n-0.5} \cdot r_1 \tag{4.30}$$

und

$$r_n = \tau^{n-1} \cdot r_1. \tag{4.31}$$

Die Bandbreite der Antenne ist durch eine untere und eine obere Grenzfrequenz festgelegt. Die obere Grenzfrequenz wird durch den kleinsten Arm bestimmt, umgekehrt defi-

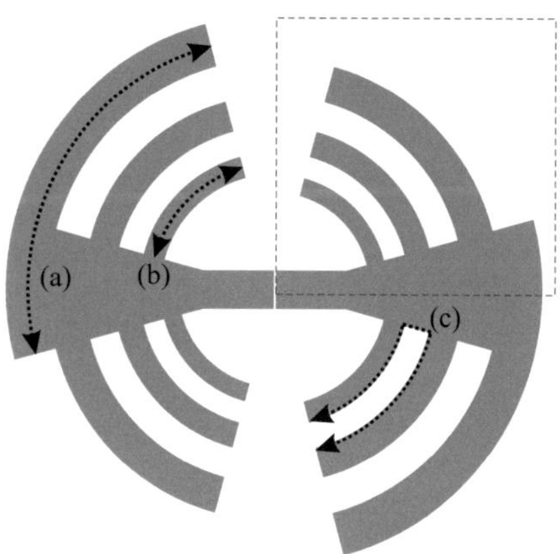

Abbildung 4.6.: Selbstkomplementäre log-periodische Antennenstruktur mit den verschiedenen Resonanzpfaden für die jeweiligen Modelle: (a) $\frac{\lambda}{2}$-Resonator, (b) $\frac{\lambda}{4}$-Resonator, (c) $\frac{\lambda}{2}$-Schlitzresonator. Der rote Kasten markiert den in Abbildung 4.9 gezeigten Ausschnitt [49].

niert der längste Arm die untere Grenzfrequenz. Dieses Prinzip ist für beliebige Frequenzen gültig, es ist lediglich zu beachten, dass die Strukturgröße entsprechend der Wellenlänge skaliert wird. Letztendlich kann die Antenne innerhalb der gewählten Bandbreite als quasi-frequenzunabhängig betrachtet werden, solange die Änderung der Impedanz zwischen zwei Resonanzfrequenzen hinreichend gering ist. Zur Beschreibung der Funktionsweise einer log-periodischen Antenne existieren in der Fachliteratur zwei verschiedene analytische Modelle, welche im folgenden Abschnitt vorgestellt und untersucht werden. Analytische Modelle besitzen deshalb eine wichtige Bedeutung, da sie immer den ersten Schritt innerhalb einer Entwurfskette bilden. Je genauer ein Modell ist, umso effizienter kann der Entwurfsprozess ablaufen und umso geringer ist die Notwendigkeit nachträglicher Korrekturschritte.

4.3.1. Bewertung existierender Entwurfsmodelle

Beim ersten Modell [72, 73] wird die log-periodische Antenne als Resonator der Länge

$$\ell_n = \frac{\lambda_{\text{eff}}}{2} = \frac{\lambda_0}{2 \cdot \sqrt{\varepsilon_{\text{eff}}}} \tag{4.32}$$

betrachtet, wobei λ_0 der Wellenlänge im Freiraum entspricht. Die Länge ℓ_n besteht aus zwei Teilen: Der Länge eines Armbogens mit dem Winkel α und der Länge eines Bowtie-Segments mit dem Winkel β. Der entsprechende Resonanzpfad ist in Abbildung 4.6a veranschaulicht. Aufgrund der endlichen Breite weisen die Resonanzarme am inneren Bogen eine kürzere Länge als am äußeren Bogen auf. Für die Berechnung wird daher der arithmetische Mittelwert benutzt. Die effektive Resonatorlänge ergibt sich somit zu

$$\ell_n = \frac{(R_n + r_n)}{2} \cdot \frac{(\alpha + \beta)\pi}{180°} = \frac{r_n(1 + \sqrt{\tau})\pi}{4}. \qquad (4.33)$$

Schließlich können die Resonanzfrequenzen mit (4.32) und (4.33) zu

$$f_n = \frac{2 \cdot c_0}{r_n(1 + \sqrt{\tau})\pi\sqrt{\varepsilon_{\text{eff}}}} \qquad (4.34)$$

berechnet werden. Dabei ist c_0 die Vakuumlichtgeschwindigkeit. Diesem Modell zufolge ist für eine Antenne mit n Armpaaren eine Anzahl von n Resonanzfrequenzen zu erwarten, die darüber hinaus unabhängig von den gewählten Winkelgrößen α und β sind.

Beim zweiten Modell [71, 73, 74, 75] werden die Arme selbst als $\lambda/4$-Resonatoren betrachtet ohne Einfluss der Bowtie-Struktur. Der entsprechende Resonanzpfad ist in Abbildung 4.6b gezeigt. Die Berechnung der Resonanzfrequenzen erfolgt ähnlich wie beim vorigen Modell, jedoch wird hier nur der Winkel α in Betracht gezogen. Somit ergibt sich die effektive Resonanzlänge ℓ_n zu

$$\ell_n = \frac{(R_n + r_n)}{2} \cdot \frac{\alpha\pi}{180°} = \frac{r_n(1 + \sqrt{\tau})\pi\alpha}{360°} \qquad (4.35)$$

und für die Resonanzfrequenzen gilt entsprechend

$$f_n = \frac{c_0 \cdot 90°}{r_n(1 + \sqrt{\tau})\alpha\pi\sqrt{\varepsilon_{\text{eff}}}}. \qquad (4.36)$$

Wie beim vorigen Modell sind n verschiedene Resonanzfrequenzen für eine Struktur mit n Armpaaren zu erwarten. Im Unterschied dazu liegt in diesem Fall jedoch eine Abhängigkeit des Armwinkels α vor: Eine Vergrößerung des Armwinkel führt aufgrund einer erhöhten Resonanzlänge zu einer kleineren Resonanzfrequenz und umgekehrt. Für die in der Literatur häufig anzutreffende Konstellation $\alpha = 45°/\beta = 45°$ ergeben sich für beide Modelle identische Ergebnisse.

Zur Prüfung der Genauigkeit der vorgestellten Verfahren wurden beide analytischen Modelle mit numerischen Simulationen verglichen. Dazu wurden dreidimensionale Antennenmodelle in der Simulationssoftware CST Microwave Studio® [76] implementiert und mittels einer finiten Integrationstechnik (FIT) simuliert. Die Absolutmaße der Strukturen sind

Tabelle 4.3.: Geometrische Parameter der simulierten log-periodischen Testantennen.

	r_1 (μm)	α (deg)	β (deg)	n	τ
$\mathrm{Ant_{A,1}}$	5	60	30	6	$\sqrt{2}$
$\mathrm{Ant_{A,2}}$	5	45	45	6	$\sqrt{2}$

an dem in [66] vorgestellten Entwurf einer log-periodischen Planarantenne auf einem Siliziumsubstrat für den Frequenzbereich $f = 1 - 6$ THz orientiert. Zur Untersuchung des Einflusses des Armwinkels wurden zwei verschiedene Geometrien mit vergleichbaren Gesamtabmessungen analysiert. Die geometrischen Parameter der beiden untersuchten Testantennen $\mathrm{Ant_{A,1}}$ und $\mathrm{Ant_{A,2}}$ sind in Tabelle 4.3 aufgelistet. Die Antennen wurden in der Simulation zunächst frei schwebend in einer Vakuumumgebung betrachtet. Als Material für die Antennenmetallisierung wurde ein idealer elektrischer Leiter der Dicke $t_{\mathrm{met}} = 50$ nm gewählt. Der Zweck dieser idealisierten Annahmen besteht darin, den Fokus auf die geometrischen Parameter zu legen und Einflüsse wie die Ausbreitung von Substratmoden oder durch eine frequenzabhängige Permittivität des verwendeten Substratmaterials zu vermeiden. Die Last wurde in Form eines diskreten Ports simuliert, der im Fußpunkt der Antenne angeschlossen wurde. Die Portimpedanz wurde gemäß Gleichung (4.28) berechnet. Aus Effizienzgründen wurden die Antennen im Sendemodus simuliert. Gemäß des Reziprozitätstheorems ergeben sich daraus die gleichen Antenneneigenschaften wie im Empfangsmodus.

Zur Untersuchung des frequenzabhängigen Resonanzverhaltens einer Antenne bietet sich die Betrachtung des Reflexionsparameters an. Das Simulationsergebnis für die Struktur $\mathrm{Ant_{A,1}}$ ist in Abbildung 4.7 dargestellt. Zusätzlich sind die berechneten Frequenzen für das $\lambda/2$-Modell und das $\lambda/4$-Modell gemäß den Gleichungen (4.34) und (4.36) abgebildet.

Befindet sich die Antenne in der Resonanz, so verschwindet der Imaginärteil der Impedanz und der Realteil ist an die Portimpedanz angepasst. Die Anregungsleistung wird mit einer hohen Effizienz abgestrahlt, was sich in einem tiefen Dip der $|\underline{S}_{11}|$-Kurve äußert. Es ist ersichtlich, dass die berechneten Frequenzen beider Modelle deutlich vom numerisch simulierten Kurvenverlauf abweichen. Solche Abweichungen sind von früheren Untersuchungen bekannt, weshalb versucht wurde, eine Kompensation durch die Einführung eines Korrekturfaktors zu erreichen [66]. Obwohl die Verwendung eines Korrekturfaktors zu helfen vermag, die Genauigkeit für einzelne Resonanzpunkte zu verbessern, so ist trotzdem festzustellen, dass die Anzahl der nach (4.34) und (4.36) berechneten Resonanzen nicht mit der Anzahl der in der numerischen Simulation auftretenden Dips übereinstimmt.

Die entsprechenden Ergebnisse für die Antennengeometrie $\mathrm{Ant_{A,2}}$ sind in Abbildung 4.8 für das $\lambda/2$- und $\lambda/4$-Modell dargestellt. Im Vergleich zur numerischen Simulation von $\mathrm{Ant_{A,1}}$ zeigt der Kurvenverlauf von $\mathrm{Ant_{A,2}}$ eine deutliche Verschiebung zu höheren Fre-

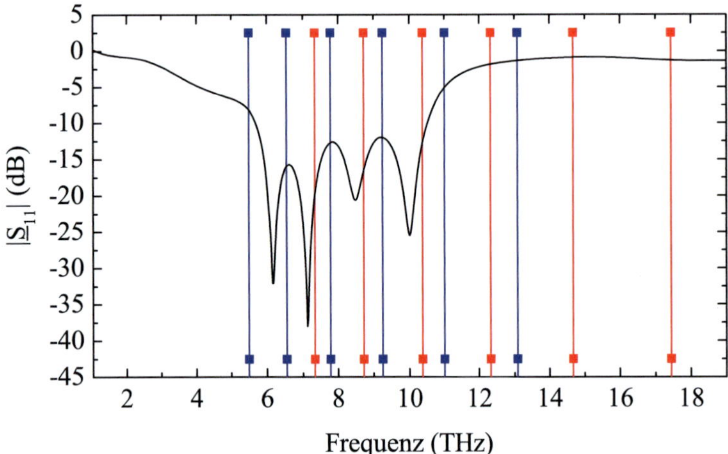

Abbildung 4.7.: Simulation des Reflexionsparameters für die Struktur $\text{Ant}_{A,1}$ (schwarz). Die senkrechten Linien zeigen die Resonanzfrequenzen, die mittels des $\lambda/2$-Modells (rot) sowie des $\lambda/4$-Modells (blau) berechnet wurden [49].

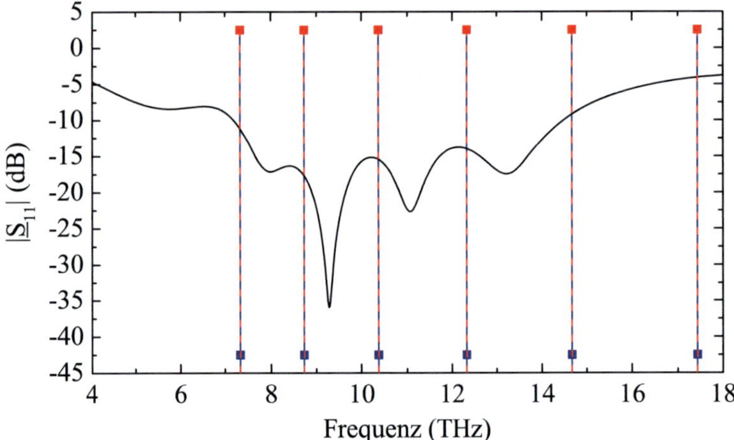

Abbildung 4.8.: Simulation des Reflexionsparameters für die Struktur $\text{Ant}_{A,2}$ (schwarz). Die senkrechten Linien zeigen die Resonanzfrequenzen, die mittels des $\lambda/2$-Modells (rot) sowie des $\lambda/4$-Modells (blau) berechnet wurden. Für diesen Spezialfall liefern beide Modelle identische Ergebnisse [49].

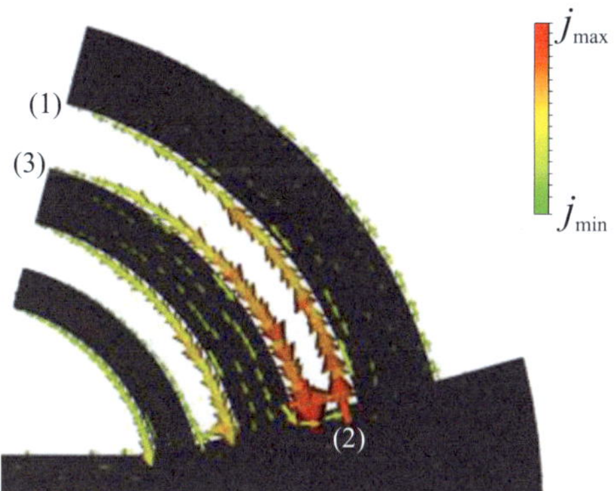

Abbildung 4.9.: Simulation der Stromdichteverteilung einer log-periodischen Antenne im Resonanzfall. Die Kombination zweier Minima $(1) + (3)$ und eines Maximums (2) der Stromdichteverteilung deutet auf eine Halbwellenresonanz im Randbereich zwischen zwei
Armelementen hin [49].

quenzen aufgrund des kleineren Armwinkels α. Auch hier zeigen sich deutliche Abweichungen für beide Modelle sowohl hinsichtlich der Position der auftretenden Resonanzfrequenzen als auch in deren Anzahl. Das Fazit, das sich aus diesen Resultaten ziehen lässt,
ist, dass keines der beiden Modelle als exakte Richtlinie für den Antennenentwurf dient.
Aus diesem Grund wird das Verhalten der log-periodischen Antenne genauer untersucht
mit der Zielsetzung, deren Verhalten besser zu verstehen und daraus ein neues Modell zu
entwickeln, das eine deutlich höhere Zuverlässigkeit für den Entwurfsprozess verspricht.

4.3.2. Entwicklung eines neuen analytischen Modells

Ein aufschlussreiche Methode zur Untersuchung, auf welchem Weg sich eine Resonanz ausbreitet, liegt in der Betrachtung der Stromdichteverteilung einer Struktur. Die dafür notwendigen Untersuchungen wurden ebenfalls mit CST Microwave Studio® durchgeführt. In der
Simulation zeigt sich, dass der Strom entlang des Schlitzbereichs zwischen zwei benachbarten Armen auftritt und nicht im Zentrum der Arme selbst. Zur Veranschaulichung ist in
Abbildung 4.9 die simulierte Stromdichteverteilung im Resonanzfall dargestellt. Wie direkt
erkennbar ist, widerspricht dieses Ergebnis sowohl den Erwartungen des $\lambda/4$-Modells als
auch des $\lambda/2$-Modells. In Bezug auf letzteres wurden Unstimmigkeiten hinsichtlich der zu
erwartenden Verteilung der Stromdichte bereits in [66] festgestellt. Bei genauer Überlegung
tritt das gezeigte Verhalten hinsichtlich des *Skineffekts* allerdings nicht unerwartet auf, da
die Ströme im Inneren eines Leiters durch elektromagnetische Wechselfelder kompensiert
werden und sich die Ströme ausschließlich auf die Randbereiche verteilen. Exakt dieses
Verhalten wurde in [32] anhand einer log-periodischen Mikrowellenantenne bereits gezeigt.

Der Vergleich einer voll metallisierten Planarstruktur mit einer Drahtantenne der gleichen Geometrie führte zu gleichem Verhalten der Antenne. In Bezug auf die beiden existierenden Modelle dürfte dies nicht der Fall sein, da die jeweiligen Resonanzpfade bei der Drahtantenne unterbrochen wären.

Die Simulation in Abbildung 4.9 zeigt, dass der Strom an den Ecken zweier benachbarter Arme nahezu Null wird, wie an den Positionen (1) und (3) erkennbar ist. Eine maximale Stromdichte tritt dagegen im Übergangsbereich zwischen den Armen und der Bowtie-Struktur auf (s. Position (2)). Die Kombination aus zwei Minima und einem Maximum ist ein typisches Anzeichen für eine $\lambda/2$-Resonanz. Daher wird im Folgenden die log-periodische Antenne auf eine solche Resonanz im Schlitzbereich zwischen zwei benachbarten Armen untersucht, wie sie in Abbildung 4.6c verdeutlicht ist. Die entsprechende Länge der beschriebenen Resonanzpfade berechnet sich zu

$$\ell_\mathrm{n} = r_\mathrm{n}(1 + \sqrt{\tau}) \cdot \frac{\alpha\pi}{180°} + r_\mathrm{n}(\sqrt{\tau} - 1), \tag{4.37}$$

woraus sich unmittelbar die Resonanzfrequenzen zu

$$f_\mathrm{n} = \frac{c_0}{2(r_\mathrm{n}(1 + \sqrt{\tau})\frac{\alpha\pi}{180°} + r_\mathrm{n}(\sqrt{\tau} - 1))\sqrt{\varepsilon_\mathrm{eff}}} \tag{4.38}$$

ergeben [49]. Im Unterschied zum existierenden $\lambda/2$-Modell liegt eine Abhängigkeit vom Armwinkel α vor. Zusätzlich gibt es einen wesentlichen Unterschied zu beiden anderen Modellen: Für eine Schlitzresonanz treten insgesamt zwei Resonanzfrequenzen weniger auf, da die Anzahl an Schlitzen um zwei geringer ist als die Anzahl der Arme. Bei einer Anzahl von n Armpaaren sind also $n - 2$ Resonanzfrequenzen zu erwarten.

Um dies zu prüfen, wurden für die Struktur $\mathrm{Ant}_{\mathrm{A},1}$ gemäß Gleichung (4.38) die Resonanzfrequenzen berechnet und mit der numerischen Simulation des Reflexionsparameters verglichen. Das Ergebnis ist in Abbildung 4.10 veranschaulicht.

Im Gegensatz zu den anderen Modellen zeigen die mittels des neuen Modells berechneten Schlitzresonanzen eine sehr gute Übereinstimmung mit der Simulation sowohl in Bezug auf die Position als auch hinsichtlich der Anzahl der Resonanzfrequenzen. Ein quantitative Gegenüberstellung der Ergebnisse kann Tabelle 4.4 entnommen werden. Die entsprechenden Ergebnisse für die Struktur $\mathrm{Ant}_{\mathrm{A},2}$ sind in Abbildung 4.11 sowie die Fehlerberechnung in Tabelle 4.5 gezeigt. Auch hier zeigt das neue Modell eine sehr viel höhere Genauigkeit als die beiden anderen Modelle auf. Somit wurde gezeigt, dass das neue Modell sehr gute Ergebnisse für idealisierte Metallstrukturen in einer Freiraumumgebung liefert.

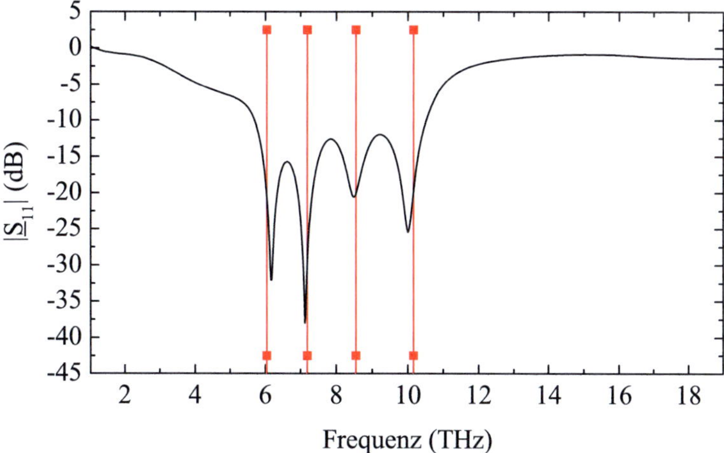

Abbildung 4.10.: Simulation des Reflexionsparameters für die Struktur $\mathrm{Ant}_{A,1}$. Die senkrechten Linien zeigen die Resonanzfrequenzen, die mittels des neuen Modells berechnet wurden [49].

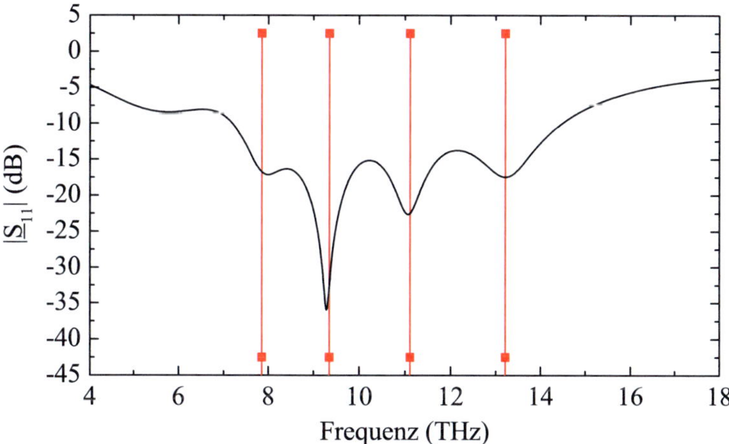

Abbildung 4.11.: Simulation des Reflexionsparameters für die Struktur $\mathrm{Ant}_{A,2}$. Die senkrechten Linien zeigen die Resonanzfrequenzen, die mittels des neuen Modells berechnet wurden [49].

Tabelle 4.4.: Vergleich der numerisch simulierten mit den anhand des neuen Modells analytisch berechneten Resonanzfrequenzen für die Struktur $\mathrm{Ant}_{A,1}$ [49].

	f_1	f_2	f_3	f_4
Numerische Simulation (THz)	10,02	8,48	7,12	6,18
Analytische Berechnung (THz)	10,16	8,54	7,18	6,04
rel. Abweichung (%)	1,4	0,7	0,8	2,3

Tabelle 4.5.: Vergleich der numerisch simulierten mit den anhand des neuen Modells analytisch berechneten Resonanzfrequenzen für die Struktur $\mathrm{Ant}_{A,2}$ [49].

	f_1	f_2	f_3	f_4
Numerische Simulation (THz)	13,22	11,06	9,28	7,98
Analytische Berechnung (THz)	13,21	11,11	9,34	7,85
rel. Abweichung (%)	0,1	0,5	0,6	1,6

Im nächsten Schritt werden die Einflüsse von Substrateffekten berücksichtigt, um die Simulation den realen Bedingungen anzupassen. Für die Untersuchung wurde die Antennengeometrie $\mathrm{Ant}_{A,1}$ verwendet und diese an der Schnittstelle zwischen einem Vakuum-Halbraum und einem Silizium-Halbraum ($\varepsilon_r = 11,9$) positioniert, woraus sich eine effektive Permittivität von $\varepsilon_{\mathrm{eff}} = 6,45$ ergibt und die Portimpedanz entsprechend angepasst werden muss. Als Material für die Antennenmetallisierung wurde Gold gewählt. Der simulierte Verlauf des Reflexionsparameters ist in Abbildung 4.12 dargestellt. Wie zu erwarten war, sind die Resonanzdips durch den Einfluss des Substrats um den Faktor $1/\sqrt{\varepsilon_{\mathrm{eff}}}$ zu niedrigeren Frequenzen verschoben. Die Ergebnisse der Modellberechnung weisen eine vergleichbar hohe Genauigkeit wie bei den Freiraumstrukturen auf. Die zugehörigen Ergebnisse hinsichtlich des Vergleichs zwischen analytischer und numerischer Berechnung sind in Tabelle 4.6 aufgelistet.

Die Berechnung der Resonanzfrequenzen von log-periodischen Antennen anhand des neu entwickelten Modells zeigt somit eine sehr gute Übereinstimmung mit den numerischen Simulationen des Reflexionsparameters. Eine zur Verifikation des neuen Modells notwendige messtechnische Charakterisierung der Streuparameter direkt im THz-Frequenzbereich ist mit der aktuell verfügbaren Messtechnik nicht möglich. Daher wird diese Untersuchung anhand skalierter Modelle im Mikrowellenbereich (engl. Large-Scale Models) durchgeführt. Wesentlich ist dabei, dass sich die skalierten Mikrowellenmodelle aufgrund der Linearität der Maxwell-Gleichungen [32] genau wie die THz-Strukturen verhalten. Für die Messungen wurden die Strukturparameter der Testantennen derart ausgewählt, dass die auftretenden

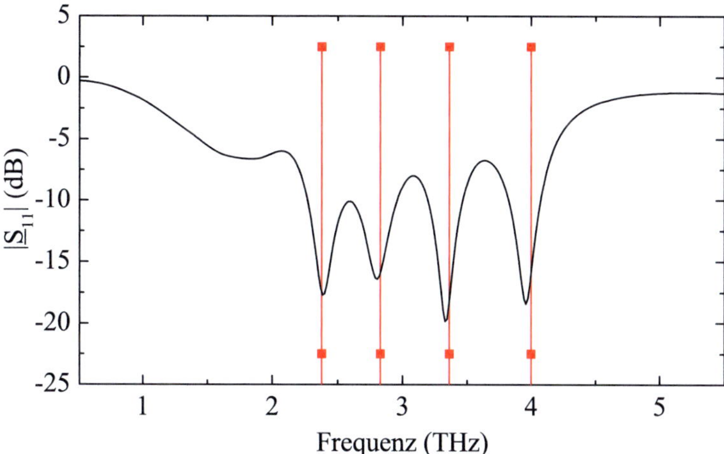

Abbildung 4.12.: Simulation des Reflexionsparameters für die Geometrie $\mathtt{Ant_{A,1}}$ auf einem unendlich dicken Siliziumsubstrat. Die senkrechten Linien markieren die Positionen der Resonanzfrequenzen, die anhand des neuen Modells berechnet wurden [49].

Tabelle 4.6.: Vergleich der numerisch simulierten mit den anhand des neuen Modells analytisch berechneten Resonanzfrequenzen für die Struktur $\mathtt{Ant_{A,1}}$ auf einem unendlich dicken Siliziumsubstrat [49].

	f_1	f_2	f_3	f_4
Numerische Simulation (THz)	3,93	3,32	2,79	2,38
Analytische Berechnung (THz)	4,00	3,36	2,83	2,38
rel. Abweichung (%)	1,8	1,2	1,4	0,0

Resonanzdips innerhalb des Frequenzbereichs $f = 1 - 8$ GHz zu erwarten sind, da dieser Bereich mittels konventioneller Netzwerkanalysetechnik sehr gut erfassbar ist.

Für das Experiment wurden insgesamt drei Antennen mit unterschiedlicher Geometrie untersucht ($\mathtt{Ant_{B,1}}$-$\mathtt{Ant_{B,3}}$). Eine vollständige Auflistung der jeweiligen geometrischen Parameter sowie eine Zusammenfassung der Ergebnisse findet sich in Anhang A. Stellvertretend soll zur Erklärung an dieser Stelle die Analyse von Struktur $\mathtt{Ant_{B,1}}$ erläutert werden. Als Substratmaterial wurde Rogers® TMM 10i ($t_{\mathrm{sub}} = 1270$ μm; $\varepsilon_{\mathrm{r}} = 9,8$; $\tan\delta = 0,0022$) mit einer beidseitigen Kupferkaschierung ($t_{\mathrm{met}} = 35$ μm) ausgewählt. Numerische Simulationen haben gezeigt, dass für Substrate, deren Dicke unterhalb von etwa 1 mm lag, der quasistatische Näherungswert $\varepsilon_{\mathrm{eff}} \approx (\varepsilon_{\mathrm{r}} + 1)/2$ für die effektive Permittivität noch nicht erreicht wurde. Für dickere Substrate ist diese Näherung gültig, wodurch die „Simulation" eines unendlich dicken Substrats gerechtfertigt ist.

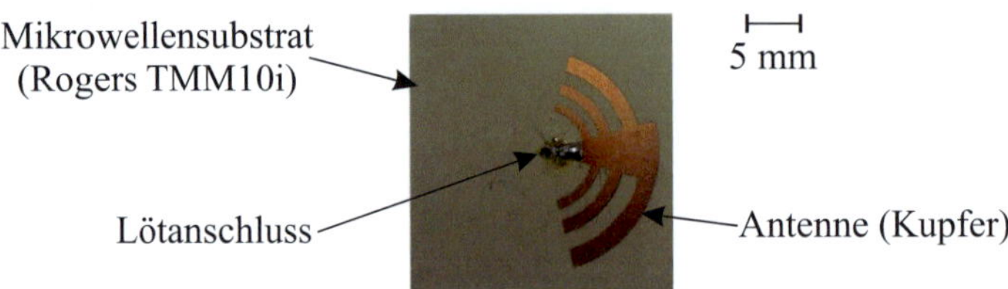

Abbildung 4.13.: Fotografie eines für die messtechnische Charakterisierung hergestellten Mikrowellenmodells einer log-periodischen Antenne.

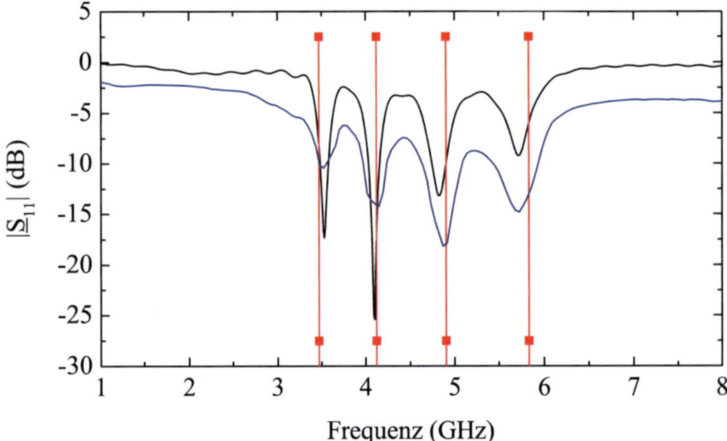

Abbildung 4.14.: Simulation (schwarz) und Messung (blau) des Reflexionsparameters für die Struktur $Ant_{B,1}$. Die senkrechten Linien markieren die Positionen der mittels des neuen Modells berechneten Resonanzfrequenzen [49].

Die Strukturen wurden mittels Fotolithografie und anschließendem Nassätzen hergestellt. Aus Gründen einer einfacheren Kontaktierung wurden die beiden Hälften der log-periodischen Antennen auf gegenüber liegenden Seiten der Platine gefertigt. Dadurch lässt sich die Gefahr eines Kurzschlusses im engen Spaltbereich des Antennenfußpunkts vermeiden. Die Fotografie einer hergestellten Struktur ist in Abbildung 4.13 zu sehen. Für die Messung wurde das eine Ende eines Koaxialkabels an die Fußpunktanschlüsse der Antenne gelötet. Das andere Ende wurde per SMA-Stecker direkt an einen Netzwerkanalysator angeschlossen. In Abbildung 4.14 sind die simulierten und die gemessenen Ergebnisse des Reflexionsparameters $Ant_{B,1}$ aufgezeigt. Der Vergleich beider Kurven zeigt einen Amplitudenversatz von etwa 3 dB. Der Unterschied wird durch die Mikrowellenverluste im Koaxialkabel verursacht und entsteht dadurch, dass das Kabel nicht im Kalibrationsvorgang erfasst wird. Dieser Amplitudenversatz wurde bei sämtlichen durchgeführten Messungen beobachtet.

Tabelle 4.7.: Vergleich der numerisch simulierten sowie der nach Gleichung (4.38) analytisch berechneten Resonanzfrequenzen mit den Messwerten für die Struktur $\text{Ant}_{B,1}$ [49].

	f_1	f_2	f_3	f_4
Messung (GHz)	5,73	4,87	4,15	3,52
Numerische Simulation (GHz)	5,72	4,83	4,10	3,53
rel. Abweichung (%)	0,2	0,8	1,2	0,3
Analytische Berechnung (GHz)	5,83	4,90	4,12	3,47
rel. Abweichung (%)	1,7	0,6	0,7	1,4

In Bezug auf die Resonanzdips ist eine sehr gute Übereinstimmung beider Kurven zu beobachten. Wie zu erwarten war, treten lediglich $n = 4$ und nicht $n = 6$ Dips auf, wie von den bisherigen Modellen vorausgesagt wird. Zusätzlich sind die nach Gleichung (4.38) berechneten Resonanzfrequenzen dargestellt. Die Auswertung der Abweichung zwischen Messung und Simulation bzw. zwischen Messung und Berechnung ist in Tabelle 4.7 aufgelistet. Der maximale Fehler beträgt weniger als 2 %. Für die anderen Strukturen konnten vergleichbar gute Ergebnisse erzielt werden (s. Anhang A).

4.4. Entwurf logarithmischer Spiralantennen

Die Spiralantenne ist einer der wichtigsten Vertreter der Wanderwellenantennen. Die bekanntesten Ausführungen sind die lineare Spirale, auch *Archimedische Spirale* genannt, und die logarithmische Spiralantenne. Beide Typen besitzen ähnliche Eigenschaften hinsichtlich der Bandbreite und des Abstrahlverhaltens, wobei die logarithmische Spirale geringere Hochfrequenzverluste aufweist [32]. Da dieser Sachverhalt gerade bei steigenden Frequenzen eine immer wichtigere Rolle spielt, wird die log-Spiralantenne bevorzugt eingesetzt. Die log-Spiralantenne wurde bereits in den 1950er Jahren ausführlich untersucht, wobei Strukturen mit einer relativen Bandbreite von mehr als 20:1 entwickelt wurden [77]. Der schematische Aufbau einer solchen Antenne ist in Abbildung 4.15 dargestellt. Der Kurvenverlauf der äußeren Umrandung einer logarithmischen Spiralantenne ergibt sich ausgehend von Gleichung (4.7) für eine konstante Funktion

$$f(\theta) = r_0 \qquad (4.39)$$

und lautet somit

$$r_1 = r_0 \cdot e^{a\varphi}. \qquad (4.40)$$

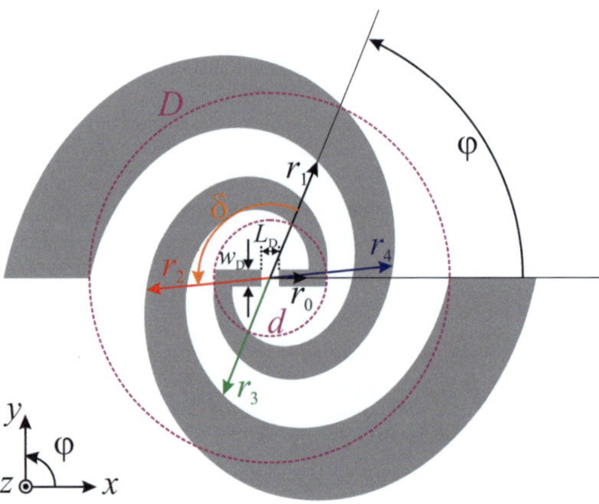

Abbildung 4.15.: Schematische Darstellung einer logarithmischen Spiralantenne [32].

Dabei bezeichnet r_0 den inneren Radius der Spiralkurve und a die Steigung, mit welcher sich der Kurvenradius r_1 exponentiell bei einer Drehung um den Winkel φ vergrößert. Durch Drehung der entstandenen Randkurve um den Winkel δ entsteht eine zweite Kurve $r_2(\varphi)$. Die Fläche, welche beide Kurven einschließen, definiert den Metallisierungsbereich eines Spiralarms. Der zweite Arm ergibt sich schließlich durch eine punktsymmetrische Spiegelung des ersten Arms zum Ursprung. Mathematisch lässt sich die Geometrie der Gesamtstruktur also anhand der Verläufe der Randkurven formulieren:

$$r_2 = r_0 \cdot e^{a(\varphi - \delta)} \tag{4.41}$$

$$r_3 = r_0 \cdot e^{a(\varphi - \pi)} \tag{4.42}$$

$$r_4 = r_0 \cdot e^{a(\varphi - \pi - \delta)} \tag{4.43}$$

Die beiden separierten Spiralarme sind bei praktischen Anwendungen durch eine Signalquelle, eine Zuleitung oder eine andere Last im Antennenfußpunkt miteinander verbunden.

Als Wanderwellenantenne beruht die Funktionsweise der Spiralantenne im Unterschied zur log-periodischen Antenne nicht auf Resonanzeffekten. Zur Erklärung des Prinzips sei der Sendefall betrachtet: Bei einer Signalanregung im Antennenfußpunkt breitet sich ein Strom entlang der Antennenarme vom Zentrum in die Außenbereiche aus. Hat der Strom einen bestimmten Weg zurückgelegt, so löst sich die elektromagnetische Welle von der Metallisierung ab und propagiert in den die Antenne umgebenden Raum. Die Positionen auf der Antenne, an welchen der Abstrahlungsprozess stattfindet, werden als *aktive Bereiche* bezeichnet. Im Vergleich zur Bowtie-Antenne, die ebenfalls zu den Wanderwellenantennen gehört, zeichnet sich die Spiralantenne vor allem durch ihre hohe Richtwirkung aus [68, 77]. Bei einer Bowtie-Antenne laufen die HF-Ströme in beiden Keilstrukturen geradlinig in entgegengesetzte Richtungen, was das Auftreten zweier schräg angeordneter Hauptkeulen in der Richtcharakteristik zur Folge hat. Demgegenüber überlagern sich die Felder, die von den Armen der Spiralantenne abgestrahlt werden, derart, dass sich eine einzelne Hauptkeule senkrecht zur Metallisierungsebene ausbildet [69], wodurch eine bessere Ankopplung an ein einfallendes Strahlungssignal ermöglicht wird.

Weil sich die Positionen der aktiven Bereiche abhängig von der Wellenlänge verschieben, ist die Bandbreite einer Spiralantenne durch die minimale innere sowie die maximale äußere Abmessung beschränkt: Ist die Wellenlänge größer als die Länge eines Spiralarms, so wird das HF-Signal am Ende des Metallisierungsabschnitts reflektiert, bevor es zur Abstrahlung kommt. Entspricht die Armlänge der Signalwellenlänge, funktioniert die Antenne als Resonator in Form eines gewundenen λ-Dipols, wodurch die untere Grenzfrequenz bestimmt wird. Die entsprechende Wellenlänge berechnet sich gemäß [66] zu

$$\lambda_{\max} = \frac{D}{a} \sqrt{(1+a^2)\frac{\varepsilon_\mathrm{r}+1}{2}} \qquad (4.44)$$

Dabei bezeichnet D den größtmöglichen Kreis, welcher in die Struktur eingepasst werden kann (s. Abbildung 4.15). Für Frequenzen oberhalb dieser Grenzfrequenz kommt es zur Abstrahlung der Signalenergie in den aktiven Bereichen, bevor das Ende des Spiralarms erreicht ist. Da eine Reflexion in diesem Fall ausbleibt, weist die Spiralantenne innerhalb der Nutzbandbreite kein Resonanzverhalten auf.

Für hohe Frequenzen rücken die aktiven Bereiche schließlich soweit ins Zentrum der Struktur, dass die Abstrahlung unmittelbar im Fußpunktbereich erfolgt. Dies führt eine Änderung der zirkularen Polarisation zu einer elliptischen mit sich. Die Wellenlänge, bei der dieses Verhalten eintritt, dient zur Definition der oberen Grenzfrequenz und berechnet sich nach [66] zu

$$\lambda_{\min} = 20d. \qquad (4.45)$$

In diesem Fall kennzeichnet d den kleinstmöglichen Kreisdurchmesser im inneren Bereich der Antenne (s. Abbildung 4.15). Im Unterschied zur unteren Grenzfrequenz macht sich die obere Grenzfrequenz nicht anhand eines abrupten Übergangs im Verlauf der Impedanz oder des Eingangsreflexionsparameters bemerkbar, da der Zuleitungsbereich selbst als eine Art

Tabelle 4.8.: Geometrische Parameter der log-Spiralantenne $\text{Ant}_{\text{c},1}$.

r_0 (mm)	a	δ (deg)	N
0,9	0,3	70	1,5

Linearantenne betrachtet werden kann. Diese Linearantenne kann zwar Leistung abstrahlen, besitzt allerdings keine gerichtete Strahlcharakteristik und führt zu der erwähnten Veränderung der Polarisation.

In Bezug auf die Richteigenschaften einer Spiralantenne wird in [77] angegeben, dass die Anzahl der Umdrehungen der Spiralarme grundsätzlich einen relativ geringen Einfluss auf die Richtcharakteristik besitzt, wenn auch ein optimaler Bereich von 1-1,5 Umdrehungen festgestellt werden konnte. Für zu kleine Werte des Steigungsfaktors a ergibt sich ein schlechtes Abstrahlverhalten, wohingegen sich die Arme für große Werte nur langsam drehen und sich die Antenne wie ein Dipol verhält. Der Winkel δ legt den Füllfaktor fest, also das Verhältnis zwischen der metallisierten und der nicht metallisierten Fläche. Für den speziellen Fall $\delta = \pi/2$ ergibt sich eine selbstkomplementäre Geometrie.

Die Funktionsweise der log-Spiralantenne wurde in vorangegangenen Arbeiten ausführlich untersucht [66, 77]. Die Richtlinien zur Festlegung der Bandbreite führen zu zuverlässigen Ergebnissen, Unzulänglichkeiten wie bei den Modellen zur Beschreibung der logperiodischen Antenne sind nicht bekannt. Dennoch wurde der Vollständigkeit halber ein Funktionstest anhand einer skalierten Mikrowellenantenne durchgeführt, vergleichbar der log-periodischen Antenne. Die durchgeführte Streuparameteranalyse beschränkt sich allerdings auf die untere Grenzfrequenz, da, wie bereits erwähnt wurde, die obere Grenzfrequenz nicht anhand einer signifikanten Verlaufsänderung identifiziert werden kann. Die Fotografie einer gefertigten Testplatine mit mehreren Antennenstrukturen ist in Abbildung 4.16 dargestellt. Zur Herstellung wurde ebenfalls das Material Rogers® TMM 10i verwendet, die geometrischen Parameter der Struktur $\text{Ant}_{\text{c},1}$ sind in Tabelle 4.8 aufgelistet. Dabei bezeichnet N die Anzahl der Umdrehungen eines Spiralarms. Erneut wurden die simulierten und gemessenen Frequenzverläufe des Reflexionsparameters untersucht und mit der analytischen Entwurfsrichtlinie verglichen. Die zugehörigen Ergebnisse sind in Abbildung 4.17 veranschaulicht. Die numerische Simulation zeigt eine gute Übereinstimmung mit der Messung. Die Unregelmäßigkeiten der Verläufe sind den Koppeleffekten der einzelnen Antennen untereinander sowie der Ausbreitung von Störsignalen aufgrund der relativ großen Platinenmaße geschuldet.

Es ist deutlich erkennbar, dass bei der unteren Grenzfrequenz bei beiden Kurven ein scharfer Dip auftritt. Zum Vergleich ist die gemäß Gleichung (4.44) berechnete untere Grenzfre-

Abbildung 4.16.: Fotografie einer Testplatine zur messtechnischen Charakterisierung von log-Spiralantennen im Mikrowellenbereich [78].

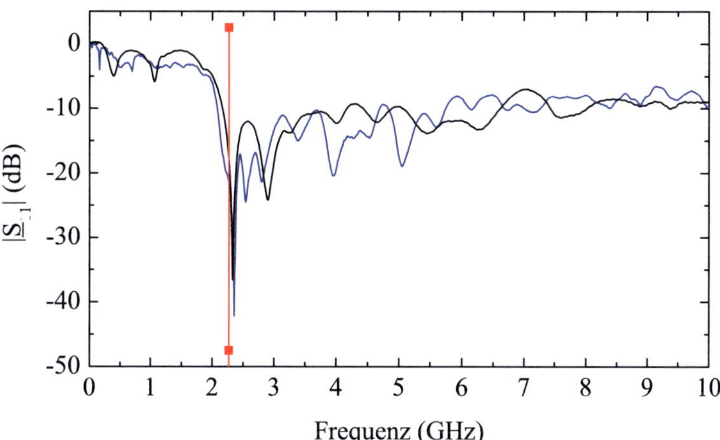

Abbildung 4.17.: Vergleich des numerisch simulierten (schwarz) und des gemessenen (blau) Reflexionsparameters für das Mikrowellenmodell der Spiralantenne $\mathrm{Ant}_{c,1}$. Die rote Linie kennzeichnet den Designwert [78].

quenz durch die senkrechte Linie markiert. Auch hier konnte eine sehr gute Übereinstimmung mit der Simulation bzw. Messung beobachtet werden, wodurch die Genauigkeit des Entwurfsmodells bestätigt wird.

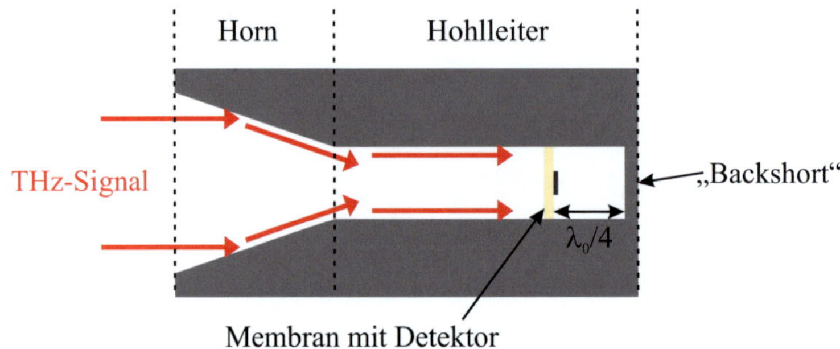

Abbildung 4.18.: Schematische Darstellung eines horngekoppelten THz-Strahlungsdetektors.

4.5. Vergleich zwischen Linsen und Hornantennen

Wie in den vorangegangenen Abschnitten gezeigt wurde, hängt die Größe einer Planarantenne unmittelbar von der Wellenlänge ab. Dies führt bei THz-Anwendungen wegen der im Vergleich zum Mikrowellenbereich höheren Frequenzen zu Antennengeometrien mit entsprechend kleiner Empfangsfläche, was sich in einer geringen Empfangsleistung bzw. einem niedrigen Signal-Rausch-Verhältnis niederschlagen kann. Eine einfache geometrische Vergrößerung der Antennenfläche stellt keine Lösung dieses Problems dar, da die Signale, die in den nicht aktiven Bereichen einer Antenne empfangen werden, einfach reflektiert werden.

Zwei bewährte Methoden zur Erhöhung der effektiven Empfängerwirkfläche ist die Benutzung von Hornantennen oder Linsen. Im Folgenden werden diese beiden Ansätze miteinander verglichen und auf einen möglichen Einsatz für die entsprechenden THz-Anwendungen geprüft.

4.5.1. Funktionsweise von Hornantennen

Bei einer Hornantenne wird die Freiraumstrahlung vergleichbar einem Trichter durch eine große kreis- bzw. rechteckförmige Apertur aufgenommen, gebündelt und verlustarm in eine räumlich sehr viel kompaktere Hohlleitermode transformiert. Aufgrund der Aperturfeldverteilung in Form einer Besselfunktion lässt sich besonders mit einem *Rillenhorn* eine hervorragende Ankopplung an eine Gaußwelle bei gleichzeitiger Unterdrückung von Nebenkeulen erzielen [39, 79]. Hornantennen finden vor allem im Mikrowellenbereich Anwendung, durch die technologischen Möglichkeiten zur hochpräzisen Herstellung können solche Strukturen mittlerweile aber sogar bis zu einer Frequenz von 10 THz erfolgreich eingesetzt werden [80].

Das THz-Detektorelement mit der planaren Koppelstruktur wird bei einer Hornantenne direkt in den Hohlleiterpfad integriert. Dies ist schematisch in Abbildung 4.18 dargestellt. Typischerweise ist der Hohlleiter am Ende mit einem Kurzschluss (engl. Backshort) ab-

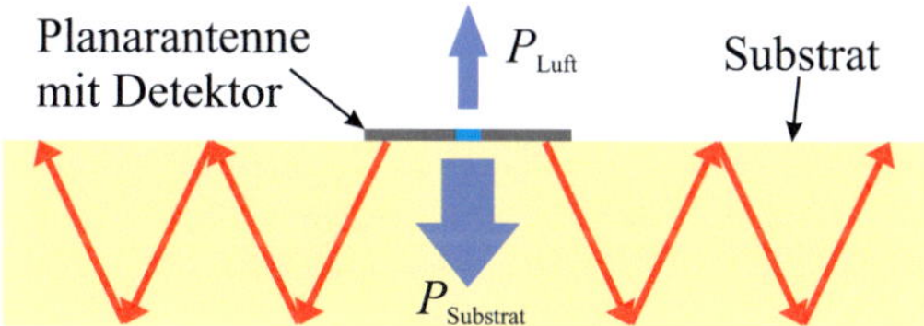

Abbildung 4.19.: Schematische Darstellung der Ausbreitung verlustbehafteter Substratmoden.

geschlossen, wodurch aufgrund der Überlagerung des hin- und rücklaufenden Signals eine Stehwelle zustande kommt. Der Detektor wird im Abstand einer viertel Wellenlänge der Signalfrequenz vom Backshort positioniert. Da an dieser Stelle ein Feld- bzw. Intensitätsmaximum vorliegt, lässt sich eine gute Signalankopplung an den Detektor erreichen. Allerdings bringt dieses Konzept mehrere Nachteile mit sich: Das Backshort-Prinzip funktioniert lediglich für eine einzelne Frequenz optimal. Bei ultrabreitbandigen Anwendungen ergibt sich also für einen Großteil der Signalfrequenzen eine eingeschränkte Kopplung aufgrund eines fehlangepassten Abstands des Detektors zum Kurzschluss. Hinzu kommt, dass für praktische Anwendungen lediglich Bandbreiten von weniger als 2:1 erreicht werden können, um die unerwünschte Ausbreitung verlustbehafteter Moden höherer Ordnung innerhalb des Hohlleiters zu verhindern [40]. Letztendlich kommt es im THz-Bereich zu einem weiteren Problem, da die Signalwellenlänge im Bereich der Substratdicke ($t_\text{sub} = 300 - 500\ \mu$m) liegt. Dadurch kommt es zu einer Signalausbreitung innerhalb des Substrats und es treten Stehwellen aufgrund von Reflexionen an den beiden Luft-Substrat-Übergangen auf [70, 81, 82]. Diese Signale werden als *Substratmoden* bezeichnet, was schematisch in Abbildung 4.19 dargestellt ist. Dieser Effekt wird dadurch verstärkt, dass das Verhältnis der Leistungsanteile in der Luft zu denen im Substrat direkt von der Permittivität abhängt [83]:

$$\frac{P_\text{sub}}{P_\text{Luft}} = \varepsilon_\text{r}^{3/2} \tag{4.46}$$

Die Substratmodenanteile nehmen also mit steigender Permittivitätszahl zu. Für Silizium ($\varepsilon_\text{r} = 11{,}7$) ergibt sich beispielsweise, dass sich ein Anteil von 97 % der gesamten Signalleistung im Substrat ausbreitet. Substratmoden sind unerwünscht, da sie starke Verzerrungen der Richtcharakteristik bewirken und somit zu massiven Verlustanteilen führen können [70]. Eine Möglichkeit, um das Auftreten von Substratmoden zu vermeiden, besteht in der Verwendung sehr dünner Membrane [70, 84]. Dabei zeigt sich als positiver Nebeneffekt eine Erhöhung der Detektorempfindlichkeit als Konsequenz der massiv reduzierten thermischen Leitfähigkeit der Membranstrukturen. Allerdings führt die starke thermische Entkopplung des Detektors vom Wärmebad zu einer Erhöhung der Detektionszeitkonstante.

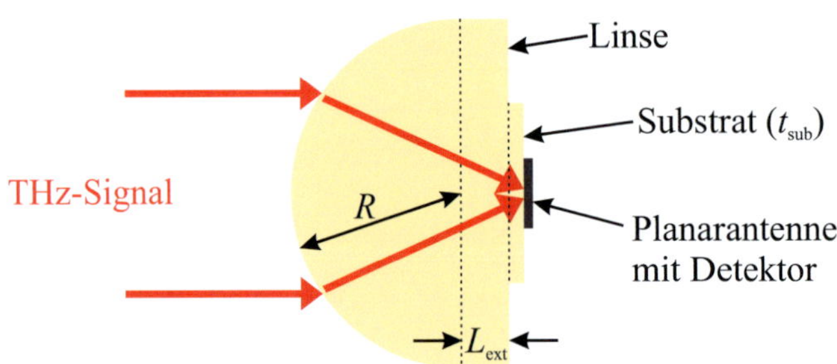

Abbildung 4.20.: Schematische Darstellung einer Linsenantenne.

Zusammenfassend lässt sich sagen, dass den Möglichkeiten zur effizienten Strahlungskopplung sowie zur Erhöhung der Detektionsempfindlichkeit die Nachteile einer geringen
Empfangsbandbreite sowie einer eingeschränkten Detektionsgeschwindigkeit gegenüberste-
hen. Da gerade die als nachteilig betrachteten Eigenschaften wesentlich bei der Detektion
ultrakurzer Strahlungsimpulse sind, werden hornbasierte Empfänger nicht als erfolgverspre-
chend betrachtet und deshalb nicht weiter im Rahmen dieser Arbeit untersucht.

4.5.2. Funktionsweise und Berechnung von Linsenantennen

Das Konzept einer Linsenantenne, bei welcher eine dielektrische Linse mit einer Planarantenne kombiniert wird, wurde 1993 von Büttgenbach vorgestellt [85] und ist schematisch
in Abbildung 4.20 dargestellt. Ein wesentlicher Vorteil dieses Aufbaus ist, dass durch das
direkte Aufbringen des Chips mit der Planarantenne auf der dielektrischen Linse dessen
effektive Substratdicke deutlich vergrößert wird und die Ausbreitung von Substratmoden
unterdrückt wird [70, 81].

Je nach Linsendurchmesser verfügt solch ein quasioptischer Empfänger über eine sehr
hohe Wirkfläche. Die über diese Fläche eingekoppelte Strahlungsleistung wird aufgrund der
refraktiven Wirkung der Linse direkt auf die Planarantenne fokussiert und mittels dieser
dem Detektor zugeführt. Da sich die Strahlung quasi „frei" innerhalb der Linse ausbreitet
und nicht in Form einer bestimmten Mode, existieren keine frequenzeinschränkenden Eigenschaften wie bei der Hornantenne. Da der Detektor zudem durch die Verwendung eines
massiven Substrats thermisch stark an das Wärmebad angekoppelt werden kann, lassen sich
Systeme mit sehr kurzer Detektionszeitkonstante realisieren. Nachteilig ist die Tatsache,
dass reflexionsbedingte Verluste am Übergang zwischen Luft und Linse auftreten, welche
unmittelbar mit der Permittivitätszahl ansteigen. Zwar lässt sich dieses Problem durch die
Benutzung einer Antireflexschicht beheben, allerdings funktioniert dieses Konzept nur für
eine einzelne Frequenz optimal [83] und ist daher nicht für hohe Bandbreiten nutzbar. Ins-

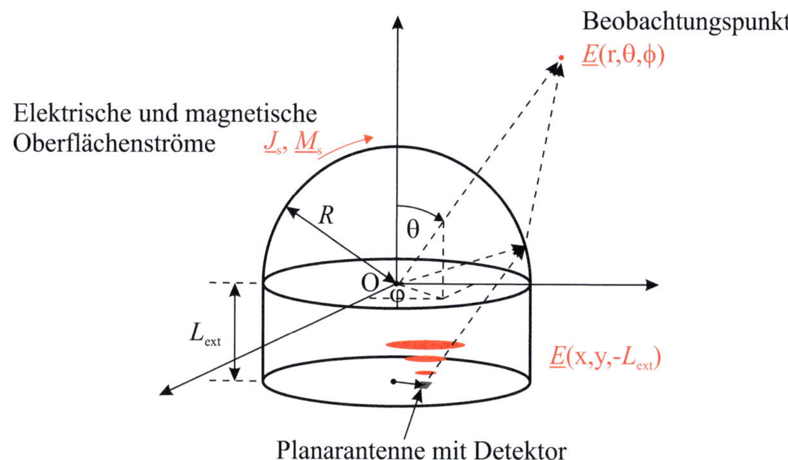

Abbildung 4.21.: Modell einer Linsenantenne zur Berechnung der Strahlungseigenschaften.

gesamt überwiegen jedoch die Vorteile einer Linsenkonstruktion, weshalb dieses Konzept einer genaueren Untersuchung unterzogen wird.

Wie in Kapitel 3.1 angedeutet wurde, ist die geometrische Strahlenoptik zur Beschreibung solcher Komponenten im THz-Bereich unzureichend, da deren Verhalten durch Beugungseffekte dominiert werden. Um zu verstehen, wie solch eine Linsenantenne funktioniert und wie deren Strahlungseigenschaften mathematisch bestimmt werden können, sei das Modell in Abbildung 4.21 betrachtet [48, 83, 86]. Dazu sei erneut der Sendefall betrachtet, wodurch eine kompaktere Darstellungsweise ermöglicht wird. Die Ergebnisse sind jedoch ohne Einschränkung für den Empfangsbetrieb gültig. Die Linse besteht aus einer Halbkugel vom Durchmesser $D = 2R$ sowie einer zylindrischen Erweiterung der Länge L_{ext}. Die Mitte der planaren Seite der Halbkugel befindet sich im Ursprung O des Koordinatensystems. Die Planarantenne sitzt an der Linsenrückseite und besitzt die Koordinaten $(x_0, y_0, -L_{\text{ext}})$. Unterscheiden sich x_0 und y_0 von Null, so sitzt die Planarantenne nicht zentrisch auf der Linse, was in der Praxis durch Ungenauigkeiten bei der Montage auftreten kann und eine Verkippung der Richtcharakteristik bewirkt [66]. Bei Anregung der Antenne mit einer Signalquelle breiten sich Nahfelder $E(x,y,z')$ im Bereich um die Antenne aus. Besteht die Linse aus einem Material mit einer hohen Permittivitätszahl ($\varepsilon_r > 4$), so ist die substratseitige Kopplung so stark, dass die Strahlungsausbreitung in der Luft vernachlässigt werden kann und im weiteren ausschließlich die Feldanteile im Dielektrikum betrachtet werden können [86].

Weiterhin sei angenommen, dass sich die Linsenoberfläche im Fernfeld der Planarantenne befindet. In diesem Fall lässt sich die Richtcharakteristik der Planarantenne in Richtung eines dielektrischen Halbraums gemäß der Gleichungen (3.24) und (3.25) aus den Nahbereichsfeldern berechnen. Anhand der Richtcharakteristik lässt sich die Feldverteilung im In-

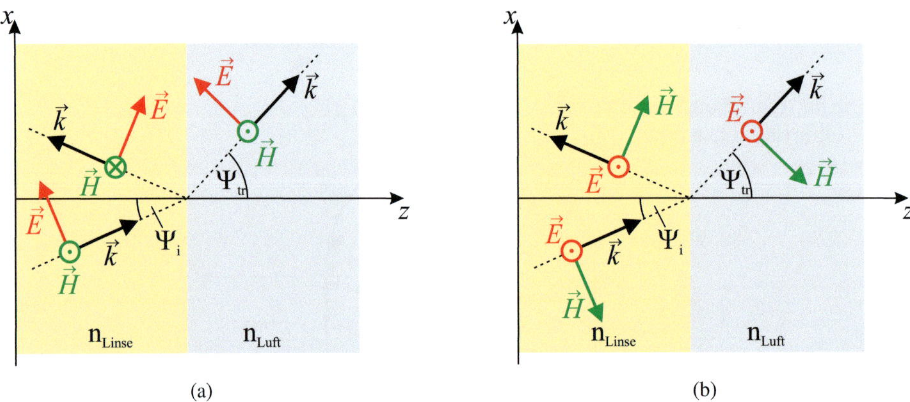

(a)   (b)

Abbildung 4.22.: Schematische Darstellung der elektrischen und magnetischen Feldkomponenten am Übergang zwischen zwei Medien für (a) eine TM-Welle und (b) eine TE-Welle [87].

neren der Linse direkt an der Grenzfläche zwischen Linse und Luft bestimmen. Hierbei muss beachtet werden, dass aufgrund der zylindrischen Erweiterung bzw. eines eventuellen Versatzes vom Zentrum der Linsenrückseite der Abstand von der Planarantenne zu unterschiedlichen Punkten auf der Linsenoberfläche variiert. Daher müssen zusätzlich der abstandsbedingte $1/r$-Abfall der Feldstärke sowie eine Phasendrehung der Form $e^{-jk\Delta r}$ berücksichtigt werden. Im nächsten Schritt werden die Feldanteile berechnet, welche unmittelbar außerhalb der Linsenoberfläche auftreten. Bedingt durch den Unterschied der Brechzahlen zwischen Luft und Linsenmaterial ergeben sich Reflexionsverluste, welche sowohl vom Auftreffwinkel des Wellenvektors zum Normalenvektor der Oberfläche an einem bestimmten Punkt als auch von der Polarisationsrichtung der Strahlung abhängen. Zur Bestimmung der transmittierten und reflektierten Anteile werden die Feldvektoren in ihre Komponenten parallel bzw. senkrecht zur Ausbreitungsebene zerlegt, wie in Abbildung 4.22 gezeigt ist. Die Ausbreitungsebene wird dabei durch den Wellenvektor sowie den Normalenvektor zur Linsenoberfläche aufgespannt. Liegt der elektrische Feldvektor in dieser Ebene, so liegt eine parallele Polarisation vor, weshalb das Signal auch als TM-Welle bezeichnet wird. Umgekehrt besitzt eine TE-Welle einen E-Feldvektor senkrecht zur Ausbreitungsebene. Bei Kenntnis der senkrecht und parallel polarisierten Felder können die transmittierten Feldanteile schließlich mit

Hilfe der *Fresnelkoeffizienten* berechnet werden [83]:

$$r_{\text{par}} = \frac{\left(\frac{1}{n_{\text{Linse}}}\right)^2 \cos(\psi_{\text{i}}) - \sqrt{\left(\frac{1}{n_{\text{Linse}}}\right)^2 - \sin(\psi_{\text{i}})^2}}{\left(\frac{1}{n_{\text{Linse}}}\right)^2 \cos(\psi_{\text{i}}) + \sqrt{\left(\frac{1}{n_{\text{Linse}}}\right)^2 - \sin(\psi_{\text{i}})^2}} \tag{4.47}$$

$$r_{\text{senk}} = \frac{\cos(\psi_{\text{i}}) - \sqrt{\left(\frac{1}{n_{\text{Linse}}}\right)^2 - \sin(\psi_{\text{i}})^2}}{\cos(\psi_{\text{i}}) + \sqrt{\left(\frac{1}{n_{\text{Linse}}}\right)^2 - \sin(\psi_{\text{i}})^2}} \tag{4.48}$$

$$t_{\text{par}} = \frac{2 \left(\frac{1}{n_{\text{Linse}}}\right) \cos(\psi_{\text{i}})}{\left(\frac{1}{n_{\text{Linse}}}\right)^2 \cos(\psi_{\text{i}}) + \sqrt{\left(\frac{1}{n_{\text{Linse}}}\right)^2 - \sin(\psi_{\text{i}})^2}} \tag{4.49}$$

$$t_{\text{senk}} = \frac{2 \cos(\psi_{\text{i}})}{\cos(\psi_{\text{i}}) + \sqrt{\left(\frac{1}{n_{\text{Linse}}}\right)^2 - \sin(\psi_{\text{i}})^2}} \tag{4.50}$$

Bei den beiden Transmissionskoeffizienten t_{par} und t_{senk} ist zu beachten, dass die Formeln nur gültig sind, wenn der Winkel des Wellenvektors zum Normalenvektor der Linsenoberfläche kleiner als der Grenzwinkel $\psi_{\text{g}} = \arcsin(1/n_{\text{Linse}})$ ist. Ist der Winkel gleich oder größer als der Grenzwinkel, so ergibt sich eine Totalreflexion des Signals und der Transmissionskoeffizient wird zu Null.

Durch Multiplikation der Fresnelkoeffizienten mit den Feldanteilen im Linseninneren direkt an der Grenzfläche ergeben sich die Feldkomponenten unmittelbar außerhalb der Linse. Aus dem Vektorprodukt der jeweiligen Feldvektoren mit den Normalenvektoren zur Linsenoberfläche lässt sich die Verteilung der äquivalenten elektrischen Stromdichte $\vec{J}_{\text{s}}$ sowie der magnetische Stromdichte $\vec{M}_{\text{s}}$ an der Linsenoberfläche berechnen:

$$\vec{J}_{\text{s}} = \vec{n} \times \vec{H} \tag{4.51}$$

$$\vec{M}_{\text{s}} = -\vec{n} \times \vec{E} \tag{4.52}$$

Jeder Punkt auf der Linsenoberfläche emittiert abhängig von Amplitude, Phase und Richtung der elektrischen und magnetischen Stromdichte am jeweiligen Ort ein Strahlungssignal in den Freiraum. Das Gesamtstrahlungssignal an einem Beobachtungspunkt P im Fernfeld der Linse ($r > 10D$) und daraus schließlich die Richtcharakteristik lassen sich anhand der Berechnung des Beugungsintegrals über der kompletten Linsenoberfläche S bestimmen [83]:

$$E_\theta = -\frac{jke^{-jkr}}{4\pi r}\left(L_\varphi + Z_0 N_\theta\right) \tag{4.53}$$

$$E_\varphi = \frac{jke^{-jkr}}{4\pi r}\left(L_\theta - Z_0 N_\varphi\right) \tag{4.54}$$

Die Komponenten $N_{\theta,\varphi}$ bzw. $L_{\theta,\varphi}$ lassen sich durch Zerlegung der Strahlungsvektoren $\vec{N}$ und $\vec{L}$ entlang der Einheitsvektoren im sphärischen Koordinatensystem bestimmen. Die Strahlungsvektoren selbst lassen sich direkt aus der elektrischen und magnetischen Stromdichteverteilung berechnen:

$$\vec{N} = \int\int_S \vec{J}_s e^{(jkR\cos(\psi))}dS \tag{4.55}$$

$$\vec{L} = \int\int_S \vec{M}_s e^{(jkR\cos(\psi))}dS \tag{4.56}$$

Da die Bestimmung des Doppelintegrals äußerst rechenintensiv ist, wurde in vorangegangenen Arbeiten [48, 86] eine Näherung verwendet, indem ein Integral durch die Summation einer endlichen Anzahl von Besselfunktionen substituiert wurde. Da inzwischen Rechnersysteme mit einer hohen Leistungsfähigkeit zu Verfügung stehen, wurde im Rahmen dieser Arbeit auf ein solches Berechnungsverfahren verzichtet und stattdessen die ausführliche Berechnung gemäß der Gleichungen (4.51) bis (4.56) durchgeführt, indem diese Gleichungen in ein MATLAB®-Programm [88] implementiert und numerisch berechnet wurden.

Die Berechnung der reflexionsbedingten Leistungsverluste lässt sich auf ähnliche Weise bestimmen. Im Unterschied zur Berechnung der Richtcharakteristik werden dabei allerdings nicht die Transmissionskoeffizienten, sondern die Reflexionskoeffizienten betrachtet: Das elektrische Feld $\vec{E}_0$, welches sich innerhalb der Linse in Richtung der Grenzfläche zwischen Linse und Luft ausbreitet, wird darum erneut in die senkrecht und parallel polarisierten Anteile zerlegt und diese mit den Reflexionskoeffizienten gemäß der Gleichungen (4.47) und (4.48) multipliziert. Das reflektierte Feld ergibt sich somit zu $\vec{E}_{\text{refl,tot}} = \vec{E}_{\text{refl,senk}} + \vec{E}_{\text{refl,par}}$. Der Anteil der reflektierten Leistung ergibt sich zu

$$R = \frac{\left|\vec{E}_{\text{refl,tot}}\right|^2}{\left|\vec{E}_0\right|^2} \tag{4.57}$$

und der Faktor der transmittierten Leistung zu

$$T = 1 - R. \tag{4.58}$$

Im Unterschied zur Feldtransmission ist die direkte Berechnung der Leistungstransmission anhand der Transmissionskoeffizienten nicht ohne weiteres möglich, da die Strahlungsleistung bzw. -intensität neben der Feldstärke auch von der Wellenimpedanz abhängt, welche sich innerhalb der Linse von derer im Freiraum unterscheidet. Da bei der Reflexionsbetrachtung ausschließlich Felder innerhalb eines einzelnen Mediums in Relation zueinander gesetzt werden, kann der Einfluss der Wellenimpedanz vernachlässigt werden.

Neben den Reflexionsverlusten an der Linsenoberfläche entstehen absorptionsbedingte Verluste innerhalb der Linse. Emittiert die Planarantenne die Strahlungsleistung P_0, so kommt an der Linsenoberfläche die Leistung $P_1 < P_0$ an, wobei

$$\Delta P = P_0 - P_1 \tag{4.59}$$

die im Linsenmaterial absorbierte Leistung darstellt. Der Verlustanteil innerhalb der Linse lässt sich näherungsweise zu

$$\frac{\Delta P}{P_0} = 1 - e^{-\alpha t_{\text{Linse}}} \tag{4.60}$$

berechnen [39], wobei $t_{\text{Linse}} = R + L_{\text{ext}}$ die Linsendicke im Zentrum und α den Absorptionskoeffizienten darstellen. Dieser berechnet sich zu

$$\alpha = \frac{2\pi n_{\text{Linse}} \tan\delta}{\lambda}. \tag{4.61}$$

4.5.3. Vorstellung gebräuchlicher Linsengeometrien

Im vorangegangenen Abschnitt wurde zunächst allgemein das Funktionsprinzip einer integrierten Linsenantenne vorgestellt und anschließend das mathematische Rüstzeug zur Bestimmung ihrer Strahlungseigenschaften erläutert. Neben der Auswahl einer bestimmten Geometrie für die Planarantenne sowie des Materials für die Linse existieren beliebige Kombinationsmöglichkeiten hinsichtlich Form und Größe der Linse. Grundsätzlich gilt natürlich das Ziel, die Linse derart zu dimensionieren, damit die einfallende Welle so gebündelt wird, dass der Fokuspunkt genau an der Position der Planarantenne liegt. Zudem sollte der fokussierte Strahl möglichst gut an die Planarantenne koppeln. In früheren Arbeiten wurden zum Teil detaillierte Untersuchungen über die Wechselwirkung von Linsen mit Strahlungssignalen im Mikrowellen- und Submm-Wellenbereich durchgeführt. Die Eigenschaften der bekanntesten Linsenformen sind im Folgenden zusammengefasst:

A) *Elliptische Linse*: Die Geometrie dieses Linsentyps besitzt im Längsschnitt eine elliptische Grundform, woher auch die Namensgebung stammt. Eine Ellipse verfügt über zwei Brennpunkte. Wird die Linse im zweiten Brennpunkt senkrecht zur optischen Achse abgeschnitten und der Detektor im Brennpunkt platziert, wird eine einfallende Welle genau auf diesen Punkt gebündelt. Dadurch lassen sich hohe Koppelfaktoren erzielen. Jedoch ist die elliptische Linse aufgrund ihrer Formgebung schwierig herzustellen.

B) *Erweiterte hemisphärische Linse*: Dieser Linsentyp findet sehr häufig Verwendung im THz-Bereich und basiert auf einer halbkugelförmigen Linse, an deren flachen Seite ein zylindrischer Fortsatz der Länge L_{ext} angehängt ist. Eine ausführliche Untersuchung der erweiterten hemisphärischen Linse in Kombination mit einer Doppelschlitzantenne wurde in [83] vorgestellt. Dabei konnte gezeigt werden, dass durch Variation der Erweiterungslänge die Richtschärfe der Linsenantenne beeinflusst werden kann. Unter anderem wurde herausgefunden, dass für den speziellen Fall $L_{\text{ext}} = R/(n_{\text{Linse}} - 1)$ das Verhalten elliptischer Linsen, mit Ausnahme eines geringen Phasenfehlers, nahezu perfekt nachgeahmt werden kann. Dies ist besonders deshalb von Bedeutung, da sich sphärische Strukturen einfacher als asphärische herstellen lassen.

C) *Hyperhemisphärische Linse*: Bei der hyperhemisphärischen Linse handelt es sich ebenfalls um einen Spezialfall der erweiterten hemisphärischen Linse. Im Unterschied zur Nachbildung der elliptischen Linse besitzt die hyperhemisphärische Linse eine etwas kürzere Erweiterung der Länge $L_{\text{ext}} = R/n_{\text{Linse}}$. Dieser Linsentyp besitzt eine geringere Richtschärfe als die elliptische Linse und koppelt daher schlechter an ebene Wellen an. Allerdings tritt bei hyperhemisphärischen Linsen keine *sphärische Aberration* auf. Bei der sphärischen Aberration, auch *Öffnungsfehler* genannt, werden die am Linsenrand einfallenden Strahlen an einem anderen Ort fokussiert als Strahlen, die zentral auf der Linse einfallen. Mit einer hyperhemisphärischen Linse lässt sich eine sehr gute Kopplung an fokussierte Signale wie z.B. Gaußstrahlen erzielen.

4.6. Diskussion und Zusammenfassung

In diesem Kapitel werden die Methoden zum Entwurf ultrabreitbandiger Planarantennen und quasioptischer Linsenstrukturen vorgestellt und diskutiert. Eine in diesem Zusammenhang durchgeführte Analyse des log-periodischen Planarantennentyps führt zu dem Schluss, dass die beiden bisher existierenden Modelle zur Bestimmung der Resonanzfrequenzen der Antennen fehlerhaft sind. Die beiden analytischen Modelle, welche die Antennenarme als $\lambda/2$- bzw. $\lambda/4$-Resonatoren betrachten, werden mit numerischen Simulationen verglichen. Dabei wird herausgestellt, dass beide Modelle bei der Voraussage der auftretenden Resonanzfrequenzen sowohl bei der Genauigkeit der einzelnen Frequenzpunkte als auch hinsichtlich der Gesamtanzahl der Resonanzen fehlerhaft sind. In Bezug auf die genaue Lage der Resonanzfrequenzen wird in der Literatur versucht, dies mit Hilfe eines Korrekturfaktors zu beheben. Allerdings bleibt die Problematik der falschen Anzahl an Resonanzen bestehen. Beim $\lambda/2$-Modell kommt hinzu, dass die auftretende Frequenzverschiebung bei Variation des Armwinkels α nicht berücksichtigt wird.

Aufgrund dieser Unzulänglichkeiten wird ein neues analytisches Modell entwickelt. Anhand numerischer Simulationen der Stromdichteverteilung wird ein neuer Ansatz vorgestellt, bei welchem die Schlitzbereiche zwischen zwei Armen als $\lambda/2$-Resonatoren betrachtet werden. Es wird gezeigt, dass beim Antennenentwurf anhand dieses analytischen Modells eine hervorragende Übereinstimmung mit numerischen Simulationen erzielt wird – sowohl hinsichtlich der Anzahl als auch der genauen Position der auftretenden Resonanzen.

Zur messtechnischen Verifikation des neuen Modells werden skalierte Mikrowellenantennen unterschiedlicher Geometrie im Frequenzbereich $f = 1 - 8$ GHz untersucht. Die gemessenen Verläufe des Reflexionsparameters zeigen sowohl eine gute Übereinstimmung zu den numerischen Simulationen als auch gegenüber den Resonanzfrequenzen, die mittels des neuen Modells berechnet werden. Daraus lässt sich schließen, dass mit dem neuen analytischen Modell erstmals ein Werkzeug zur Verfügung steht, mit Hilfe dessen die exakte Voraussage der Resonanzfrequenzen bzw. der Bandbreite dieses Antennentyps ermöglicht wird.

5. Entwicklung von Detektormodulen für den Einsatz am Elektronensynchrotron ANKA

In Kapitel 4 wurden die Funktionsprinzipien verschiedener Planarantennen in Kombination mit dielektrischen Linsen erklärt sowie die zugehörigen Entwurfs- und Berechnungsmethoden erläutert. Basierend auf diesen Kenntnissen werden in diesem Teil spezielle Antennenstrukturen entwickelt, welche hinsichtlich des Emissionsspektrums (f=0,2-2 THz) der am Elektronensynchrotron ANKA erzeugten Strahlungsimpulse optimiert werden. Mit diesen Antennen soll die Einkopplung der ultrabreitbandigen THz-Strahlungsimpulse in die eingesetzten supraleitenden YBCO-Detektoren ermöglicht werden. Um die Impulssignale der ultraschnellen YBCO-Detektoren verzerrungsfrei an die Ausleseelektronik auskoppeln zu können, wird zusätzlich eine Mikrowellenumgebung entwickelt, in welche die Detektorelemente integriert werden. Ergänzend zum Simulationsteil erfolgt eine ausführliche elektrische und quasioptische Charakterisierung der hergestellten Detektormodule. Darüber hinaus werden die am Speicherring erzielten experimentellen Messergebnisse vorgestellt und diskutiert. Die gezeigten Ergebnisse sind zu Teilen in [89, 90, 91] veröffentlicht.

5.1. Einführung

Wie der Name „Angströmquelle" vermuten lässt, wird ANKA vornehmlich für wissenschaftliche Experimente im Röntgenbereich eingesetzt. Standardmäßig wird der Speicherring bei einer Energie von 2,5 GeV betrieben, wobei der Elektronenstrahl Ströme von bis zu 200 mA tragen kann. Die Elektronen werden in einer Triode erzeugt und mittels eines *Boosters* vorbeschleunigt, bevor sie in den ultrahoch-evakuierten Ring eingespeist werden. Der Ring besitzt einen Durchmesser von 35 m, wodurch sich eine Signalumlauffrequenz von 2,7 MHz ergibt. Entlang des Rings befinden sich Anordnungen von alternierenden Dipolmagneten, sogenannte *Undulatoren*, welche die Elektronenpakete ablenken und dadurch die Synchrotronstrahlung erzeugen. Die Strahlung breitet sich tangential zur Kreisbahn des Elektronenstrahls aus und wird über Hohlleitersysteme in die einzelnen Messlabore, die *Beamlines*, transportiert. In der Beamline wird der Strahl über ein Strahlrohr ausgekoppelt und steht in Form eines Freiraumsignals für die experimentelle Nutzung zur Verfügung. Die schematische Darstellung eines solchen Aufbaus ist in Abbildung 5.1 anhand der IR1-Beamline veranschaulicht.

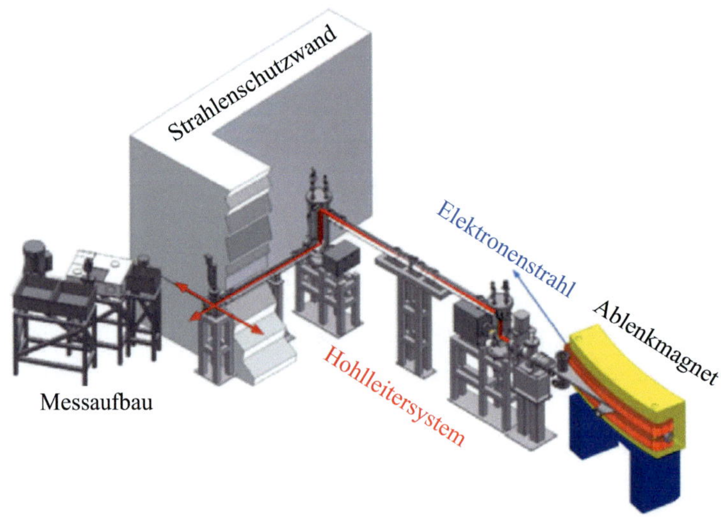

Abbildung 5.1.: Schematischer Aufbau der IR1-Beamline bei ANKA [92].

Die emittierten Strahlungsimpulse besitzen einen gaußförmigen Verlauf. Daher wird neben der Halbwertsbreite (engl. Full Width at Half Maximum - FWHM) auch häufig die Standardabweichung σ_z zur Charakterisierung der THz-Signale verwendet. Die Standardabweichung und die Halbwertsbreite hängen folgendermaßen zusammen:

$$\tau_{\text{FWHM}} = 2\sqrt{2\ln 2}\,\sigma_z \approx 2,3548\sigma_z \tag{5.1}$$

Aufgrund der großen Länge der Elektronenpakete von $\sigma_z \approx 13$ mm ($\cong 43$ ps) stehen im Normalbetrieb die einzelnen Elektronen in keiner festen Phasenbeziehung zueinander, weshalb die Strahlung inkohärent ist.

Um kohärente THz-Strahlung erzeugen zu können, muss die Länge der Elektronenpakete deutlich verkürzt werden, damit eine Phasengleichheit der Elektronen innerhalb eines Elektronenpakets gewährleistet ist. Dies geschieht mittels spezieller Magnetoptiken, wodurch Längen der Elektronenpakete von $\sigma_z \approx 0,3 - 4,5$ mm ($\cong 1 - 15$ ps) erreichbar sind. Der Grad der Komprimierung der Länge eines Elektronenpakets wird durch den Impulsverkürzungsfaktor α beschrieben, weshalb der CSR-Betrieb auch als low-α-Modus bezeichnet wird. Im low-α-Betrieb können THz-Strahlungssignale vom Speicherring emittiert werden, deren Impulslänge im Bereich weniger Pikosekunden liegt [93]. Um diese ultrakurzen Impulse zeitlich auflösen zu können, sollen am IMS supraleitende YBCO-Detektoren entwickelt werden. YBCO zeichnet sich durch eine extrem kurze Elektron-Phonon-Wechselwir-

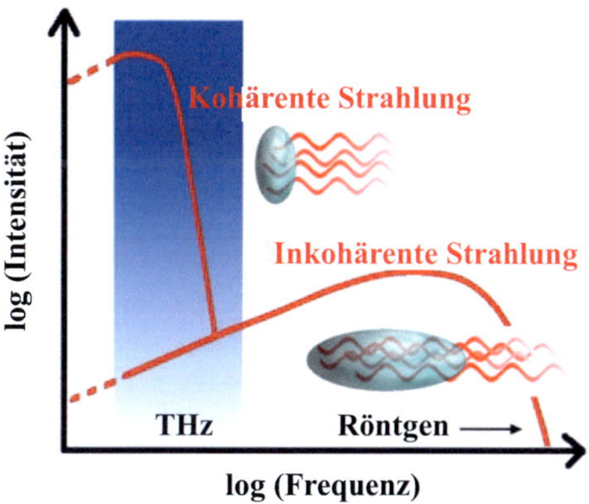

Abbildung 5.2.: Schematische Darstellung der Strahlungsemission bei ANKA für den Standardbetrieb und den low-α-Betrieb [92].

kungszeit von 1-2 ps aus [5, 6]. Im Vergleich dazu besitzen die bisher bei ANKA eingesetzten supraleitenden NbN-Detektoren eine deutlich höhere Antwortzeit im Bereich von $\tau \approx 30$ ps [14, 15].

Wegen der ultrakurzen Impulslänge ergibt sich eine breitbandige Strahlungsemission im Bereich von typischerweise 0,2-2 THz [93], wodurch der Einsatz von Ultrabreitbandantennen zur Kopplung der Strahlung an die Detektoren notwendig wird. Die genaue Strahlungsbandbreite hängt allerdings direkt von der Impulsbreite ab, wobei sich das Emissionsmaximum für kürzer werdende Impulse zu höheren Frequenzen hin verschiebt [3].

Im Unterschied zum normalen Betriebsmodus ergibt sich im low-α-Betrieb zusätzlich zur spektralen Verschiebung vom Röntgen- zum THz-Bereich eine signifikante Erhöhung der Strahlungsleistung wegen der kohärenten Signalausbreitung. Ein schematischer Vergleich zwischen den beiden Betriebsmodi ist in Abbildung 5.2 gezeigt.

Die im Inneren eines Synchrotrons erzeugte Strahlung weist aufgrund der waagrechten Lage des Rings eine lineare Polarisation in horizontaler Richtung auf. Beim Strahlungstransfer vom Speicherring zur Beamline entsteht aber aufgrund der Filterwirkung der eingesetzten Hohlleitersysteme eine komplexe, räumlich ausgedehnte Feldverteilung. Innerhalb dieser Verteilung kommt es zu einer Variation zwischen horizontaler und vertikaler Polarisation, wobei die horizontalen Anteile überwiegen [94].

5.2. Entwurf und Simulation der Planarantennen

Im Vorfeld des Entwurfsprozesses einer Planarantenne muss zunächst festgelegt werden, hinsichtlich welcher Antennenkenngröße(n) überhaupt optimiert werden soll. Zu diesem

Zweck werden als erstes die Zusammenhänge zwischen den einzelnen Antennenkenngrößen und den Parametern des Strahlungssignals betrachtet:

- Die Bandbreite eines linsengekoppelten Strahlungsempfängers wird aufgrund der quasi-frequenzunabhängigen Eigenschaften der Linse unmittelbar durch die verwendete Planarantenne festgelegt. Für den Einsatz bei ANKA ergibt sich aufgrund des Emissionsspektrums im Bereich 0,2-2 THz somit eine klare Entwurfsrichtlinie.

- Die Polarisation des Empfängers wird ebenfalls maßgeblich durch die Planarantenne bestimmt. Zu einem geringfügigen Anteil wird die Polarisation aber auch durch die Linse beeinflusst, da sich die Transmissionskoeffizienten bei nicht-orthogonalem Signaleinfall (z.B. bei fokussierten Strahlen) je nach Polarisationsrichtung unterscheiden. Aufgrund der inhomogenen Polarisationsverteilung des Strahlungssignals bei ANKA ist die Definition eines Entwurfsziels jedoch nicht möglich.

- Die Richtcharakteristik einer Antenne bestimmt, wie gut diese an das Profil eines einfallenden Signals koppelt. Aufgrund der inhomogenen Intensitätsverteilung ist, wie bei der Polarisation, auch hier eine Festlegung von Spezifikationen nicht möglich. Daher soll beim Entwurf der Antennenmodule ein universeller Ansatz angestrebt werden, welcher einen hohen Richtfaktor mit einer möglichst gaußförmigen Strahlungscharakteristik verbindet.

Anhand dieser Punkte lässt sich das Fazit ziehen, dass bei der Entwicklung der Planarantennen die Optimierung der Empfangsbandbreite als maßgebendes Entwurfskriterium am sinnvollsten erscheint. Dabei soll besonders auf ein frequenzinvariantes Verhalten der Antennen innerhalb der Nutzbandbreite Wert gelegt werden, um durch eine möglichst konstante Übertragungsfunktion eine verzerrungsfreie Strahlungseinkopplung zu ermöglichen.

Beim Entwurf planarer Antennenstrukturen müssen bestimmte Randbedingungen berücksichtigt werden, welche durch die Technologie zur Herstellung der Detektoren festgelegt werden. Am IMS erfolgt die Herstellung der YBCO-Detektoren, indem eine YBCO-Dünnschicht mittels Laserablation (engl. Pulsed-Laser Deposition - PLD) auf einem Saphirsubstrat ($\varepsilon_r = 10,06$; $\tan\delta = 8,4 \times 10^{-6}$ bei 77 K [95]) der Dicke $t_{sub} = 330$ μm abgeschieden wird. Zwischen der YBCO-Dünnschicht und dem Substrat werden während des Abscheideprozesses zusätzlich eine CeO_2-Schicht sowie eine Pufferschicht aus $PrBa_2Cu_3O_{7-x}$ (PBCO) aufgebracht. Diese Pufferschichten (engl. Buffer Layer) dienen zur Anpassung der Gitterkonstanten von Saphir und YBCO, wodurch ein homogenes Schichtwachstum gewährleistet wird. Eine auf der YBCO-Schicht ebenfalls mittels PLD-Technik aufgebrachte Goldschicht mit einer Dicke von maximal $t_{met} = 150$ nm dient zur Herstellung der THz-Antenne sowie der Hochfrequenzausleseleitung. Die Strukturierung der Antenne, der Hochfrequenz-leitung sowie des Detektorelements erfolgt mittels verschiedener lithografischer Verfahren. Für eine detaillierte Beschreibung der YBCO-Technologie sowie für weitere Informationen zur Detektorherstellung sei auf [96, 89, 97, 98, 90] verwiesen.

Die elektromagnetischen Eigenschaften der unterschiedlichen Planarantennen werden an-hand von Simulationen in CST Microwave Studio® untersucht. Der Einfluss der einzelnen Pufferschichten zwischen dem Detektorelement und dem Saphirsubstrat auf das Strahlungs-verhalten der Antennen wird in der Simulation aufgrund der geringen Schichtdicken im Bereich weniger Nanometer ($t_{\text{buffer}} \ll \lambda$) nicht berücksichtigt. Der Detektor selbst wird dabei nicht als verteilte Brückenstruktur, sondern als diskreter Port simuliert. Aus Mangel an Modellen zur Beschreibung der Hochfrequenzimpedanz supraleitender Bolometer wird bei der Einstellung der Portimpedanz auf das von Kollberg *et al.* vorgestellte Modell zur Impedanzberechnung von HEB-Mischern zurückgegriffen [99]. Danach berechnet sich die Detektorimpedanz im THz-Frequenzbereich zu

$$Z_{\text{D}} = \frac{L_{\text{D}}}{\sigma w_{\text{D}}} \cdot \frac{1+j}{2\delta} \coth\left((1+j)\frac{t}{2\delta}\right) \; [\Omega]. \tag{5.2}$$

Abhängig vom Schichtwiderstand der YBCO-Dünnschichten wird beim Entwurf versucht, die geometrischen Parameter des Detektorelements derart zu wählen, dass eine möglichst gute Anpassung an die Antennenimpedanz stattfindet. Da der Widerstand eines realen De-tektors jedoch stark von den Arbeitspunkteinstellungen abhängt, dient dieser Ansatz ledig-lich als grobe Abschätzung.

5.2.1. Selbstkomplementäre log-periodische Antenne

Die log-periodische Antenne ist eine komplexe Struktur, die durch ihre große Anzahl an geo-metrischen Parametern vielfältige Möglichkeiten für den Entwurf breitbandiger Strukturen bietet. Gemäß des in Abbildung 4.5 vorgestellten Modells sind dies neben den Armwinkeln α und β die Anzahl der Armpaare n, der innere Strukturradius r_1 und der Skalierungsfaktor τ. Zusätzlich müssen die beiden Zuleitungsstücke im Zentrum der Antenne berücksichtigt werden, da der durch diese beiden Stücke gebildete Spalt die Geometrie des Detektorele-ments definiert.

Gerade wegen der Komplexität dieses Antennentyps erscheint die numerische Bestim-mung eines global optimalen Parametersatzes aufgrund des damit verbundenen Rechenauf-wands nicht praktikabel. Deshalb wurde beim Entwurf der Antenne folgende Vorgehens-weise gewählt: Die beiden Armwinkel α und β wurden in einem Wertebereich zwischen $20°$ und $70°$ derart variiert, dass das Kriterium für selbstkomplementäre Antennen stets er-

Tabelle 5.1.: Geometrische Parameter der Struktur $\mathrm{Ant_{LP,A}}$.

r_1 (μm)	α (deg)	β (deg)	n	τ	w_D (μm)	L_D (μm)
9,13	60	30	14	1,6	5	1,3

füllt war, also $\alpha + \beta = 90°$. Eine Analyse der beiden Winkel über einen noch größeren Bereich wurde nicht durchgeführt, da einerseits ein zu schmaler Keil der Bowtie-Struktur zu hohen Verlusten führt und andererseits sehr kleine Armsegmente eine Verzerrung der Feldverteilung bewirken. Parallel zu den Winkeleinstellungen wurde der Skalierungsfaktor τ im Bereich zwischen 1,1 und 2 verändert. Je nach Kombination dieser drei Parameter wurde der innere Armradius r_1 (zur Festlegung der oberen Grenzfrequenz) sowie die Anzahl der Armpaare n (zur Festlegung der unteren Grenzfrequenz) derart angepasst, dass das gemäß Gleichung (4.38) zu erwartende Frequenzband die Zielbandbreite komplett abdeckt. Im Anschluss an diesen analytischen Entwurfsschritt wurden die verschiedenen Strukturen zur numerischen Simulation ihrer elektromagnetischen Eigenschaften in CST Microwave Studio® implementiert. Dazu wurde ein dreidimensionales Modell erstellt, bei welchem die Antenne an der Grenzfläche zwischen zwei Halbräumen aus Luft und Saphir positioniert wurde. Da die Wirbelstromeindringtiefe von Gold an der unteren Grenzfrequenz ($f_u = 200$ GHz) bei 166 nm liegt, wurde die Metallisierungsdicke auf den größtmöglichen Wert von 150 nm gesetzt. Die Begrenzungsflächen des simulierten Raums wurden als ideale Absorber definiert, wodurch das Verhalten eines unendlich weit ausgedehnten Substrats nachgeahmt werden kann.

Zunächst wurde der frequenzabhängige Verlauf der Eingangsimpedanz der Antenne untersucht. Wie bereits erwähnt wurde, ist es wünschenswert, dass die Impedanz einen homogenen Verlauf besitzt, also dass die resonanzbedingten Oszillationen nur schwach ausgebildet sind, der Realteil um einen konstanten Mittelwert verläuft und der Imaginärteil möglichst nahe bei Null liegt. Anhand der durchgeführten Simulationsreihe wurde schließlich eine Geometrie ermittelt, die die genannten Kriterien sehr gut erfüllt. Der Parametersatz der ausgewählten log-periodischen Antenne, welche im Folgenden als $\mathrm{Ant_{LP,A}}$ bezeichnet wird, ist in Tabelle 5.1 aufgelistet. Das zugehörige Layout ist in Abbildung 5.3 dargestellt. Der simulierte Verlauf der Antennenimpedanz in Abhängigkeit von der Strahlungsfrequenz ist in Abbildung 5.4 dargestellt. Wie für eine selbstkomplementäre Struktur zu erwarten ist, verläuft der Realteil der Impedanz gemäß Gleichung (4.28) um einen Mittelwert von ca. 80 Ω. Der aktive Frequenzbereich ist durch die oberste und die unterste Schlitzresonanz festgelegt, welche an den beiden höchsten Spitzen im Verlauf des Realteils erkennbar sind. Das oszillierende Verhalten zwischen diesen Extrempunkten entsteht durch das Resonanz-

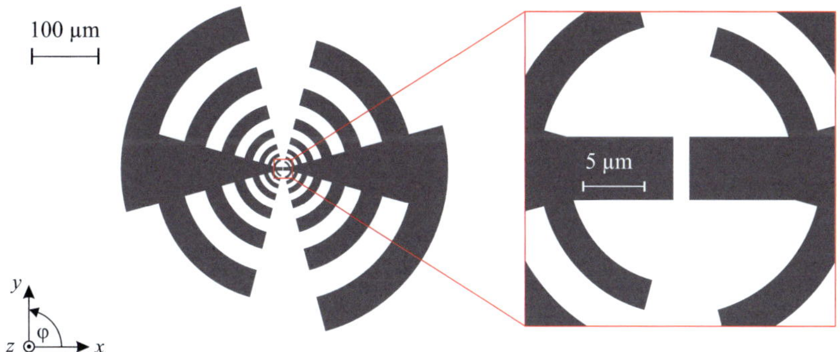

Abbildung 5.3.: Layout der logarithmisch-periodischen Planarantenne $\text{Ant}_{\text{LP,A}}$.

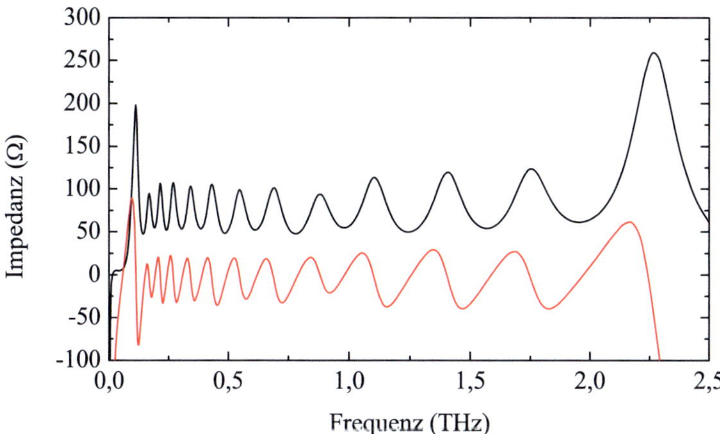

Abbildung 5.4.: Simulierter Verlauf des realen (schwarz) und des imaginären (rot) Anteils der Impedanz der log-periodischen Planarantenne $\text{Ant}_{\text{LP,A}}$ in Abhängigkeit von der Frequenz.

verhalten der anderen Schlitzresonatoren. Der Imaginäranteil zeigt ein ähnliches Resonanzverhalten und pendelt um einen Mittelwert von etwa 0 Ω. Die Geometrie des Spaltbereichs bzw. des Detektorelements wurde dabei so gewählt, dass für einen gegebenen Schichtwiderstandswert von $R_{\text{sq,ybco}} = 200$ Ω der Gleichstromwiderstand möglichst genau mit dem nach Gleichung (4.28) berechneten Wert übereinstimmt und eine hohe Impedanzanpassung erreicht wird.

Mit dem simulierten Impedanzverlauf der Antenne sowie des nach Gleichung (5.2) berechneten Verlaufs der Detektorimpedanz kann schließlich anhand von Gleichung (3.53) die Frequenzabhängigkeit des Reflexionsparameters bestimmt werden (s. Abbildung 5.5). Aus den Schnittpunkte des Reflexionsparameters mit der -10 dB-Linie ergibt sich eine Bandbreite von $f = 0,14 - 2,11$ THz. Dies stimmt sehr gut mit den Designwerten überein, welche

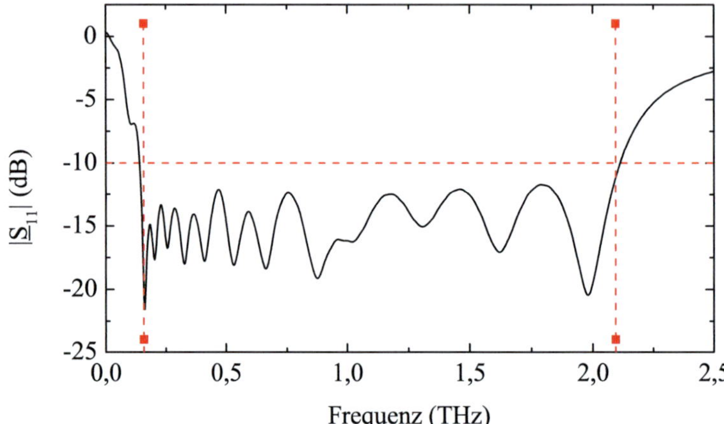

Abbildung 5.5.: Simulierter Verlauf des Reflexionsparameters der Antenne $\mathrm{Ant_{LP,A}}$ in Abhängigkeit von der Frequenz. Die gestrichelte horizontale Linie markiert die -10 dB-Grenze. Die vertikalen Linien markieren den gemäß Gleichung (4.38) berechneten Frequenzbereich.

anhand der senkrechten Linien dargestellt sind. Innerhalb dieses Frequenzbereichs liegt die maximale Reflexion bei etwa -11,7 dB, was einer Koppeleffizienz zwischen Antenne und Detektor von $\eta_{\mathrm{match}} > 93,2\,\%$ entspricht.

Da CST Microwave Studio® auch über die Möglichkeit zur Simulation transienter Signale verfügt, wurde das zeitliche Verhalten der Antenne untersucht. Die bei der Simulation zu untersuchende spektrale Bandbreite wurde auf den Bereich $f = 0 - 2,5$ THz festgelegt, welcher etwas größer als der Emissionsbereich von ANKA ist. Als zugehöriges Anregungssignal wurde ein Gaußimpuls betrachtet, der eine Halbwertsbreite von $\tau_{\mathrm{FWHM}} = 0,32$ ps besitzt, also kürzer als 1 ps ist. Die Simulation wurde aus Gründen der Recheneffizienz für den Sendefall durchgeführt, wobei das Signal mittels des diskreten Ports direkt in die Zuleitungen des Antennenfußpunktes eingespeist wurde. Der simulierte Verlauf der Impulsantwort ist in Abbildung 5.6 veranschaulicht. Im Bereich von 0-1 ps ist entsprechend des Anregungssignals ebenfalls ein gaußförmiger Impuls zu sehen. Der Impuls besitzt die identische Breite wie das eingespeiste Signal und weist keinerlei Verzerrungen auf. Dies ist ein Indiz, dass eine ideale Energieübertragung von der Signalquelle in die Antenne stattfindet. Anschließend findet die Abstrahlung des Signals in die Umgebung statt. Bei idealer Anpassung der Antennenbandbreite an die des Signals wird die komplette in der Antenne gespeicherte Energie abgestrahlt. In der Simulation sind jedoch zwei Eigenschaften festzustellen, die vom Idealverhalten abweichen: Zum ersten zeigt sich eine Oszillation des Signals, welche unmittelbar nach dem Abfall des Hauptimpulses beginnt und bis zum Ende des simulierten Zeitbereichs anhält. Die Ursache dafür liegt in der zwar sehr guten, aber dennoch nicht

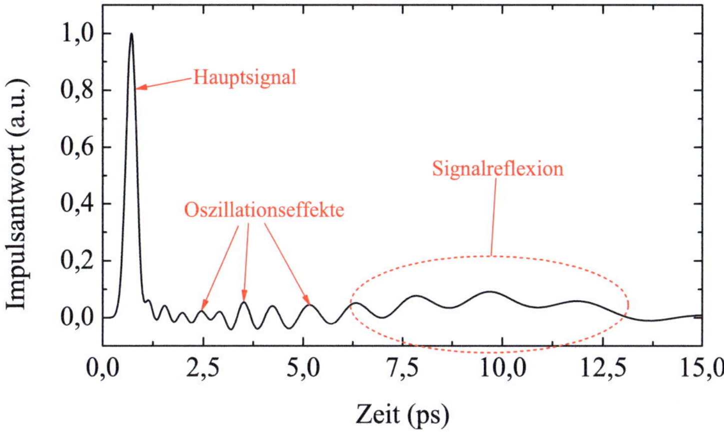

Abbildung 5.6.: Simulierte Impulsantwort der log-periodischen Planarantenne $\text{Ant}_{\text{LP,A}}$.

perfekten Impedanzanpassung zwischen Antenne und Port. Durch die Fehlanpassung wird ein Teil der Signalenergie zur Quelle reflektiert, was zur erwähnten Oszillation führt. Des Weiteren ist bei genauer Betrachtung zu erkennen, dass die Oszillation von einer zeitlich langsam variierenden Impulskurve überlagert ist, deren Maximum bei etwa $t = 9{,}6$ ps liegt. Dieses Verhalten wird durch die Lage der unteren Grenzfrequenz der Antenne bestimmt. Der Anregungsimpuls enthält Signalanteile, die unterhalb dieser unteren Grenzfrequenz liegen. Da die Antenne in diesem Frequenzbereich weder abstrahlen noch empfangen kann, werden diese Signalanteile ebenfalls zur Signalquelle reflektiert.

Die Schlussfolgerung, die sich aus diesem Kurvenverlauf ziehen lässt, ist, dass die Antenne grundsätzlich in der Lage ist, einen ultrakurzen Impuls (<1 ps) sauber und verzerrungsfrei zu übertragen und somit keine Limitierung für das zeitliche Auflösungsvermögen des Gesamtsystems darstellt. Allerdings besteht die Gefahr, dass innerhalb der Antenne Oszillationseffeke entstehen, die zum Auftreten unerwünschter Störsignale führen könnten.

Zur Untersuchung des Abstrahlverhaltens der Antenne wurden in CST Microwave Studio® ebenfalls die elektromagnetischen Nahbereichsfelder simuliert. Zur Veranschaulichung sind in Abbildung 5.7 die Amplituden- und Phasenverläufe des elektrischen Felds für verschiedene Frequenzen dargestellt. Wie zu erwarten ist, zeigen die Amplitudenverläufe Feldüberhöhungen in den Bereichen zwischen den Armen. Weiterhin ist deutlich zu erkennen, dass mit steigender Frequenz bzw. abnehmender Wellenlänge eine Verschiebung der aktiven Bereiche in Richtung des Antennenzentrums stattfindet. Bei Betrachtung der Phasenverläufe ist erkennbar, dass sich die Phase umso schneller ändert, je höher die Frequenz ist. Dieses Verhalten ist ebenfalls zu erwarten, da die Phasenänderung von der Wellenzahl

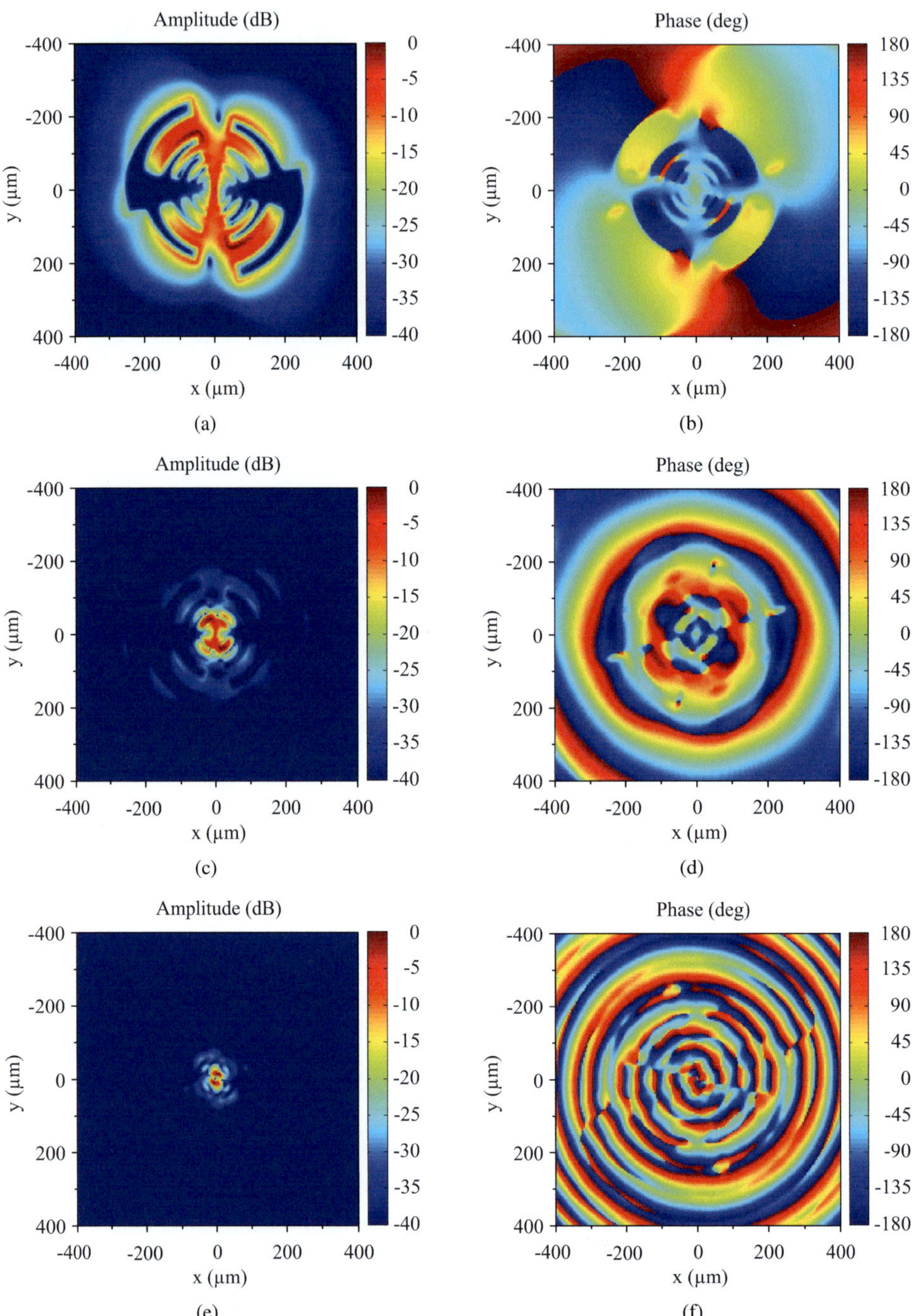

Abbildung 5.7.: Simulation der Amplitudenverteilung (linke Spalte) und Phasenverteilung (rechte Spalte) des elektrischen Nahfelds der Struktur $\text{Ant}_{\text{LP,A}}$ innerhalb des Substrats in einem Abstand von $\Delta z = 5\,\mu$m von der Antenne für $f = 200\,$GHz (a+b), $f = 650\,$GHz (c+d) und $f = 2{,}0\,$THz (e+f).

und somit direkt von der Wellenlänge abhängt. Bedingt durch die Antennengeometrie besitzen die Amplituden- und Phasenverläufe nicht die idealisierte Verteilung eines Gaußstrahls. Diese Eigenschaft ist mitverantwortlich für das Auftreten von Nebenkeulen bzw. Unregelmäßigkeiten in der Richtcharakteristik und muss besonders bei der Ankopplung an fokussierte Strahlungssignale berücksichtigt werden.

Anhand der simulierten komplexwertigen elektrischen und magnetischen Nahfelder wurden anschließend die Richtcharakteristika der Planarantenne in Richtung des substratseitigen Halbraums für den Frequenzbereich von 0,15-2,4 THz berechnet. Zu diesem Zweck wurden die Gleichungen (3.24) und (3.25) in ein MATLAB$^{\circledR}$-Programm umgesetzt und numerisch gelöst. Stellvertretend sind in Abbildung 5.8 die Richtcharakteristika für vier unterschiedliche Frequenzen in jeweils zwei Schnittebenen bei $\varphi = 0°$ und $\varphi = 90°$ dargestellt. Zunächst ist für alle Kurven eine Symmetrie bezüglich der Achse der Hauptstrahlrichtung bei $\theta = 0°$ festzustellen. Der Vergleich der beiden Schnittkurven bei $\varphi = 0°$ und $\varphi = 90°$ deutet zudem bei jeder Frequenz auf eine recht hohe Rotationssymmetrie der Richtcharakteristika hin, wobei gewisse Unregelmäßigkeiten in Form welliger Verläufe festzustellen sind. Der Grad der Welligkeit nimmt mit steigender Frequenz zu. Die Ursache dafür liegt in der elektromagnetischen Wechselwirkung des jeweils aktiven Armpaares mit den weiter außen liegenden Armpaaren. Auffällig bei höheren Frequenzen sind die Einbrüche der Kurven bei $\theta_0 = \pm 17°$ für $\varphi = 90°$. Dies ist daher interessant, da der Wert von θ_0 exakt dem Winkel entspricht, bei welchem Totalreflexion beim Übergang vom Substrat zum Freiraum auftritt. Ähnliches Verhalten wurde in [66] bei der numerischen Untersuchung von Doppelschlitzantennen beobachtet.

Trotz der auftretenden Welligkeit ist jedoch grundsätzlich eine hohe Formkonstanz der Richtcharakteristika gegenüber der Frequenz festzustellen. Für den direkten Vergleich der Strahlbreite wurde dazu bei jeder Frequenz der -10 dB-Winkel für $\varphi = 0°$ und $\varphi = 90°$ bestimmt und daraus der Mittelwert berechnet. Das Ergebnis ist in Abbildung 5.9 zusammengefasst. Die Strahlbreite zeigt ein nahezu frequenzinvariantes Verhalten. Der Gesamtmittelwert wurde zu $\theta_{-10dB} = 63°$ bestimmt und ist im Vergleich zur Doppelschlitzantenne mit $\theta_{-10dB} = 48°$ [83] deutlich breiter. Der Einfluss der verbreiterten Charakteristik auf die Gesamtcharakteristik der Linsenantenne wird separat in Abschnitt 5.3 untersucht.

5.2.2. Log-Spiralantenne

Beim Entwurf der logarithmischen Spiralantenne wurde ähnlich vorgegangen wie bei der log-periodischen Antenne: Unter Variation der Windungssteilheit im Bereich von $a = 0,2 - 0,4$ wurden der Innenradius r_0 (zur Festlegung der oberen Grenzfrequenz) sowie die Anzahl der Spiralumdrehungen N (zur Festlegung der unteren Grenzfrequenz) derart ange-

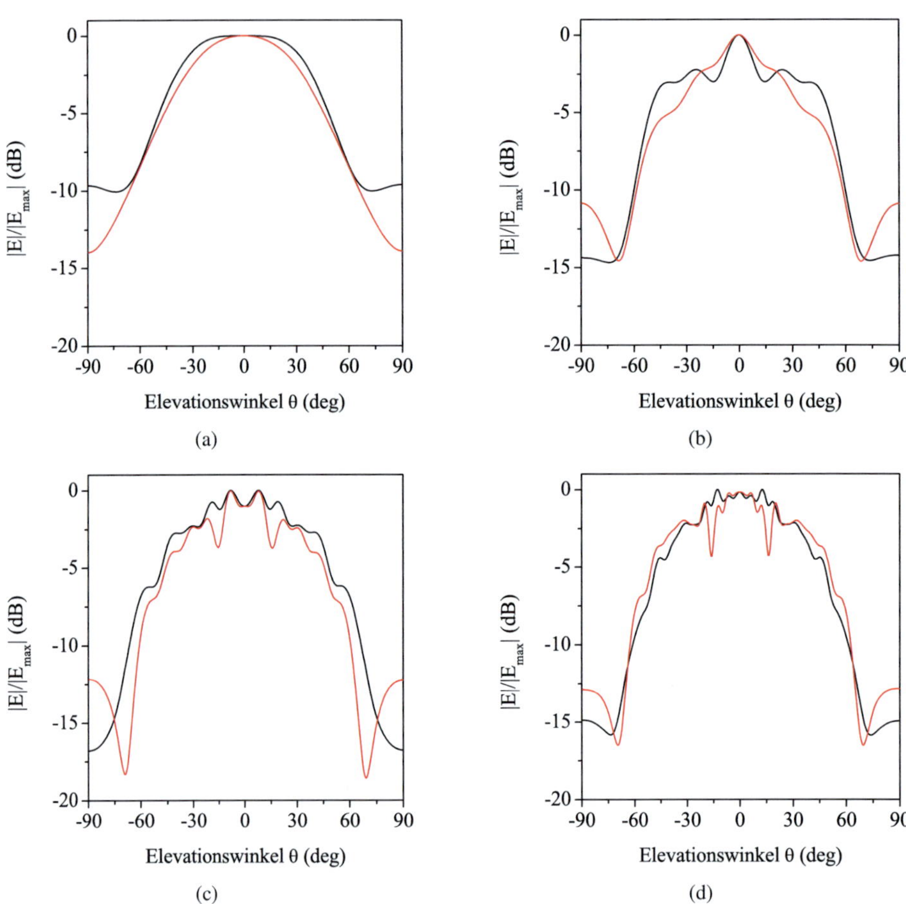

Abbildung 5.8.: Simulation der Richtcharakteristik der Antennenstruktur $\mathrm{Ant_{LP,A}}$ für die Azimutwinkel $\varphi = 0°$ (schwarz) und $\varphi = 90°$ (rot) in Richtung der Substratseite für die Frequenzen (a) $f = 200\,\mathrm{GHz}$, (b) $f = 650\,\mathrm{GHz}$, (c) $f = 1{,}2\,\mathrm{THz}$ und (d) $f = 2{,}0\,\mathrm{THz}$.

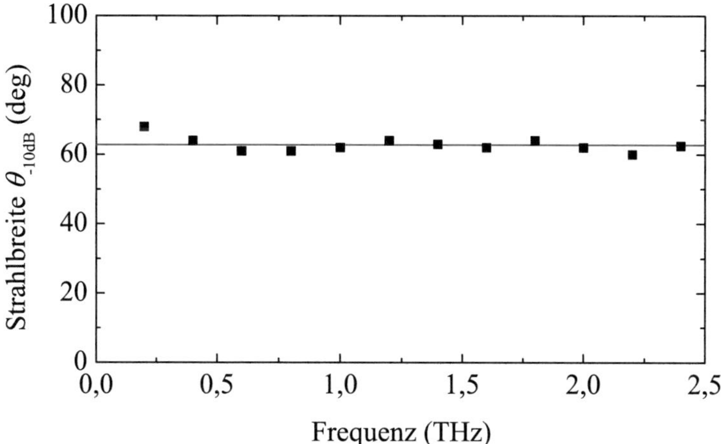

Abbildung 5.9.: Simulierter Verlauf der -10 dB-Strahlbreite (Symbole) der log-periodischen Antenne $\text{Ant}_{\text{LP,A}}$ abhängig von der Frequenz. Die rote Linie kennzeichnet den Gesamtmittelwert.

passt, dass gemäß der Formeln (4.44) und (4.45) die zu erwartende Antennenbandbreite die Strahlungsbandbreite komplett abdeckt. Die anschließende numerische Simulation zur Untersuchung der elektromagnetischen Eigenschaften der einzelnen Strukturen wurde wie zuvor in CST Microwave Studio® durchgeführt. Grundsätzlich konnte oberhalb der unteren Grenzfrequenz für alle analysierten Strukturen ein weitgehend homogener Verlauf der Impedanz über der Frequenz beobachtet werden. Durch das Ausbleiben von Oszillationen ergibt sich dadurch ein deutlich flacherer Verlauf als bei der log-periodischen Antenne.

In [66] wird berichtet, dass die planare THz-Spiralantenne einen nicht zu vernachlässigenden negativen Imaginäranteil der Impedanz besitzt. Da angenommen wird, dass die Detektorimpedanz nahezu rein reellwertig ist, ist diese Eigenschaft aufgrund der dadurch entstehenden Fehlanpassung nicht erwünscht. Die Untersuchungen in dieser Arbeit haben gezeigt, dass der Wert der Antennenreaktanz direkt von der Dimensionierung der Zuleitungsstücke im Antennenfußpunkt beeinflusst wird. Somit bietet sich also die Möglichkeit, durch Optimierung der Zuleitungsgeometrie den unerwünschten Imaginäranteil zu kompensieren.

In Bezug auf den Realteil der Antennenimpedanz ist zu erwähnen, dass es sich bei einem Großteil der in der Literatur eingesetzten Antennenentwürfe um selbstkomplementäre Strukturen handelt. Genau wie bei der im vorigen Unterabschnitt vorgestellten log-periodischen Antenne wäre für eine selbstkomplementäre Spiralantenne auf einem Saphirsubstrat eine reellwertige Impedanz von $Z_A \approx 80\,\Omega$ zu erwarten. Bei der Analyse des Einflusses des Füllfaktors anhand einer Variation des Drehwinkels δ konnte ein direkter Einfluss auf den Realteil

Tabelle 5.2.: Geometrische Parameter der log-Spiralantenne $\text{Ant}_{\text{LS,A1}}$.

$r_0\,(\mu\text{m})$	a	$\delta\,(\text{deg})$	N	$w_{\text{D}}\,(\mu\text{m})$	$L_{\text{D}}\,(\mu\text{m})$
4	0,35	110	3,1	2	5

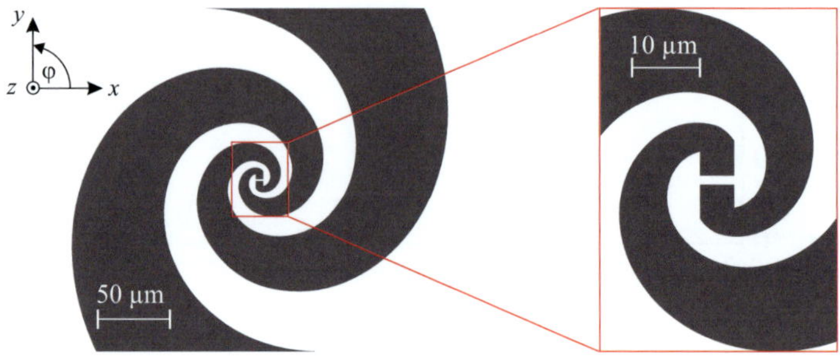

Abbildung 5.10.: Layout der logarithmischen Spiralantenne $\text{Ant}_{\text{LS,A1}}$ [90].

der Impedanz festgestellt werden. Es hat sich gezeigt, dass der Widerstand der Antenne mit steigendem Füllfaktor abnimmt. Aufgrund dieser Erkenntnis wurde folgende Überlegung angestellt: Wegen der extrem kleinen Dimensionen des Detektorelements ergibt sich anhand von Gleichung (5.2), dass der Wert der Antennenimpedanz bis in den THz-Bereich hinein nahezu ideal dem Gleichstromwiderstand entspricht. Da zur Signalauslese ausschließlich Mikrowellenkomponenten mit einer charakteristischen Impedanz von 50 Ω eingesetzt werden, wäre es ratsam, die Detektorimpedanz auf den gleichen Wert anzupassen. Das wiederum führt dazu, dass die Antenne selbst auch auf 50 Ω eingestellt werden sollte, um eine ideale Strahlungseinkopplung zu gewährleisten.

Basierend auf diesen Ansätzen wurde eine Optimierung der Antennengeometrie anhand numerischer Simulationen durchgeführt. Die geometrischen Parameter der ausgewählten Antennenstruktur, im weiteren $\text{Ant}_{\text{LS,A1}}$ genannt, sind in Tabelle 5.2 aufgelistet. Das zugehörige Layout findet sich in Abbildung 5.10. Der simulierte Verlauf der Impedanz abhängig von der Frequenz ist in Abbildung 5.11 zu sehen. Typisch für die λ-Resonanz bei der unteren Grenzfrequenz zeigt sich eine Spitze im Verlauf des Realteils bei gleichzeitigem Nulldurchgang des negativen Astes des Imaginärteils. Oberhalb dieser Grenzfrequenz zeigt sich über den kompletten Frequenzbereich hinweg ein homogener Verlauf mit einem leichten Anstieg zu den hohen Frequenzen hin. Durch die optimierte Zuleitung im Spaltbereich konnte der Imaginäranteil nahezu vollständig kompensiert werden. Weiterhin konnte durch die Wahl eines hohen Füllfaktors von $FF = 61$ % der mittlere Antennenwiderstand auf einen Wert von etwa 60 Ω eingestellt werden. Im Vergleich zu einer selbstkomplementären Struktur entspricht dies einer Reduzierung der Impedanz um 25 %. Der zugehörige Verlauf des Reflexionsparameters ist in Abbildung 5.12 dargestellt. Durch die ausgeprägte Flachheit

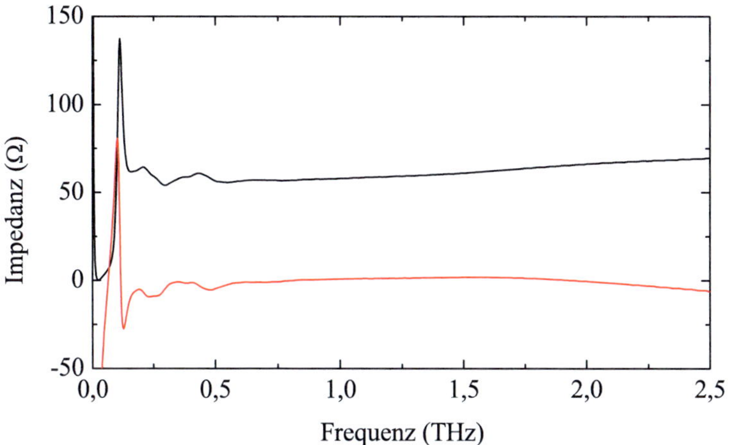

Abbildung 5.11.: Simulierter Verlauf des realen (schwarz) und des imaginären (rot) Anteils der Impedanz der log-Spiralantenne $\text{Ant}_{\text{LS},\text{A1}}$ in Abhängigkeit von der Frequenz [90].

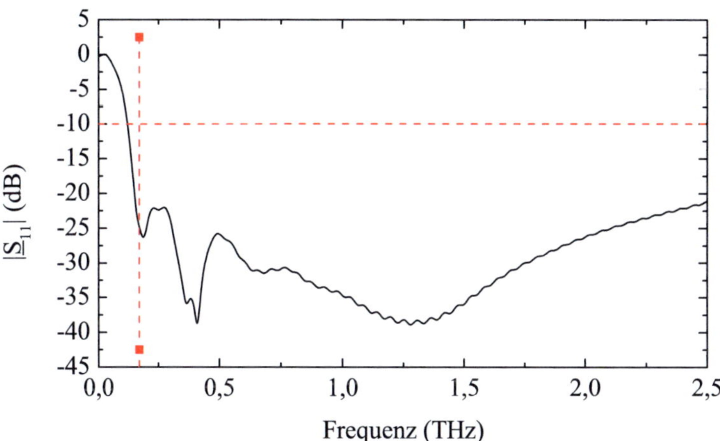

Abbildung 5.12.: Simulierter Verlauf des Reflexionsparameters der logarithmischen Spiralantenne $\text{Ant}_{\text{LS},\text{A1}}$ in Abhängigkeit von der Frequenz. Die gestrichelte horizontale Linie markiert die -10 dB-Grenze. Die vertikale Linie markiert die gemäß Gleichung (4.44) berechnete untere Grenzfrequenz.

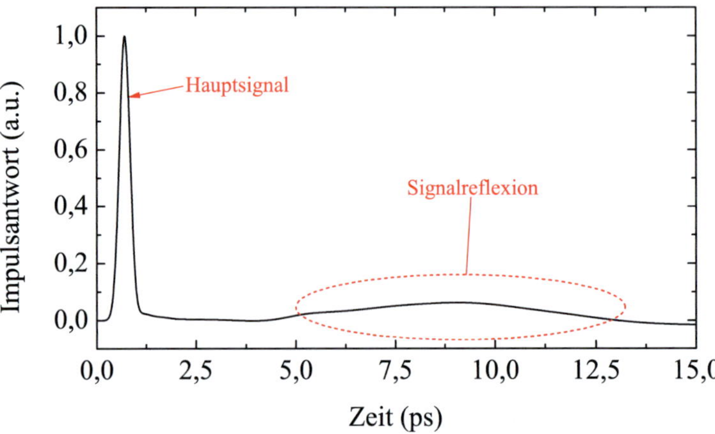

Abbildung 5.13.: Simulierte Impulsantwort der logarithmischen Spiralantenne $\text{Ant}_{\text{LS,A1}}$ im Zeitbereich.

des Impedanzverlaufs lässt sich eine deutlich bessere Anpassung an die Detektorimpedanz erreichen als bei der log-periodischen Antenne. Bei der vorgestellten Struktur verläuft der Reflexionsparameter durchweg unterhalb von -20 dB, was einer Koppeleffizienz von mehr als 99% entspricht. Ebenfalls ist in Abbildung 5.12 eine Markierung für die analytisch berechnete untere Grenzfrequenz eingezeichnet und zeigt eine sehr gute Übereinstimmung mit der numerischen Simulation.

Die Impulsantwort der Spiralantenne (s. Abbildung 5.13) zeigt bezüglich der Grundeigenschaften ein vergleichbares Verhalten wie die log-periodische Antenne: Der Hauptimpuls im Zeitbereich von $t = 0 - 1$ ps zeigt ein unverfälschtes Verhalten hinsichtlich Form und Impulsbreite. Die untere Grenzfrequenz ist mit der Grenzfrequenz der log-periodischen Antenne vergleichbar, entsprechend tritt eine äquivalente Signalreflexion auf, die nahezu zum gleichen Zeitpunkt ($t = 9,1$ ps) ihr Maximum erreicht. Der offensichtliche Unterschied zur log-periodischen Antenne ist das fehlende Auftreten des Oszillationseffekts, was auf den Wanderwellencharakter der Spiralantenne zurückzuführen ist.

Die zugehörigen Simulationsergebnisse der elektrischen Nahfelder sind für verschiedene Frequenzen in Abbildung 5.14 dargestellt. Durch die Kopplung zwischen den beiden Spiralarmen ergibt sich eine Feldüberhöhung direkt im Spaltbereich zwischen diesen Armen. Wie bereits erwähnt wurde, stellt sich bei Frequenzen nahe der unteren Grenzfrequenz eine Signalreflexion an den äußeren Metallisierungsrändern der Antenne ein. Dies ist deutlich an den beiden Phasensprüngen in Abbildung 5.14b zu erkennen. Im Amplitudenverlauf kommt dieses Verhalten nicht zum Vorschein, da die Feldstärken in den Außenbereichen im Ver-

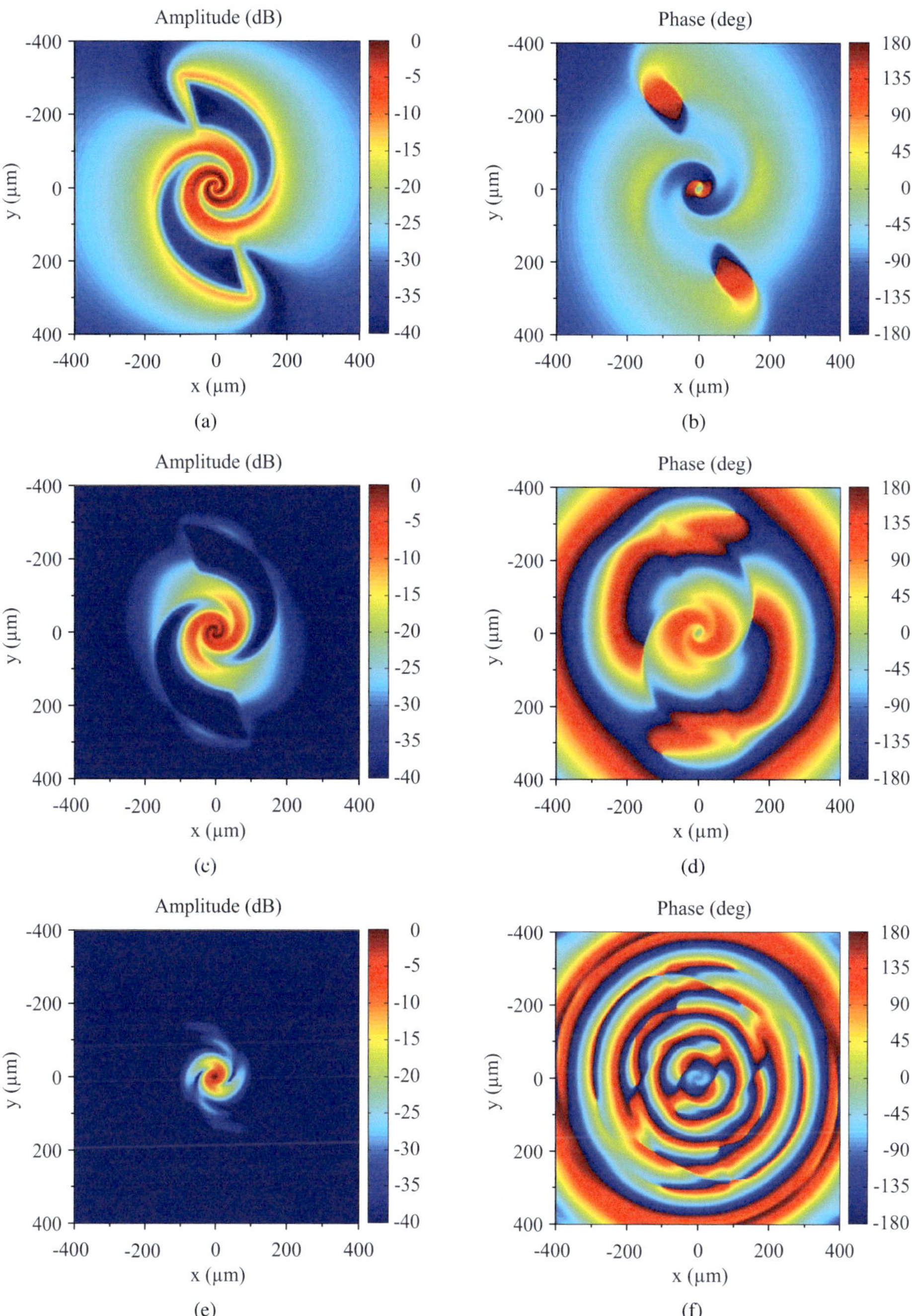

Abbildung 5.14.: Simulation der Amplitudenverteilung (linke Spalte) und Phasenverteilung (rechte Spalte) des elektrischen Nahfelds innerhalb des Substrats in einem Abstand von $dz = 5\ \mu$m von der log-Spiralantenne $\mathrm{Ant_{LS,A1}}$ für $f = 200$ GHz (a+b), $f = 650$ GHz (c+d) und $f = 2{,}0$ THz (e+f).

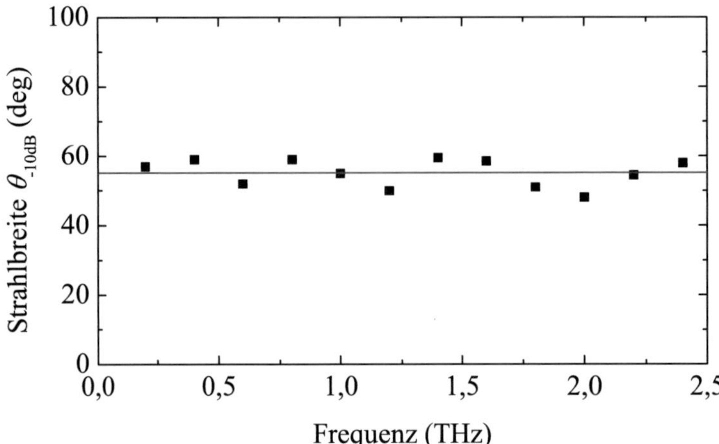

Abbildung 5.15.: Simulierter Verlauf der -10 dB-Strahlbreite (Symbole) der Struktur $\text{Ant}_{\text{LS,A1}}$ abhängig von der Frequenz. Die rote Linie kennzeichnet den Gesamtmittelwert.

gleich zum Zentrum bereits zu stark abgefallen sind. Ähnlich der log-periodischen Antenne rücken auch hier die aktiven Bereiche mit steigender Frequenz in Richtung des Zentrums der Struktur, wie bei der Betrachtung der Amplitudenverteilung deutlich erkennbar ist. Ebenso ist eine Erhöhung der Änderungsgeschwindigkeit zu beobachten, mit welcher sich die Phase dreht.

Basierend auf diesen Ergebnissen wurden die Richtcharakteristika in Richtung der Substratseite abhängig von der Frequenz berechnet und die zugehörigen Strahlbreiten in Abbildung 5.15 aufgetragen. Hierbei ist deutlich eine regelmäßige Schwankung zu erkennen. Exakt dieses Verhalten wurde bereits 1959 von Dyson beobachtet [77]: Spiralantennen besitzen keine exakt rotationssymmetrische Richtcharakteristik. Das bedeutet, dass sich die Strahlbreiten in verschiedenen Schnittebenen voneinander unterscheiden. Da im vorliegenden Fall immer die gleichen Schnittebenen bei $\varphi = 0°$ und $\varphi = 90°$ betrachtet werden, die Richtcharakteristik aber frequenzabhängig in der Azimutebene rotiert, kommt es zu der genannten Variation der mittleren Strahlbreite. Dennoch tritt dieser Effekt gleichmäßig innerhalb der kompletten Bandbreite auf, was grundsätzlich auf eine geringe Frequenzabhängigkeit der Antenneneigenschaften schließen lässt. Der Gesamtmittelwert der Strahlbreite liegt bei $55°$ und ist somit geringer als bei der log-periodischen Antenne, was auf eine höhere Richtwirkung hindeutet.

Tabelle 5.3.: Geometrische Parameter der Struktur $\mathtt{Ant_{LS,A2}}$.

$r_0\,(\mu m)$	a	$\delta\,(\mathrm{deg})$	N	$w_\mathrm{D}\,(\mu\mathrm{m})$	$L_\mathrm{D}\,(\mu\mathrm{m})$
7,21	0,35	90	1,75	0,4	1,5

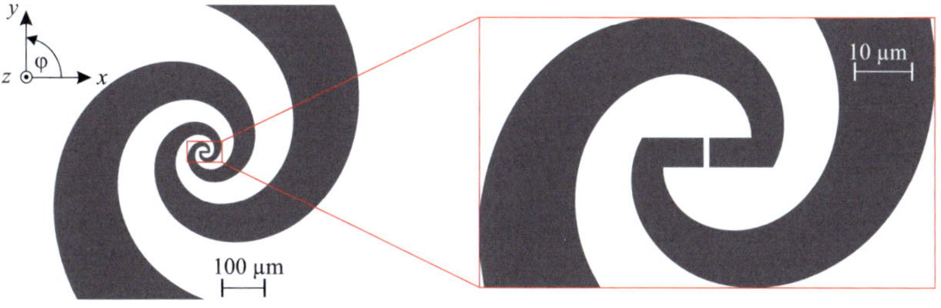

Abbildung 5.16.: Layout der logarithmischen Spiralantenne $\mathtt{Ant_{LS,A2}}$ [89].

5.2.3. Log-Spiralantenne für Frequenzen bis unterhalb von 100 GHz

Je stärker die Länge eines Elektronenpakets verkürzt wird, umso schwieriger gestaltet sich die Stabilisierung des Elektronenstrahls innerhalb des Speicherrings. Umgekehrt kann eine höchst stabile Strahlungsemission erreicht werden, indem eine entsprechend hohe Impulsbreite eingestellt wird. Dabei ist zu beachten, dass sich der Punkt maximaler Strahlungsemission für länger werdende Elektronenpakete zu niedrigeren Frequenzen hin verschiebt. Liegt etwa das Strahlungsmaximum für eine Länge von $\sigma_\mathrm{z} = 1$ ps noch bei einer Frequenz von 1 THz, so fällt es für $\sigma_\mathrm{z} = 10$ ps auf eine Frequenz von weniger als 100 GHz ab [3].

Um das Emissionsverhalten von ANKA bei diesen niedrigen Frequenzen analysieren zu können, wird eine zusätzliche Antenne benötigt, welche das Frequenzband von 100 GHz bis 1 THz abdeckt. Basierend auf den bereits vorgestellten Ergebnissen wurde als Antennentyp die logarithmische Spirale aufgrund ihres homogenen Frequenzverlaufs ausgewählt. Da der Durchmesser einer log-Spiralantenne mit der oberen Grenzwellenlänge ansteigt, muss darauf geachtet werden, dass die Gesamtgröße der Struktur im Hinblick auf den Fertigungsprozess handhabbar bleibt. Bei einer einfachen Erhöhung der Windungszahl der Struktur $\mathtt{Ant_{LS,A1}}$ zur Absenkung der unteren Grenzfrequenz stellt dies durchaus ein Problem dar. Aus diesem Grund wurde eine neue Antennenvariante entwickelt, die ebenfalls breitbandige Eigenschaften aufweist, aber aufgrund eines geringeren Füllfaktors eine kompaktere Bauweise erlaubt. Der Entwurfsprozess erfolgte in gleicher Weise wie im vorigen Unterabschnitt beschrieben. Die geometrischen Parameter der finalen Struktur $\mathtt{Ant_{LS,A2}}$ sind in Tabelle 5.3 aufgezeigt, das zugehörige Layout in Abbildung 5.16.

Die numerischen Simulationsergebnisse der Eingangsimpedanz der Antenne sind in Abbildung 5.17 dargestellt. Der Verlauf besitzt grundsätzlich eine starke Ähnlichkeit mit dem

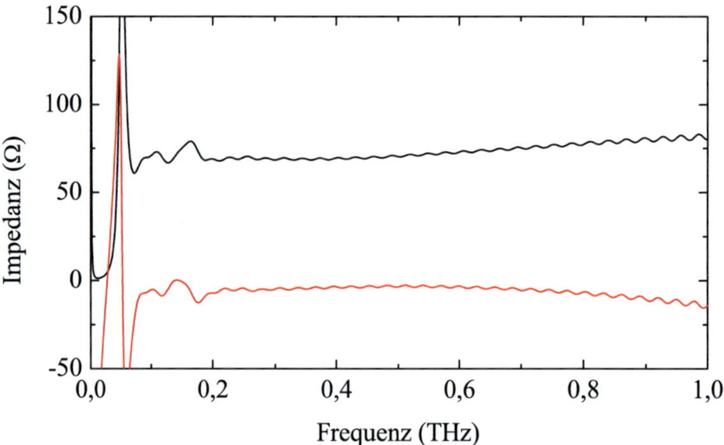

Abbildung 5.17.: Simulierter Verlauf des realen (schwarz) und des imaginären (rot) Anteils der Impedanz der Struktur $\text{Ant}_{\text{LS,A2}}$ abhängig von der Frequenz.

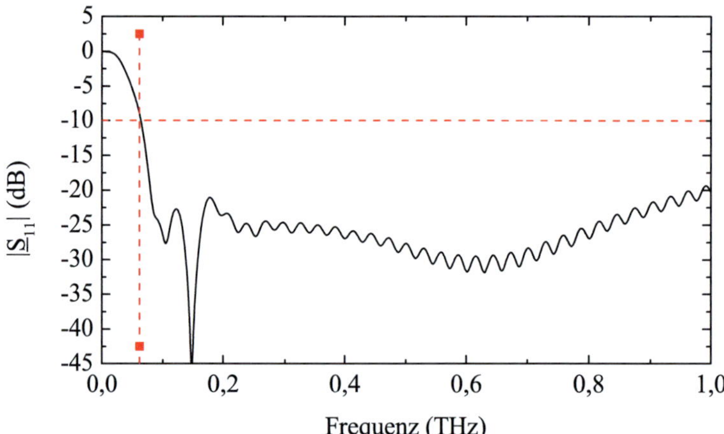

Abbildung 5.18.: Simulierter Verlauf des Reflexionsparameters der logarithmischen Spiralantenne $\text{Ant}_{\text{LS,A2}}$ in Abhängigkeit von der Frequenz. Die gestrichelte horizontale Linie markiert die -10 dB-Grenze. Die vertikale Linie markiert die gemäß Gleichung (4.44) berechnete untere Grenzfrequenz.

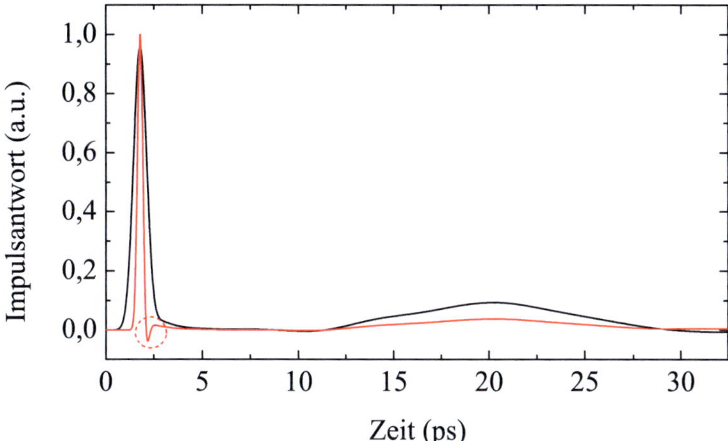

Abbildung 5.19.: Simulierte Impulsantwort der Struktur $\mathrm{Ant_{LS,A2}}$ im Zeitbereich für eine Signalbandbreite von 0-1 THz (schwarz) sowie von 0-2,5 THz (rot). Durch den veränder-
ten Frequenzbereich der Antenne ergibt sich ein Unterschwinger im Signalverlauf
bei der höherfrequenten Anregung (s. roter Kreis).

der Struktur $\mathrm{Ant_{LS,A1}}$. Aufgrund des erhöhten Außendurchmessers der Antenne konnte die
untere Grenzfrequenz bis auf 65 GHz gesenkt werden. Der Imaginäranteil ist geringfügig
in den negativen Bereich verschoben. Gleichzeitig hat sich der Mittelwert des Realteils von
60 Ω auf 75 Ω erhöht im Unterschied zur anderen Spiralantenne. Diese Verschiebung des
Widerstands zu größeren Werten geht als unmittelbare Konsequenz aus der Verringerung des
Füllfaktors hervor. Der Mittelwert von 75 Ω stimmt in guter Näherung mit dem zu erwartenden Wert von 80 Ω für selbstkomplementäre Antennen überein, zu welchen die Struktur
$\mathrm{Ant_{LS,A2}}$ aufgrund eines Verschiebungswinkels von $\delta = 90°$ zu zählen ist.

Der simulierte Verlauf des Reflexionsparameters sowie die analytisch berechnete untere
Grenzfrequenz sind in Abbildung 5.18 gezeigt. Auch hier zeigt sich ein sehr gutes Verhalten,
da die Reflexion durchgehend unterhalb von -20 dB liegt und die simulierte Grenzfrequenz
hervorragend mit dem Designwert übereinstimmt.

Das zeitliche Antwortverhalten der Antenne wurde untersucht, indem ein gaußförmiger
Anregungsimpuls der Bandbreite 0-1 THz in die Antennenzuleitung eingespeist wurde. Das
zugehörige Antwortsignal ist in Abbildung 5.19 anhand der schwarzen Kurve dargestellt. Im
Unterschied zu den Untersuchungen der anderen beiden Antennen besitzt der Anregungsimpuls aufgrund der geringeren Signalbandbreite eine größere Halbwertsdauer von 0,77 ps.
Wie zu erkennen ist, wird dieser Impuls verzerrungsfrei von der Antenne übertragen. Aufgrund der geringeren unteren Grenzfrequenz können auch niederfrequentere Signalanteil-
le abgestrahlt werden, wodurch das Auftreten der Reflexion zu einem späteren Zeitpunkt

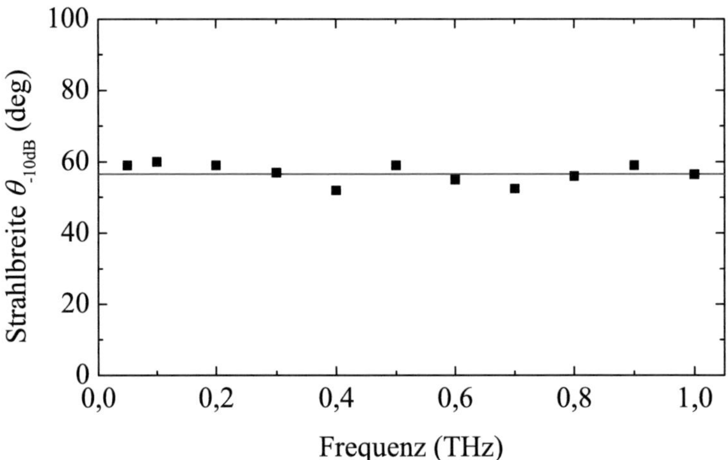

Abbildung 5.20.: Simulierter Verlauf der -10 dB-Strahlbreite (Symbole) der Struktur $Ant_{LS,A2}$ abhängig von der Frequenz. Die rote Linie kennzeichnet den Gesamtmittelwert.

($t = 20,2$ ps) verschoben wird und diese somit stärker vom Hauptimpuls separiert wird. Zum besseren Vergleich mit den beiden anderen Antennen ist zusätzlich die Impulsantwort für ein Anregungssignal der Bandbreite 0-2,5 THz dargestellt (rote Kurve). Der aufgrund der höheren Bandbreite verschmälerte Impuls kann ebenfalls sauber übertragen werden. Allerdings ergibt sich aufgrund des veränderten Frequenzbereichs der Antenne in diesem Fall ein Unterschwinger direkt im Anschluss an die abfallende Flanke (roter Kreis in Abbildung 5.19). Der Zeitpunkt, an dem die niederfrequente Reflexion auftritt, wird durch die untere Grenzfrequenz der Antenne bestimmt und hängt nicht von der Signalbandbreite ab. Daher tritt die Reflexion zum gleichen Zeitpunkt wie bei der schwarzen Kurve auf. Da im Vergleich zur schwarzen Kurve allerdings (relativ betrachtet) ein geringerer Energieanteil des Gesamtimpulses in den unteren Frequenzen gespeichert ist, weist die Reflexion eine geringere Amplitude auf.

Zum Abschluss dieses Abschnitts ist in Abbildung 5.20 die Frequenzabhängigkeit der Strahlbreite dargestellt. Genau wie bei der Struktur $Ant_{LS,A1}$ ist auch hier eine leichte Variation der Strahlbreite über der Frequenz erkennbar, allerdings etwas weniger stark ausgeprägt. Der Mittelwert der Strahlbreite ist mit 57° nahezu identisch mit dem der anderen Spirale. Somit ist auch diese Spiralantenne richtungsschärfer als die log-periodische Antenne. Die insgesamt hohe Konstanz der Strahlbreite zeugt auch bei dieser Struktur von sehr breitbandigen Strahlungseigenschaften.

5.3. Entwurf der Linsenantennen

Der Durchmesser einer Linse bestimmt maßgeblich, wie stark ein einfallendes Strahlungssignal fokussiert wird und somit die Größe der Strahltaille an der Position der Planarantenne. Bei Kenntnis der Strahlform ist es also prinzipiell möglich, eine ideale Anpassung an das Antennenprofil zu erreichen, wie z.B. Van der Vorst anhand einer Doppelschlitzantenne für 500 GHz gezeigt hat [86].

Bei der vorliegenden Arbeit ist eine solch spezifizierte Vorgehensweise jedoch wegen der inhomogenen Feldverteilung bei ANKA nicht möglich. Daher dienten bei der Wahl eines adäquaten Linsendurchmessers vorangegangene Arbeiten als Orientierungshilfe. Im Frequenzbereich von 246 GHz-2,5 THz konnten gute Ergebnisse durch die Verwendung von Siliziumlinsen erzielt werden, deren Durchmesser im Bereich zwischen 10 mm und 13,7 mm lag [48, 66, 83]. Daran angelehnt wurde für diese Arbeit eine Linsengeometrie mit einem Durchmesser von 12 mm gewählt, was in etwa dem Mittelwert des genannten Bereichs entspricht. Bezüglich der Wahl einer geeigneten Erweiterungslänge schlagen Filipovic et $al.$ [83], basierend auf numerischen Simulationen, als universell gültigen Richtwert für eine optimale Kopplung an fokussierte Strahlungssignale eine hyperhemisphärische Konstellation vor (siehe auch Kapitel 4.5.3), was bei einer Siliziumlinse zu einem Verhältnis von $L_{\mathrm{ext}}/R = 0,292$ führt. Für eine Linse mit dem Radius $R = 6$ mm ergibt sich daraus eine Erweiterungslänge von $L_{\mathrm{ext}} = 1,75$ mm. Experimentelle Erfahrungen derselben Autoren haben jedoch gezeigt, dass es für praktische Anwendungen günstiger ist, ein Verhältnis im Bereich von $L_{\mathrm{ext}}/R = 0,321 - 0,350$ zu wählen, da dieser Bereich den besten Kompromiss zwischen Justierungsgenauigkeit, Richtschärfe und Gaußförmigkeit des Strahlprofils der Linsenantenne repräsentiert. Für den hier betrachteten Fall führt dies zu einer Erweiterungslänge von $L_{\mathrm{ext}} = 1,93 - 2,10$ mm. Bei einer Standarddicke der verwendeten Substrate von $t_{\mathrm{sub}} = 330$ μm wurde daher eine Erweiterungslänge von 1,7 mm für die Linse selbst gewählt, wodurch sich eine effektive Erweiterungslänge (also Linse plus Detektorchip) von $L_{\mathrm{ext}} = 2,03$ mm ergibt.

5.3.1. Berechnung der Reflexionsverluste

Wie in Abschnitt 5.2 gezeigt wurde, liegen die Strahlbreiten der substratseitigen Richtcharakteristika der vorgestellten Planarantennen zwischen $55°$ und $63°$ und sind somit breiter als die der Doppelschlitzantenne, welche in [83] bei der Untersuchung integrierter Linsenantennen verwendet wurde. Dies bedeutet, dass bei den hier untersuchten Antennentypen mehr Strahlungsleistung auf die äußeren Winkelbereiche entfällt. Bei erweiterten hemisphärischen Linsen kann in diesen Randbereichen das Strahlungssignal, abhängig von der Erweiterungslänge, folglich unter einem relativ stumpfen Winkel zur Oberflächensenkrechten auftreffen, wodurch sich die einstellende Signalreflexion als Problem erweisen könnte.

Bei den im Folgenden vorgestellten Untersuchungen der Linseneigenschaften erfolgt daher als erstes die Analyse des Einflusses der Erweiterungslänge auf die Reflexionsverluste am Übergang zwischen Linse und Luft. Aus Gründen einer effizienteren Berechnung wurden die Richtcharakteristika der drei vorgestellten Planarantennen durch Gaußstrahlen angenähert. Die Strahltaillen wurden dabei abhängig von der Frequenz derart gewählt, dass die Gaußstrahlen dieselben -10 dB-Strahlbreiten besitzen wie die jeweilige Planarantenne. Ausgehend von der gaußförmigen Feldverteilung an der Position der jeweiligen Planarantenne wurden gemäß den Gleichungen (3.24) und (3.25) die elektrischen Felder an der Linsenoberfläche direkt im Inneren des Dielektrikums am Übergang zur Luft bestimmt. Im Unterschied zu den im vorigen Abschnitt vorgestellten Berechnungen der Richtcharakteristika der Planarantennen ist es dabei wichtig, die Weglängenunterschiede vom Ort der Planarantenne zu verschiedenen Positionen auf der Linsenoberfläche zu beachten, da die Phasenlage und die Absolutfeldstärke der elektrischen Felder bei der Berechnung der Reflexionsverluste berücksichtigt werden müssen. Nachdem die Feldverteilung im Inneren der Linsenoberfläche bestimmt wurde, müssen die Felder in ihre senkrecht und parallel polarisierten Anteile zerlegt werden und diese mit den jeweiligen Fresnelkoeffizienten gemäß Gleichung (4.47) und Gleichung (4.48) multipliziert werden. Durch Integration über die komplette Linsenoberfläche lassen sich schließlich sowohl die vorwärts laufende als auch die reflektierte Strahlungsleistung und daraus der Reflexionsfaktor der kompletten Komponente ermitteln.

Dieses Vorgehen wurde für verschiedene Frequenzen und verschiedene Erweiterungslängen durchgeführt. Stellvertretend sind in Abbildung 5.21 die Verläufe für 150 GHz, 650 GHz und 2 THz für die beiden Strahlbreiten $\theta_{-10dB} = 55°$ und $\theta_{-10dB} = 63°$ dargestellt. Insgesamt zeigt sich nur eine geringe Abhängigkeit der Verläufe von der Frequenz, lediglich die Diskrepanz der Reflexionsverluste für die beiden verschiedenen Strahlbreiten nimmt mit steigender Frequenz ab. Alle Kurven zeigen für niedrige Erweiterungslängen einen Verlust von 1,5 dB, was einer Reflexion von 30 % der Strahlungsleistung gleichkommt und somit exakt dem Wert für senkrechten Strahlungseinfall entspricht. Bis zu einer Erweiterungslänge von etwa 1,8 mm bleiben die Reflexionsverluste nahezu konstant, wobei sogar ein leichter Abfall der Reflexion festzustellen ist. Die Ursache für den Abfall kann den parallel polarisierten Feldanteilen zugeschrieben werden, welche im Bragg-Winkel zur Oberflächennormalen auftreffen und daher eine minimale Reflexion aufweisen. Für eine Erweiterungslänge oberhalb dieses Wert nehmen die Verluste monoton zu. Das Verhältnis zwischen Erweiterungslänge und Linsenradius an dieser Knickstelle beträgt $L_{ext}/R = 0,3$ und besitzt somit den gleichen Wert, der in [83] für die Doppelschlitzantenne ermittelt wurde. Der maßgebliche Unterschied der Breitbandantennen zur Doppelschlitzantenne zeigt sich erst bei den

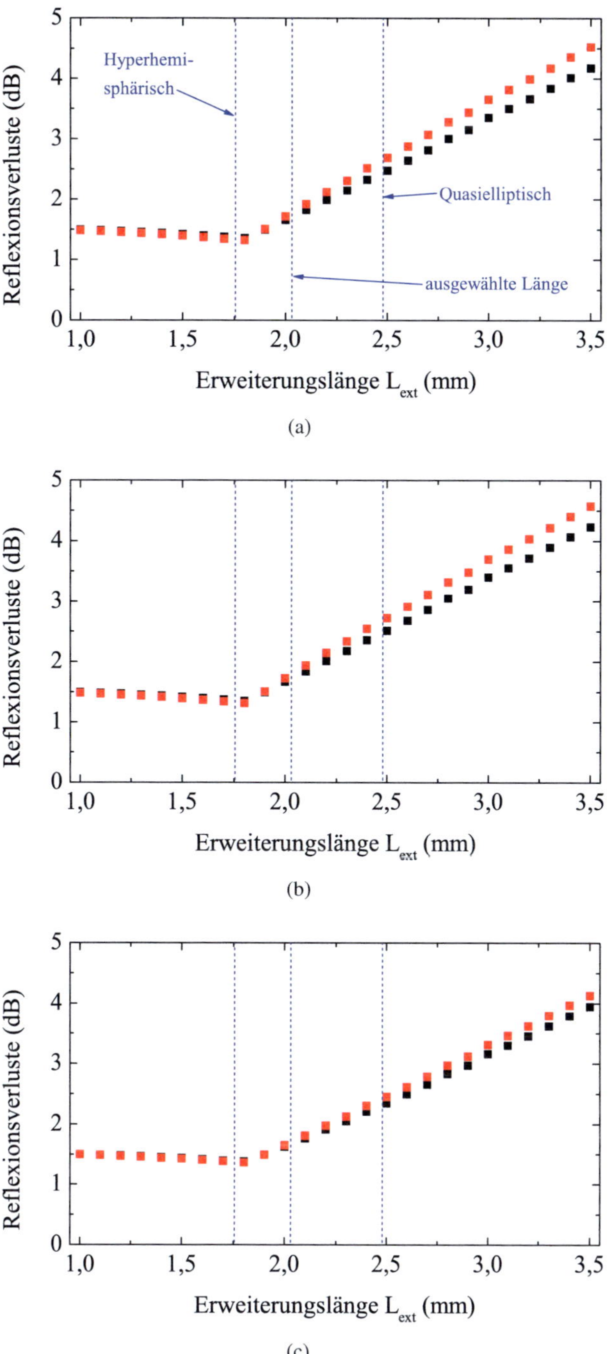

Abbildung 5.21.: Berechneter Verlauf der Reflexionsverluste abhängig von der Erweiterungslänge für zwei Gaußantennen mit einer Strahlbreite von 55° (schwarz) bzw. 63° (rot) für eine Frequenz von (a) 150 GHz, (b) 650 GHz und (c) 2 THz.

großen Erweiterungslängen. Hier liegen die Verluste der Breitbandantennen aufgrund des größeren Strahlwinkels um bis zu 1 dB höher.

Zusätzlich zu den Reflexionsverlusten sind in den einzelnen Graphen in Abbildung 5.21 die Erweiterungslängen für den hyperhemisphärischen Fall, den quasielliptischen Fall sowie für die aktuell ausgewählte Linsengeometrie anhand der senkrechten Linien markiert. Wie beobachtet werden kann, entspricht der hyperhemisphärische Fall ziemlich genau dem Fall, an dem die Knickstelle auftritt. Für den quasielliptischen Fall ergibt sich gemäß [83] zwar die höchste Richtschärfe der Linsenantenne, diese muss allerdings durch höhere Reflexionsverluste erkauft werden. Für die aktuell ausgewählte Erweiterungslänge von $L_{\text{ext}} = 2,03$ mm kann festgehalten werden, dass die reflexionsbedingten Verluste um lediglich 0,2 dB höher als bei senkrechten Strahlungseinfall liegen und somit als nicht kritisch einzustufen sind.

5.3.2. Simulation der Richtcharakteristika

Da sowohl die Geometrien der Planarantennen sowie deren simulierte Nahbereichsfelder bekannt sind als auch die Form der dielektrischen Linse festgelegt wurde, können im nächsten Schritt die Richtcharakteristika der integrierten Linsenantennen berechnet werden. Ähnlich wie in Abschnitt 5.3.1 wurde zu diesem Zweck zunächst die Feldverteilung der einzelnen Planarantennen in Inneren der Linse direkt am Übergang zur Luft berechnet. Nach Zerlegung der Feldvektoren in ihre senkrecht und parallel polarisierten Anteile erfolgt die Bestimmung der Feldverteilung außerhalb der Linse durch Multiplikation mit den jeweiligen Transmissionskoeffizienten. Nach anschließender Berechnung der äquivalenten elektrischen und magnetischen Stromdichteverteilung auf der Linsenoberfläche anhand der Gleichungen (4.51) und (4.52) erfolgt im letzten Schritt die Bestimmung der komplexwertigen, vektoriellen Richtcharakteristika im Fernfeld der Linse anhand der Gleichungen (4.53)-(4.56). Die berechneten Verläufe des Betrags und der Phase der Richtcharakteristika aller drei Antennen sind in den Abbildungen 5.22-5.24 dargestellt. Die Charakteristika der Strukturen $\text{Ant}_{\text{LP,A}}$ und $\text{Ant}_{\text{LS,A1}}$ wurden für den unteren und oberen Grenzwert der Entwurfsbandbreite, also 200 GHz und 2,0 THz, sowie für 650 GHz berechnet, da die messtechnische Charakterisierung der Komponenten am IMS bei dieser Frequenz erfolgt. Da bei der Struktur $\text{Ant}_{\text{LS,A2}}$ dagegen besonders der Bereich unterhalb von 100 GHz von Interesse ist, wurde deren untere Grenzfrequenz bei 70 GHz sowie ebenso das Verhalten bei 650 GHz untersucht.

Bei jeder Frequenz sind die Schnittebenen bei den Azimutwinkeln $\varphi = 0°$ und $\varphi = 90°$ dargestellt. Dabei konnte für alle Kurven eine Symmetrie bezüglich des Elevationswinkels bei $\theta = 0°$ beobachtet werden. Vergleicht man die beiden Schnittebenen bei einer bestimmten Frequenz miteinander, so ist bei jeder Antenne eine gute Übereinstimmung hinsichtlich der -10 dB-Strahlbreite zu beobachten. Dies deutet auf eine hohe Rotationssymmetrie der Linsencharakteristika hin. Aus den Amplitudenverläufen folgt für die Strukturen $\text{Ant}_{\text{LP,A}}$

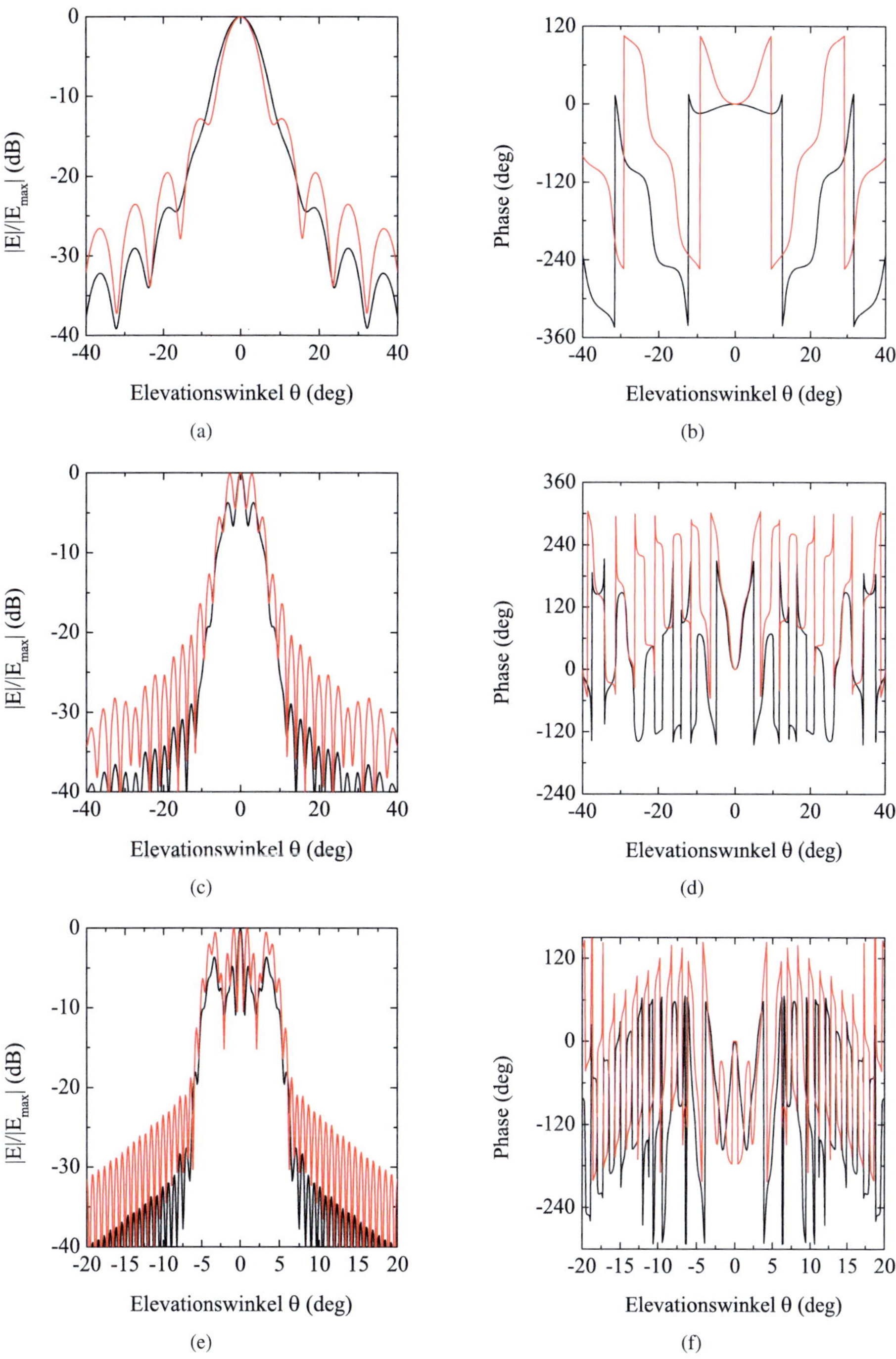

Abbildung 5.22.: Simulation des Betrags (linke Spalte) und der Phase (rechte Spalte) der Linsencharakteristik für die Struktur $\text{Ant}_{\text{LP,A}}$ bei den Azimutwinkeln $\varphi = 0°$ (schwarz) und $\varphi = 90°$ (rot) für $f = 200\,\text{GHz}$ (a+b), $f = 650\,\text{GHz}$ (c+d) und $f = 2,0\,\text{THz}$ (e+f).

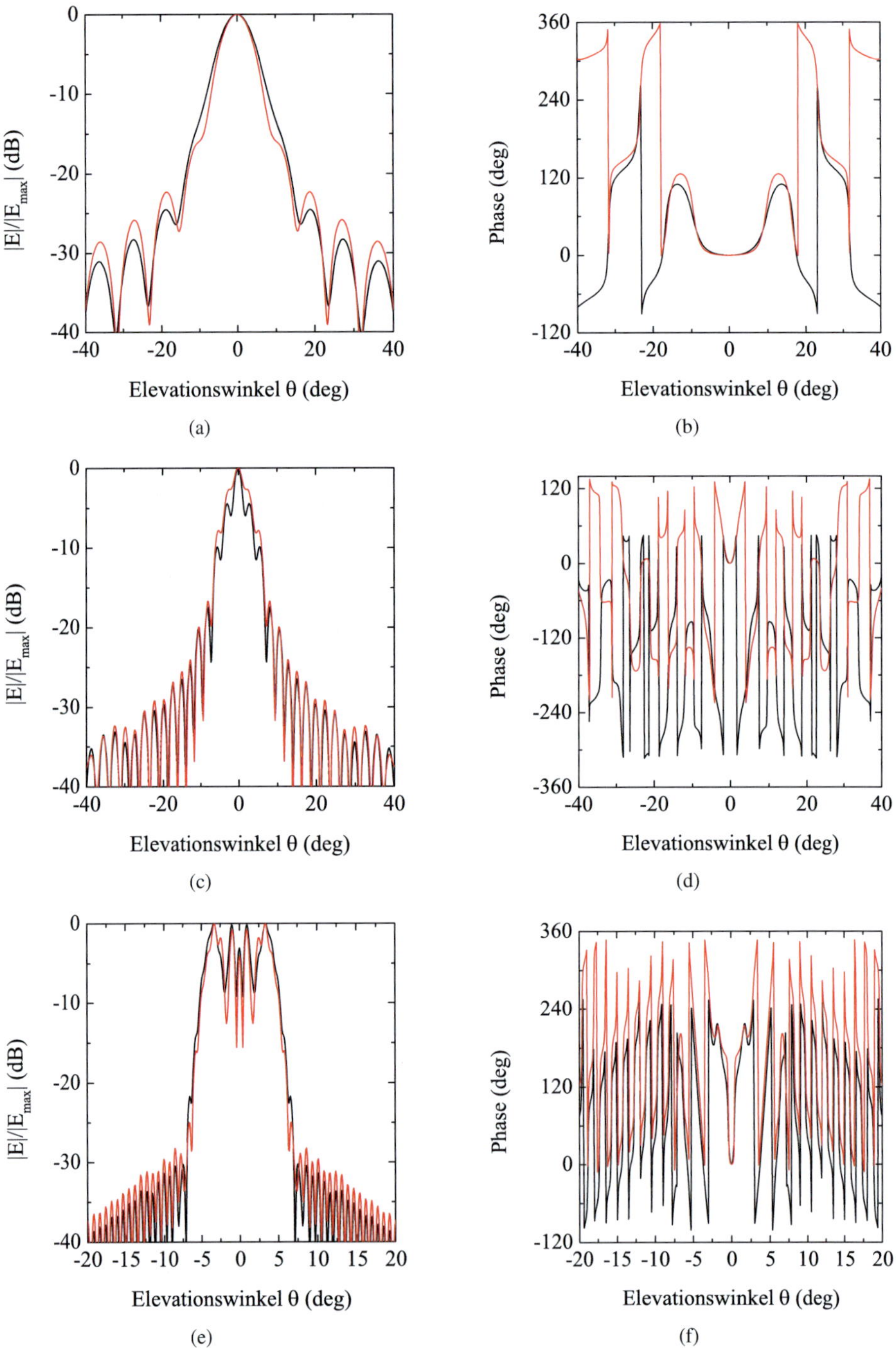

Abbildung 5.23.: Simulation des Betrags (linke Spalte) und der Phase (rechte Spalte) der Linsencharakteristik für die Struktur $\mathrm{Ant_{LS,A1}}$ bei den Azimutwinkeln $\varphi = 0°$ (schwarz) und $\varphi = 90°$ (rot) für $f = 200\,\mathrm{GHz}$ (a+b), $f = 650\,\mathrm{GHz}$ (c+d) und $f = 2{,}0\,\mathrm{THz}$ (e+f).

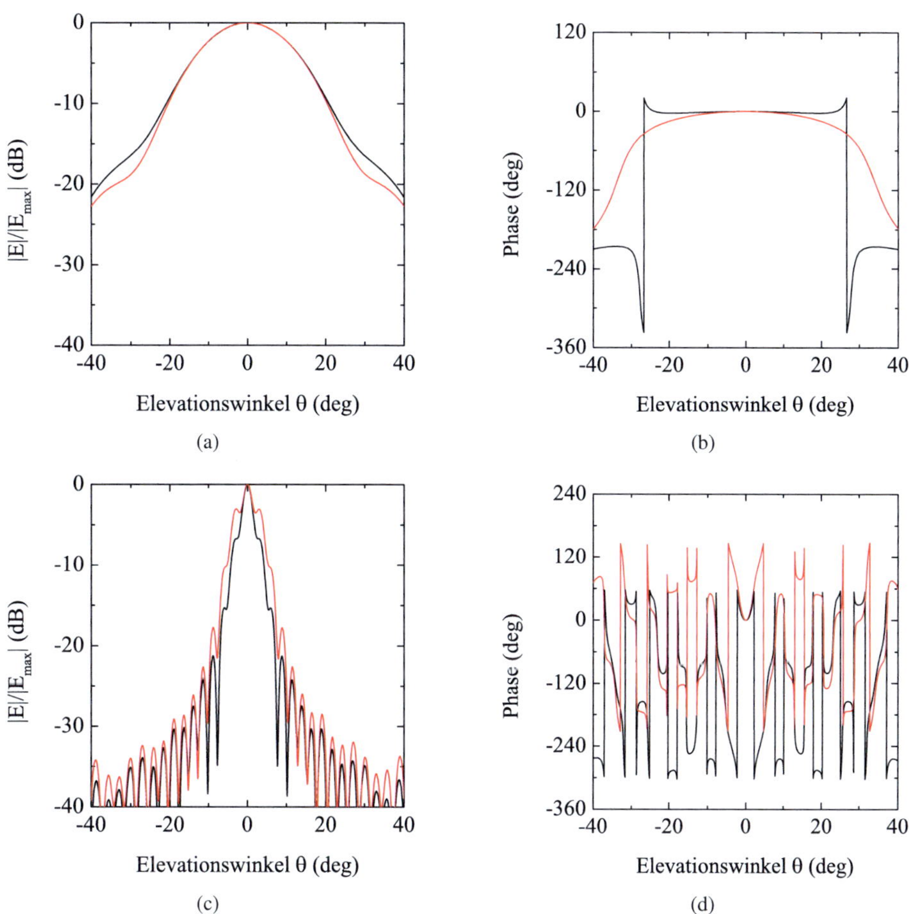

Abbildung 5.24.: Simulation des Betrags (linke Spalte) und der Phase (rechte Spalte) der Linsencharakteristik für die Struktur $\mathrm{Ant_{LS,A2}}$ bei den Azimutwinkeln $\varphi = 0°$ (schwarz) und $\varphi = 90°$ (rot) für $f = 70$ GHz (a+b) und $f = 650$ GHz (c+d).

und $\text{Ant}_{\text{LS,A1}}$, dass die Strahlbreiten abhängig von der Frequenz lediglich in einem geringen Bereich von $\theta_{-10\text{dB}} = 5,0°$ bis $\theta_{-10\text{dB}} = 7,5°$ variieren. Dies impliziert grundsätzlich eine hohe Frequenzkonstanz der Linsenantennen und zeigt zudem eine signifikante Erhöhung der Richtwirkung im Vergleich zu den Planarantennen ohne Linse. Lediglich bei der Struktur $\text{Ant}_{\text{LS,A2}}$ tritt bei der niedrigen Frequenz von 70 GHz eine breitere Charakteristik ($\theta_{-10\text{dB}} = 21°$) in Erscheinung als Folge des geringeren Verhältnisses zwischen Linsenradius und Wellenlänge.

Weiterhin ist für Elevationswinkel $\theta > \theta_{-10\text{dB}}$ bei allen Charakteristika ein rapider Abfall der Amplitude zu verzeichnen. Nebenkeulen, die das unerwünschte Einkoppeln von Störsignalen in den äußeren Winkelbereichen begünstigen könnten, werden also stark unterdrückt. Negativ dagegen fällt auf, dass mit steigender Frequenz der zentrale Bereich von deutlichen Oszillationen überlagert ist. Während die Strukturen $\text{Ant}_{\text{LP,A}}$ und $\text{Ant}_{\text{LS,A1}}$ bei 200 GHz bzw. die Struktur $\text{Ant}_{\text{LS,A2}}$ bei 70 GHz noch nahezu ideal gaußförmige Hauptkeulen besitzen und die ersten Rippel deutlich unterhalb des -10 dB-Pegels liegen, sind bereits bei 650 GHz für alle Strukturen Beeinträchtigungen direkt im Bereich um die Hauptstrahlachse zu erkennen. Bei sehr hohen Frequenzen sind sogar deutliche Einbrüche in diesem Bereich zu sehen. In den zugehörigen Phasenverläufen äußert sich dies in Form sprunghafter Übergänge. Da gerade bei der Einkopplung fokussierter Strahlung das räumlich ausgedehnte Signal gleichzeitig aus unterschiedlichen Einfallsrichtungen auf die Linsenantenne trifft, kann dies zu einer verminderten Koppeleffizienz führen.

5.3.3. Untersuchung der Polarisationseigenschaften

Zum Abschluss dieses Abschnitts werden die Polarisationseigenschaften der integrierten Linsenantennen untersucht. Zwar ist das Polarisationsverhalten einer Antenne richtungsabhängig, aus Gründen der Handhabbarkeit soll im Folgenden jedoch ausschließlich die Polarisation entlang der Hauptstrahlrichtung, also bei einem Elevationswinkel von $\theta = 0°$ untersucht werden. Dazu wurden die anhand der Richtcharakteristika bekannten komplexwertigen elektrischen Feldstärkevektoren in die Anteile entlang der Koordinatenachsen zerlegt und daraus die Polarisationsellipse gemäß der Gleichungen (3.65) und (3.66) berechnet. Die auf diesem Weg bestimmten Frequenzverläufe des Achsenverhältnisses sowie des Verkippungswinkels der Hauptachse sind für alle drei Strukturen in Abbildung 5.25 veranschaulicht. Für die log-periodische Antenne ist eine sehr starke Frequenzabhängigkeit erkennbar. Das Achsenverhältnis nimmt dabei Werte zwischen 1 und 40 an. Dies bedeutet, dass die Antenne innerhalb das Nutzbandbreite den kompletten Bereich zwischen linearer und zirkularer Polarisation durchläuft. Dieses Verhalten kann sich bei der Detektion breitbandiger Strahlung negativ auswirken, da verschiedene Frequenzanteile unterschiedlich stark an die Antenne koppeln und dadurch eine inhomogene Signalübertragung eintreten kann. Auch die

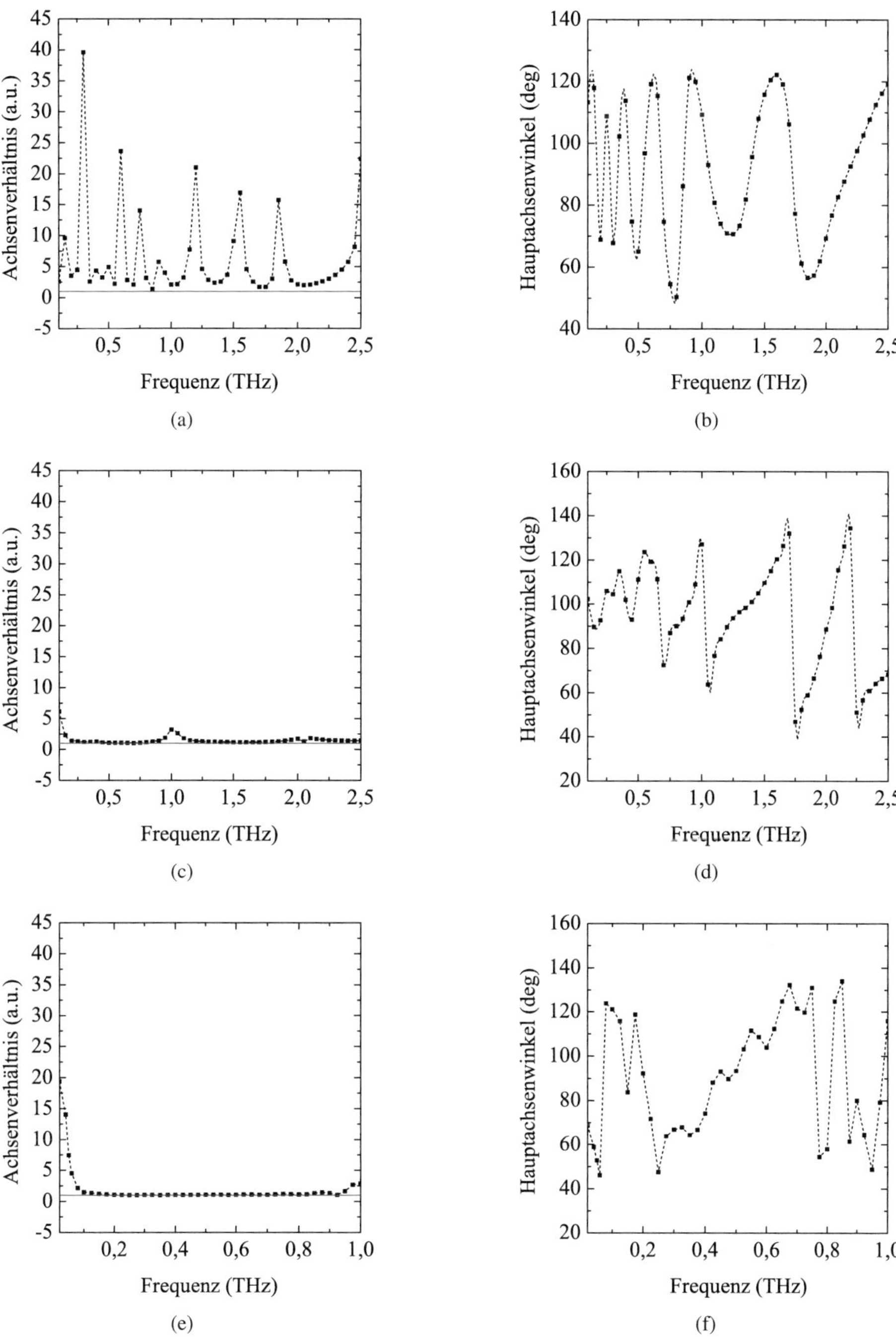

Abbildung 5.25.: Frequenzabhängige Simulation des Achsenverhältnisses (links) und des Hauptachsenwinkels (rechts) für die Strukturen $Ant_{LP,A}$ (a+b) und $Ant_{LS,A1}$ (c+d) sowie für die niederfrequente Struktur $Ant_{LS,A2}$ (e+f). Die roten Linien kennzeichnen den Wert idealer zirkularer Polarisation.

Position des Hauptachsenwinkels weist eine starke Variation mit der Frequenz auf. Durch den logarithmischen Aufbau der Antenne ist eine Verbreiterung der Verlaufs zu höheren Frequenzen hin erkennbar. Die Werte variieren in einem großen Winkelbereich von über $60°$ und pendeln dabei um einen Mittelwert von $90°$. Dies bedeutet, dass die Hauptachse der Polarisationsellipse im Mittel senkrecht zur Bowtie-Struktur ausgerichtet ist.

Im Gegensatz dazu besitzen die beiden spiralförmigen Antennen eine nahezu ideale zirkulare Polarisation. Für Frequenzen unterhalb der jeweiligen unteren Grenzfrequenz nehmen beide Antennen eine elliptische Polarisation an. Auffällig bei Struktur $\mathrm{Ant_{LS,A1}}$ ist eine leichte Abweichung vom nahezu konstanten Verlauf des Achsenverhältnisses bei den Frequenzen $f = 1\,\mathrm{THz}$ und $f = 2\,\mathrm{THz}$ (s. Abbildung 5.25c). Da diese Frequenzpunkte exakt um den Faktor 2 verschieden sind, liegt diesem Verhalten vermutlich eine unerwünschte Resonanz zugrunde. Da allerdings das Achsenverhältnis selbst in diesen Punkten weniger als 4 beträgt, wurde auf eine nähere Analyse dieses Effekts verzichtet. Bei der Struktur $\mathrm{Ant_{LS,A2}}$ ist innerhalb der Nutzbandbreite ein absolut glatter Verlauf zu beobachten, lediglich nahe der oberen und unteren Grenzfrequenz stellt sich eine elliptische Polarisation ein.

Da sich die Position der aktiven Bereiche, an welchen die Abstrahlung einer Welle von der Metallisierung der Spiralantenne erfolgt, kontinuierlich mit steigender Frequenz in Richtung des Zentrums der Antenne verschiebt, findet ebenso eine Drehung des Hauptachsenwinkels statt. Die mehrfach auftretenden Phasensprünge sind als Artefakt bei der Berechnung der Arkustangens-Funktion in Gleichung (3.67) zu betrachten.

An dieser Stelle soll nicht unerwähnt bleiben, dass beim Empfang linear polarisierter Strahlung mit einer Spiralantenne zwar ein Koppelverlust von 3 dB zu verzeichnen ist, dafür erfolgt aber eine homogene Signalübertragung breitbandiger Signale.

5.4. Entwurf einer breitbandigen Mikrowelleneinbettung des Detektors

Bisher wurde gezeigt, dass es durch die Kombination aus dielektrischer Linse und metallischer Planarantenne möglich ist, ein räumlich ausgedehntes Freiraumsignal zu fokussieren, in eine geführte Welle zu transformieren und somit effizient einem Detektorelement zugänglich zu machen, welches kleinere Abmessungen als die Signalwellenlänge besitzt. Im vorliegenden Fall eines Bolometers bewirkt die auf diese Weise dem Detektor zugeführte Strahlungsenergie eine Erhöhung dessen Temperatur und somit eine Änderung des elektrischen Widerstands. Zur messtechnischen Aufnahme dieses Vorgangs ist es einerseits notwendig, einen elektrischen Strom durch das Detektorelement zu treiben und andererseits das dadurch entstandene Spannungssignal über dem Detektor abzugreifen und der Messelektronik zuzuführen. Da das Detektorsignal den Verlauf eines ultrakurzen Impulses besitzt, muss

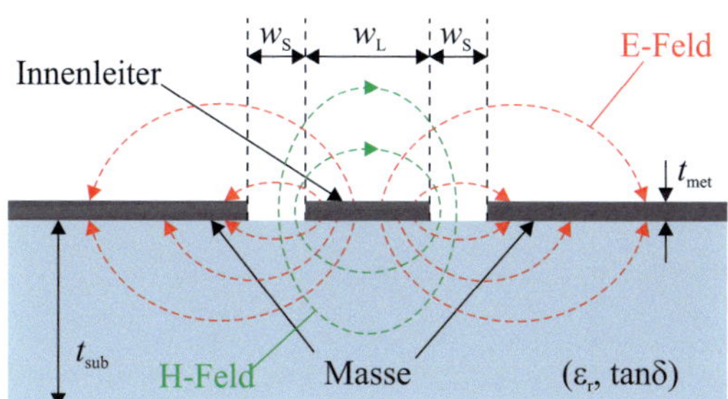

Abbildung 5.26.: Querschnitt einer koplanaren Hochfrequenzleitung auf einem Mikrowellensubstrat [102].

der antennengekoppelte Detektor in eine Hochfrequenzleitung integriert werden, um eine verzerrungsfreie und verlustarme Übertragung an das Auslesesystem zu gewährleisten.

Die untere Grenzfrequenz der zu entwickelnden HF-Leitung ergibt sich zu 0 Hz aufgrund der Notwendigkeit, den Gleichstrom zur Arbeitspunkteinstellung des Detektors über diese Leitung einzuspeisen. Umgekehrt ergibt sich die obere Grenzfrequenz durch die im Messsystem eingesetzten Komponenten. Bei den am IMS vorhandenen Kühlsystemen werden koaxiale V-Strecken-Leitungen verwendet, welche eine charakteristische Impedanz von 50 Ω und eine obere Grenzfrequenz von 65 GHz besitzen.

Beim Entwurf einer breitbandigen Mikrowellenumgebung kann auf eine Vielzahl verschiedener Leitungstopologien zurückgegriffen werden, deren Eigenschaften bereits ausführlich wissenschaftlich untersucht wurden. Dazu gehören beispielsweise die Mikrostreifenleitung, die Flossenleitung, die Koplanarleitung oder die dielektrische Bildleitung. Für eine ausführlichere Auflistung der verschiedenen Leitungstypen sowie eine detaillierte Beschreibung ihrer Funktionsweise sei auf [100] verwiesen.

Durch die Wahl des quasioptischen Linsenkonzepts steht die Unterseite eines Detektorchips immer in direktem Kontakt zur ebenen Linsenrückseite. Aufgrund dessen wurde die Auswahl einer Leitungstopologie mit mehr als einer Metallisierungsebene von vornherein ausgeschlossen. Vielversprechende Kandidaten sind dagegen die Koplanarleitung und die Zweibandleitung. Beide Leitungstypen können aus einer einzelnen Metallisierungslage hergestellt werden und konnten am IMS bereits erfolgreich zur Auskopplung hochfrequenter Sensorsignale eingesetzt werden [101]. Für die hier untersuchte Anwendung fiel die Entscheidung letztendlich zugunsten der Koplanarleitung aus, da diese wie die Koaxialleitung eine asymmetrische Mode führt und daher einen störungsarmen Übergang zu dem verwendeten V-Stecker ermöglicht. Der schematische Aufbau einer Koplanarleitung ist in Abbildung 5.26 zu sehen. Die Struktur besteht aus einem Innenleiter der Breite w_L und ist durch zwei Spalte der Breite s_L von den beiden Masseflächen getrennt. Ein besonderer Vorteil der Koplanarleitung besteht darin, dass eine flexible Einstellung der Wellenimpedanz durch die Wahl der geometrischen Parameter erfolgen kann. Dies bedeutet, dass verschiedene Leitungsgeometrien mit gleicher Impedanz entworfen werden können, was etwa bei der Mikrostreifenleitung nicht möglich ist. Bei korrekter Dimensionierung bildet sich eine TEM-Welle in der Leitung aus, wodurch eine geringe Dispersion sowie eine hohe Bandbreite erreicht werden können.

Bei der Entwicklung der linsengekoppelten Empfängermodule wurde der Verlauf der koplanaren Leitungsführung aus montagetechnischen Gründen auf zwei Komponenten verteilt. Die erste Komponente besteht aus einer Adapterplatine, die direkt im Modulgehäuse integriert ist, an welchem auch der koaxiale V-Stecker montiert werden soll. Die zweite Komponente stellt der Detektorchip selbst dar. Dieser wird in einer Aussparung im Zentrum der Adapterplatine positioniert und enthält das Leitungsstück, das zur Antenne bzw. zum Detektor führt. Beim Entwurf der Adapterplatine muss beachtet werden, dass sowohl die Leitungsimpedanz als auch die geometrischen Abmessungen von Innenleiter und Spaltbereich möglichst gut an den V-Stecker angepasst sind. Genauso sollte die Leitung am Randbereich des Detektorchips dimensioniert sein, damit einen homogener Übergang vom Chip zur Adapterplatine gewährleistet ist. Letztendlich muss die Leitung vom Rand des Chips derart ins Zentrum zur Antenne geführt werden, dass möglichst über die komplette Leitungslänge hinweg eine konstante Impedanz vorliegt.

Im vorliegenden Fall wurde der Innenleiter der Koplanarleitung auf der Adapterplatine mit einer Breite von $w_{\mathrm{L}} = 450\ \mu$m etwas breiter als der Kontaktpin des koaxialen V-Steckers gewählt, um Ungenauigkeiten bei der Montage ausgleichen zu können. Wie bei den in Kapitel 4 vorgestellten Mikrowellenmodellen zur Antennenuntersuchung wurde zur Herstellung der Adapterplatinen das Material Rogers® TMM 10i ausgewählt. Zusätzlich zu den niedrigen Mikrowellenverlusten ($\tan\delta = 0,0022$) stellt vor allem die hohe Permittivität von $\varepsilon_{\mathrm{r}} = 9,8$ eine interessante Eigenschaft dar. Da dieser Wert nahe an dem Wert der Permittivität von Saphir liegt, lassen sich Leitungsstrukturen mit ähnlichen geometrischen Parametern entwerfen, wodurch die verlustarme Übertragung einer elektromagnetischen Welle vom Detektorchip zur Adapterplatine begünstigt wird. Im Unterschied zu den genannten Mikrowellenmodellen wird allerdings eine dünnere Variante ($t_{\mathrm{sub}} = 635\ \mu$m) eingesetzt, damit der Höhenunterschied zwischen der Adapterplatine und dem Detektorchip ($t_{\mathrm{sub}} = 330\ \mu$m) nicht zu sehr ins Gewicht fällt und die Kontaktierung mittels Indiumbonddrähten nicht unnötig erschwert wird. Die Dicke der Kupferkaschierung beträgt wie zuvor $t_{\mathrm{met}} = 35\ \mu$m.

Aufgrund der gegebenen Randbedingungen hinsichtlich der Materialeigenschaften sowie für die Breite des Innenleiters kann letztendlich die gewünschte Leitungsimpedanz von 50 Ω über die Spaltbreite eingestellt werden. Die notwendigen Berechnungen hierzu wurden mit dem Programm LineCalc durchgeführt. LineCalc ist Teil des Softwarepakets Advanced De-

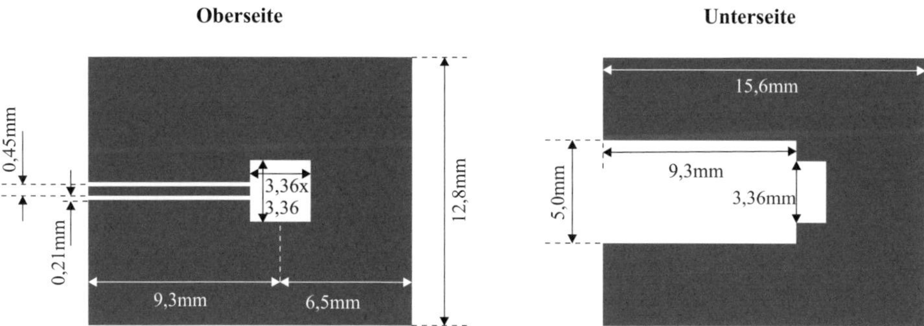

Abbildung 5.27.: Layout der Adapterplatine für die ANKA-Strukturen mit einer geraden Leitungsführung.

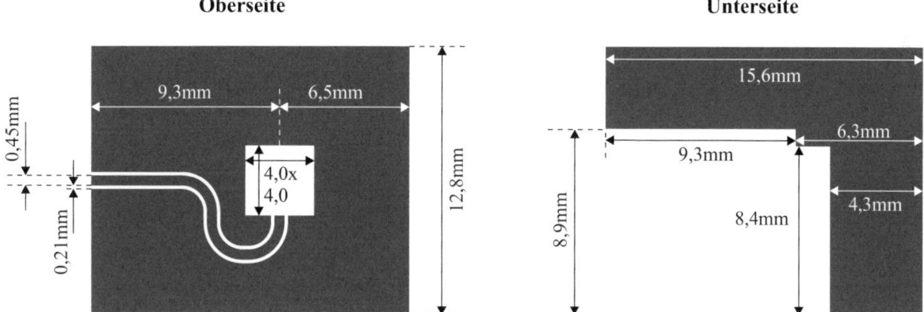

Abbildung 5.28.: Layout der Adapterplatine für ANKA mit einer geschwungenen Leitungsführung. Dadurch wird der gedrehte Einbau des Detektorchips zur Durchführung von Polarisationsmessungen ermöglicht.

sign System von Agilent Technologies und bietet die Möglichkeit, anhand analytischer Modelle die Impedanz für eine Vielzahl verschiedener Leitungstypen abhängig von den geometrischen und materiellen Eigenschaften zu berechnen. Durch den analytischen Ansatz bietet dieses Werkzeug eine deutlich höhere Recheneffizienz als dies bei einer numerischen Berechnung, etwa in CST Microwave Studio®, der Fall wäre.

Für eine gewählte Spaltbreite von 0,21 mm gibt das Programm eine errechnete Leitungsimpedanz von $Z_\mathrm{L} = 49,7\,\Omega$ an. Basierend auf diesen Ergebnissen wurden die Platinenlayouts gestaltet. Neben einer geraden Leitungsführung wurde zusätzlich eine zweite Platine entworfen, die den Einbau eines um 90° gedrehten Detektorchips erlaubt und dadurch die Möglichkeit zur Durchführung polarisationsabhängiger Strahlungsmessungen erlaubt. Die beiden Varianten sind in Abbildung 5.27 und Abbildung 5.28 dargestellt. Um eine ungewollte Kopplung des Innenleiters mit der unterseitigen Metallisierungsebene zu verhindern, wurde diese an den entsprechenden Stellen entfernt. Ebenso wurde deswegen an den glei-

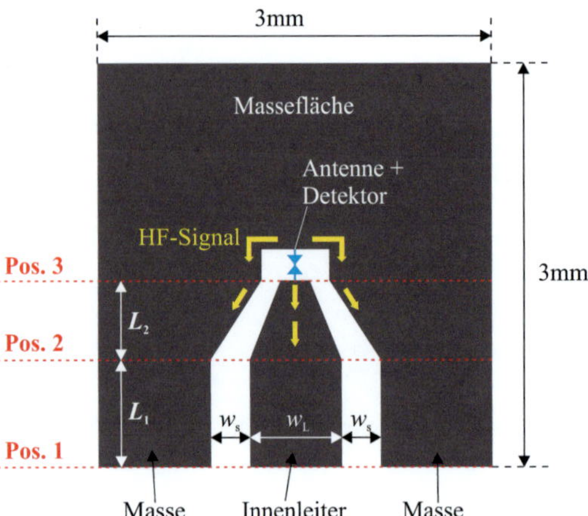

Abbildung 5.29.: Layout der koplanaren Mikrowellenleitung des Detektorchips für die Struktur $\mathtt{Ant_{LS,A1}}$.

chen Stellen das Material des Metallgehäuses entfernt. Die Aussparungen im Mittelbereich der Adapterplatinen wurden derart positioniert, dass sich der darin befindliche Detektorchip exakt über dem Zentrum der Siliziumlinse befindet.

Die Leitungsentwürfe für die Detektorchips wurden ebenfalls mit LineCalc entworfen. Zwar besitzt der Detektorchip selbst nur eine endliche Dicke von 330 μm, aufgrund der Positionierung auf der dielektrischen Linse wurden die Leitungsimpedanzen allerdings für ein unendlich dickes Substrat berechnet. Wegen er ähnlichen Permittivität von Saphir und Silizium wurde ein Einfluss am Medienübergang dabei nicht berücksichtigt. Um eine detaillierte Vorstellung vom Aufbau eines Chips zu bekommen, sei zur qualitativen Erklärung beispielhaft das Chiplayout für die Struktur $\mathtt{Ant_{LS,A1}}$ in Abbildung 5.29 betrachtet (eine Darstellung aller Detektorchips findet sich in Anhang B). Am Randbereich (Position 1) wurde der Innenleiter der Koplanarleitung bewusst relativ breit gehalten, um eine hinreichend große Fläche für die Indiumbondkontakte bereitzustellen, mit denen der elektrische Kontakt zur Adapterplatine hergestellt wird. Nach einer Strecke der Länge $L = L_1$ (Position 2) beginnt der Innenleiterquerschnitt sich zu verjüngen. Die Verjüngung erfüllt dabei zwei Aufgaben: Erstens soll durch die geometrische Anpassung der Leiterbreite an die Planarantenne das Auftreten einer Stoßstelle vermieden werden und zweitens lässt sich dadurch die Länge des Massepfads kurz halten. Auf diese Weise lässt sich im Bereich um die Antenne (Position 3) ein laufzeitbedingter Phasenversatz zwischen Innen- und Außenleiter unterdrücken, welcher das Übertragungsverhalten der Leitung negativ beeinflusst.

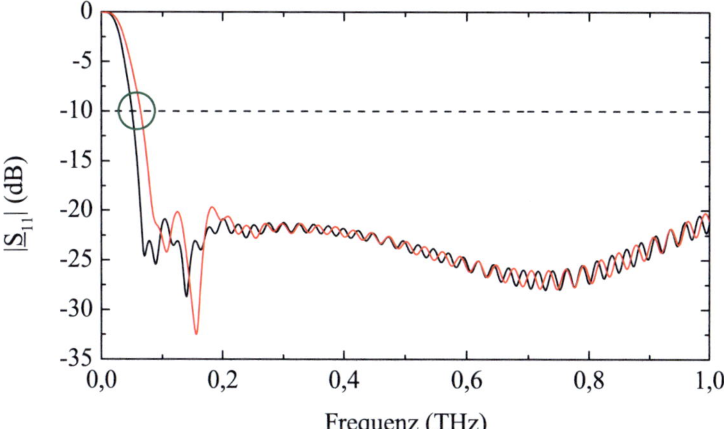

Abbildung 5.30.: Vergleich der simulierten Eingangsreflexion der Struktur $Ant_{LS,A2}$ ohne (schwarz) und mit dem Einfluss der Koplanarleitung (rot). Der Kreis deutet die Verschiebung der unteren Grenzfrequenz der Antenne an.

Im Hinblick auf die Einstellung der geeigneten Spaltbreiten sollte natürlich darauf abgezielt werden, dass der Leiterquerschnitt an jeder Position eine konstante Impedanz von $Z_L = 50\ \Omega$ besitzt. Dabei muss allerdings beachtet werden, dass das Verhalten der Planarantenne durch eine Querkopplung zum Massebereich vermieden wird. Zur Überprüfung erfolgte daher im Anschluss an die Definition der Leitungsstrukturen mit LineCalc eine Untersuchung der Wechselwirkung zwischen der Ausleseleitung und der Planarantenne in CST Microwave Studio®. Zur Demonstration dieses Verhaltens ist in Abbildung 5.30 der Vergleich des Reflexionsparameters der Antennenstruktur $Ant_{LS,A2}$ einmal mit und ohne die zugehörige Koplanarleitung veranschaulicht. Nahe der unteren Grenzfrequenz der Antenne befinden sich die aktiven Bereiche der Antenne an der äußeren Umrandung und damit in unmittelbarer Nähe zur HF-Leitung. Durch die Koppeleffekte tritt eine Verschiebung der unteren Grenzfrequenz ein, im Beispiel von 51 GHz nach 65 GHz. Für höhere Frequenzen dagegen zeigt sich kein Unterschied zwischen beiden Kurven, da einerseits der Abstand der aktiven Bereiche zur Masse zunimmt und zudem die äußeren Bereiche der Antenne als Abschirmung wirken.

Beim Entwurf der Strukturen wurde in erster Linie darauf geachtet, den Einfluss der Koppeleffekte auf die Antenneneigenschaften zu minimieren. Durch die Wahl entsprechend großer Spaltbreiten musste daher eine Erhöhung der Leitungsimpedanz nahe der Antenne in Kauf genommen werden. Eine Auflistung der Impedanzwerte an den verschiedenen Schnittpositionen ist ebenfalls in Anhang B für die einzelnen Chiplayouts zusammengefasst.

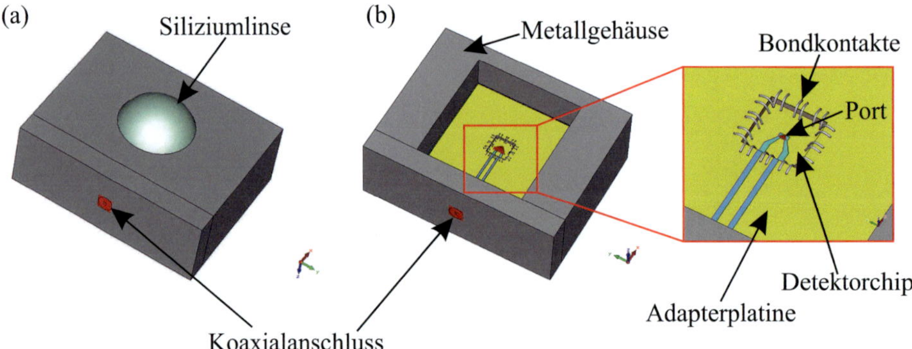

Abbildung 5.31.: Darstellung des in CST Microwave Studio® simulierten Modells eines integrierten Linsenblocks von (a) der Vorderseite und (b) der Rückseite.

Um eine Aussage über das Zusammenspiel der einzelnen Komponenten innerhalb des Detektormoduls treffen zu können, wurde ein komplettes dreidimensionales Modell in CST Microwave Studio® implementiert und numerisch simuliert. Das Simulationsmodell ist in Abbildung 5.31 dargestellt. Als Material für das Metallgehäuse wurde Kupfer verwendet. Kupfer verfügt über eine hohe elektrische und thermische Leitfähigkeit. Dadurch dient es sowohl als guter Massekontakt für die elektrischen Signale als auch zur thermischen Anbindung zwischen der Linse und dem Kaltfinger des Kühlsystems. Die äußeren Maße des Gehäuses sind so gewählt, dass sich die Linse genau auf der optischen Achse des im Kühler eingebauten THz-Fensters befindet. Wie man sehen kann, geht die Koplanarleitung der Adapterplatine an einem Ende in den im Gehäusedeckel eingebauten Koaxialleiter des V-Steckers über. Das andere Ende der Koplanarleitung steht über Bondkontakte mit dem Detektorchip in Verbindung. Mit Ausnahme der ideal leitenden Bonddrähte wurden alle Komponenten mit ihren verlustbehafteten Eigenschaften simuliert. Zur Reduzierung des Rechenaufwands wurde die THz-Antenne durch einen diskreten 50 Ω-Port ersetzt. Dies ist erlaubt, da die Antenne klein gegenüber der Wellenlänge des HF-Signals ist. Der Koaxialleiter am Gehäuserand ist mit einem sogenannten *Waveport* abgeschlossen. Die Impedanz des Waveports ergibt sich aus dem Aufbau des Koaxialleiters und besitzt ebenfalls einen Wert von 50 Ω. Für die Simulation diente der diskrete Port als Signalquelle mit einer Bandbreite von 0-50 GHz. Die Verläufe der Eingangsreflexion der HF-Auslese sowie des Transmissionsparameters zwischen den beiden Ports sind in Abbildung 5.32 veranschaulicht. Die Transmissionskurve zeigt einen relativ homogenen Verlauf, dessen 3 dB-Bandbreite bei ca. 30 GHz liegt. Die Eingangsreflexion liegt bis etwa 20 GHz unterhalb der -10 dB-Grenze. Zwar wird die maximale Bandbreite der V-Strecke nicht erreicht, aufgrund der hohen Komplexität des Komplettsystems sind die gezeigten Kurvenverläufe dennoch als sehr gut einzustufen. Die zugehörigen Zeitbereichssignale sind in Abbildung 5.33 zu sehen. Die Laufzeit der komplet-

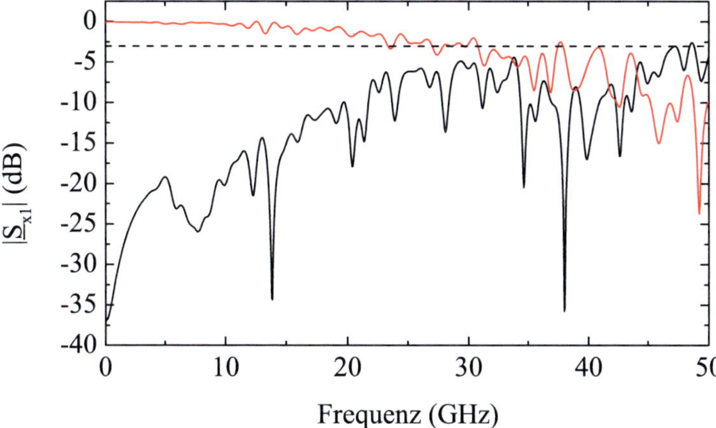

Abbildung 5.32.: Simulation des Reflexionsparameters $|\underline{S}_{11}|$ (schwarz) und des Transmissionsparameters $|\underline{S}_{21}|$ (rot) der HF-Auslese des Detektorblocks in Abhängigkeit von der Frequenz. Die gestrichelte Linie markiert die -3 dB-Grenze [91].

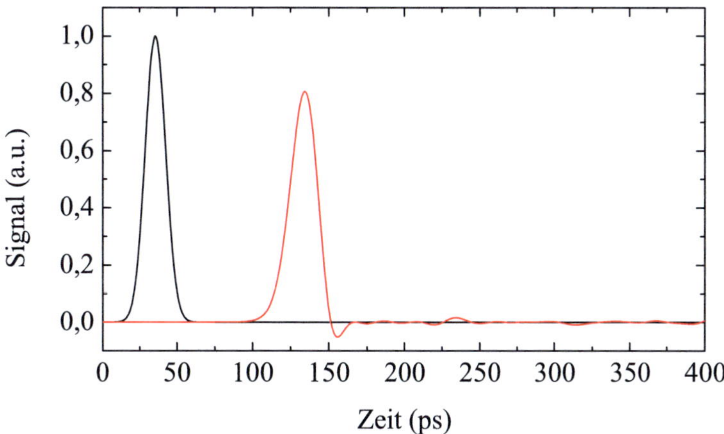

Abbildung 5.33.: Simulation des eingespeisten (schwarz) und des zum Ausgang des Detektormoduls übertragenen Signalimpulses (rot).

ten Übertragungsstrecke liegt bei knapp 100 ps. Bedingt durch die Hochfrequenzverluste sinkt die Signalamplitude auf 80 % des Eingangswerts ab. Durch die Lage der Grenzfrequenz findet eine geringfügige Erhöhung Impulsbreite von $\sigma_z = 7,1$ ps auf $\sigma_z = 8,3$ ps statt. Die Gaußform des Impulssignals bleibt sehr gut erhalten, zudem treten nahezu keine keine reflexionsbedingten Störungen in Erscheinung.

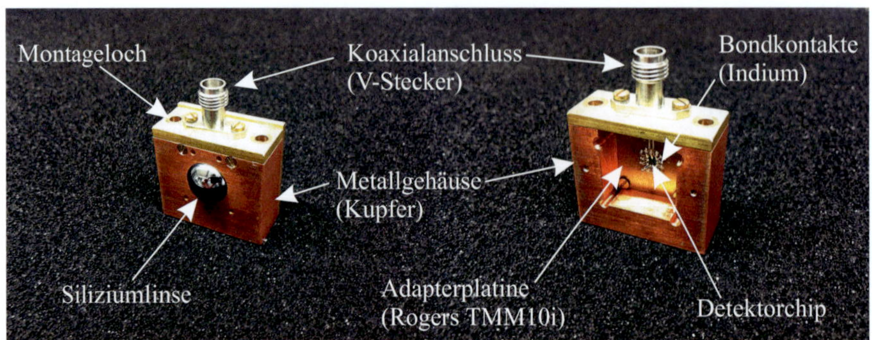

Abbildung 5.34.: Fotografie eines hergestellten Detektorblocks. Links: Frontansicht des Blocks mit der integrierten Siliziumlinse zur Strahlungseinkopplung. Rechts: Rückansicht des Blocks mit dem 3×3 mm^2 großen Detektorchip im Zentrum.

5.5. Charakterisierung der Detektormodule

Nach der Herstellung der Detektorchips gemäß den in Abschnitt 5.2 genannten Verfahren wurden die Detektormodule hinsichtlich ihrer elektrischen und quasioptischen Eigenschaften charakterisiert. Dazu wurden die 3×3 mm^2 großen Chips mit einem Cyanoacrylatkleber auf der Siliziumlinse befestigt, welche im Detektorblock montiert wurde. Der Detektorblock wurde aus Kupfer hergestellt, um einen guten thermischen Kontakt zum Wärmebad zu gewährleisten. Der Chip wurde über Bondkontakte aus Indium elektrisch an die Adapterplatine angebunden. Wie bereits anhand des Simulationsmodells beschrieben wurde, ist die Adapterplatine mit einem V-Stecker verbunden, welcher direkt im Gehäuse verbaut ist. Die Fotografie eines hergestellten Detektorblocks ist in Abbildung 5.34 zu sehen. Für die Messungen wurde der Detektorblock jeweils auf dem Kaltfinger eines kryogenfreien Kleinkühlers oder eines mit flüssigem Stickstoff gekühlten Badkryostaten montiert. Im Badkryostat beträgt die Temperatur am Kaltfinger konstant $T_0 = 77$ K, für den Kleinkühler ist eine variable reglergesteuerte Temperatureinstellung im Bereich $T_0 = 50 - 250$ K möglich. Während des Betriebs wurden beide Systeme zur thermischen Isolation auf einen Druck von $p < 1 \times 10^{-4}$ mbar herunter gepumpt. Im Inneren der Kühlsysteme war der montierte Detektorblock mit der jeweiligen Vakuumdurchführung über ein koaxiales Semirigid-Kabel verbunden. An der Außenseite der Vakuumdurchführung wurde eine T-förmige Trennschaltung für Gleichstromsignale (engl. Direct Current - DC) und Hochfrequenzsignale (engl. Radio Frequency - RF) angeschlossen, welche als *Bias-Tee* bezeichnet wird. Das verwendete Bias-Tee besitzt eine hohe Bandbreite von $f = 50$ kHz-65 GHz, wodurch eine verzerrungsfreie Auskopplung der ultrakurzen Signalimpulse ermöglicht wird. Der Gleichstromeingang des Bias-Tee wurde sowohl zur Einprägung des Konstantstroms zur Arbeitspunkteinstellung des Detektors

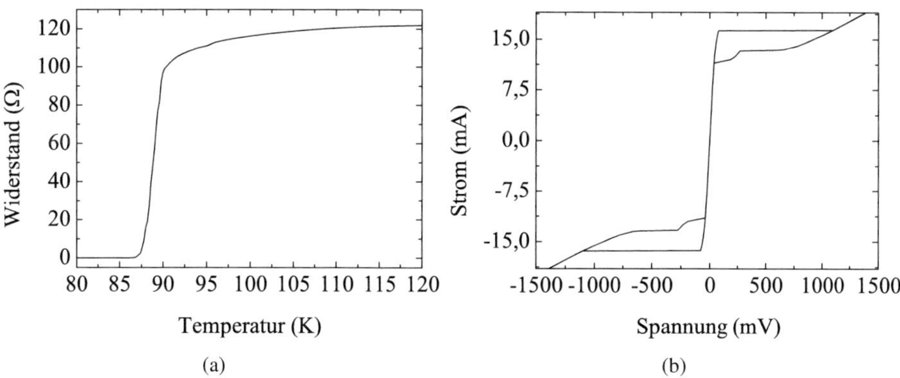

Abbildung 5.35.: Messung des Gleichstromverhaltens des Detektorelements $\text{Det}_{\text{LP,A}}$: (a) R-T-Kurve, (b) I-U-Kennlinie bei 77 K.

als auch zur Signalauslese im Fall einer CW-Bestrahlung in Form einer Zweipunktmessung verwendet. Für den gepulsten Betrieb erfolgte die Signalauslese über den HF-Ausgang.

5.5.1. Charakterisierung der Detektoreigenschaften

Zur Untersuchung der Gleichstromeigenschaften der Detektoren wurde der Kleinkühler aufgrund seiner variablen Temperatureinstellung verwendet. Dabei erfolgte zur Analyse der Temperaturabhängigkeit des elektrischen Widerstands die Messung des Widerstandswerts mit Hilfe eines Digitalmultimeters, während die Temperatur am Kaltfinger mittels eines integrierten PT-100-Sensors aufgezeichnet wurde. Zur Charakterisierung der Strom-Spannungs-Kennlinie wurde eine konstante Temperatur von $T_0 = 77$ K eingestellt. Dabei wurde für die Messung eine am IMS entwickelte rauscharme Stromquelle verwendet. Stellvertretend sind in Abbildung 5.35 sowohl die R-T-Kurve als auch die I-U-Kennlinie des Detektors mit der log-periodischen Antenne ($\text{Det}_{\text{LP,A}}$) dargestellt. Anhand dieser Messungen wurden die charakteristischen Kennwerte der Detektoren bestimmt. Eine Auflistung der entsprechenden elektrischen und geometrischen Parameter der Detektoren mit den drei verschiedenen Antennentypen findet sich in Tabelle 5.4.

Das Verhalten der Detektoren gegenüber einer Bestrahlung mit THz-Wellen wurde mit dem in Abbildung 5.36 dargestellten Systemaufbau untersucht. Als Strahlungsquelle wurde ein Frequenzvervielfacher der Firma Radiometer Physics GmbH verwendet. Die THz-Quelle emittiert ein CW-Signal der Strahlungsfrequenz $f = 650$ GHz, dessen Leistungspegel über einen eingangsseitig angeschlossenen Synthesizer variiert werden kann. Das THz-Signal wird über ein Rillenhorn in den Freiraum ausgekoppelt und besitzt ein annähernd gaußförmiges Strahlprofil mit einer Taille $w_0 = 0,7$ mm. Aufgrund des starken Divergenzverhaltens wird der Strahl mittels zweier Off-Axis-Parabolspiegel fokussiert. Die THz-

Tabelle 5.4.: Geometrische und elektrische Parameter der Detektoren für ANKA.

Detektorbezeichnung	$\text{Det}_{\text{LP,A}}$	$\text{Det}_{\text{LS,A1}}$	$\text{Det}_{\text{LS,A2}}$
Breite w_D (μm)	4,7	1,85	1,52
Länge L_D (μm)	2,0	0,67	0,37
Dicke t_{YBCO} (nm)	46	30	30
Kritische Temperatur T_c (K)	87,2	82,7	85,0
Kritischer Strom bei 77 K I_c (mA)	16,0	11,6	4,5
Normalleitungswiderstand R_n (Ω)	104	172	140

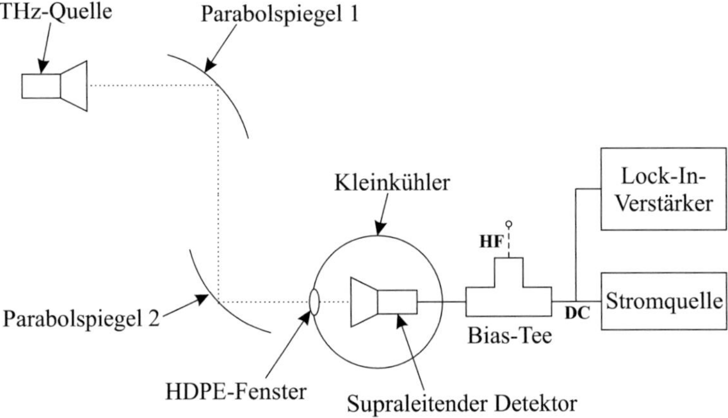

Abbildung 5.36.: Schematischer Aufbau des am IMS eingesetzten quasioptischen Messsystems bei 650 GHz.

Bestrahlung des im Kleinkühler befindlichen Detektors erfolgt durch ein HDPE-Fenster (engl. High Density Polyethylene), welches eine hohe Transparenz im THz-Bereich ($T = 80\ \%$ bei 650 GHz) aufweist. Die maximale Strahlungsleistung wurde mit Hilfe eines THz-Leistungsmessgeräts im Fokus des zweiten Parabolspiegels zu $P_{\text{rad,max}} = 110\ \mu\text{W}$ bestimmt.

Testmessungen haben gezeigt, dass sich aufgrund des hysteretischen Verhaltens der Strom-Spannungs-Kennlinie (s. Abbildung 5.35b) eine stabile Arbeitspunkteinstellung der Detektoren als schwierig erweist. Für die durchgeführten THz-Strahlungsmessungen zur Charakterisierung der Detektoren wurde daher jeweils eine Arbeitstemperatur nahe bei der kritischen Temperatur gewählt, um das Auftreten einer Hysterese zu unterdrücken. Zudem wurde bei den durchgeführten Messungen die Ausgangsleistung der THz-Strahlungsquelle auf einen Pegel von $P_{\text{rad}} = 30\ \mu\text{W}$ reduziert. Dadurch sollte verhindert werden, dass sich der Detektor aufgrund der absorbierten Strahlungsleistung zu stark erwärmt und aus dem eingestellten Arbeitspunkt verschiebt. Dieses Verhalten wird im folgenden Unterabschnitt anhand von Messkurven genauer erklärt.

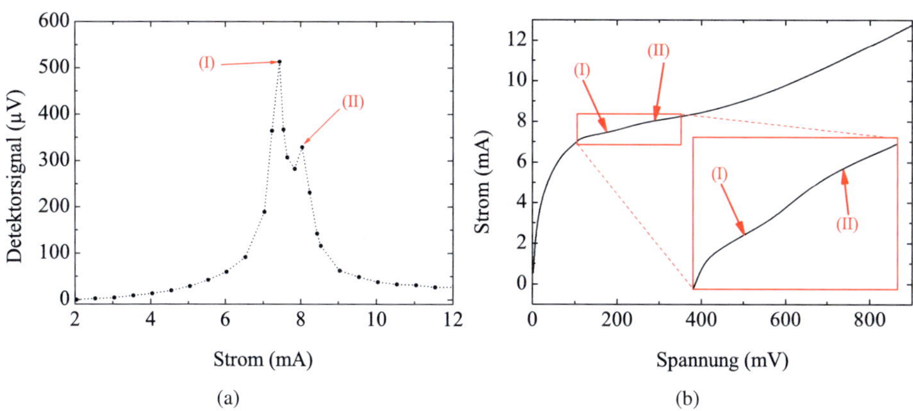

Abbildung 5.37.: (a) Gemessener Signalverlauf des Detektors $\text{Det}_{\text{LP,A}}$ abhängig vom eingespeisten Strom bei $T_0 = 79$ K. (b) Gemessene Strom-Spannungs-Kennlinie des Detektors bei der gleichen Arbeitstemperatur.

Zur Charakterisierung der Detektoren wurde das Detektorsignal mit einem Lock-In-Verstärker abhängig vom eingestellten Detektorstrom aufgezeichnet. Zu diesem Zweck wurde der THz-Strahl direkt am Ausgang der Hornantenne mit einem mechanischen Zerhacker (engl. Chopper) mit einer Frequenz von $f_{\text{mod}} = 20$ Hz moduliert. Da ein Lock-In-Verstärker die Effektivwerte eines Signals wiedergibt, wurde eine Rückrechnung der Spitze-Spitze-Werte der Detektorsignale gemäß [103] vorgenommen. In Abbildung 5.37 ist das entsprechende Messergebnis des Detektors $\text{Det}_{\text{LP,A}}$ zusammen mit der zugehörigen Strom-Spannungs-Kennlinie bei der Arbeitstemperatur $T_0 = 79$ K dargestellt. Wie man in Abbildung 5.37a sehen kann, ergeben sich lediglich geringe Signalpegel für Ströme unterhalb von $I_b = 6$ mA sowie oberhalb von $I_b = 9$ mA. Dazwischen liegen Punkte mit ausgeprägten Maxima. Hohe Detektorsignale treten in den Arbeitspunkten auf, in denen die Strom-Spannungs-Kennlinie einen hohen differentiellen Widerstand besitzt, da dieser gemäß Gleichung (2.10) einen direkten Einfluss auf die Detektorempfindlichkeit besitzt. Entsprechend stellen sich die Signalmaxima in den Wendepunkten der I-U-Kennlinie ein. In Abbildung 5.37 sind diese Punkte durch (I) und (II) gekennzeichnet.

Anhand der aufgezeichneten Detektorsignale sowie der zuvor bestimmten Strahlungsleistung lässt sich für einen Detektor somit die maximale optische Empfindlichkeit (im betrachteten Fall $S_{\text{opt,max}} = 17,1$ V/W) bestimmen. Dieser Wert hängt direkt von der Koppeleffizienz des gesamten optischen Systemaufbaus ab. Um die Koppeleffizienz ermitteln zu können, muss die elektrische Empfindlichkeit des Detektors ebenfalls bekannt sein. Die Bestimmung der elektrischen Empfindlichkeit wurde dabei zu Verifikationszwecken auf zwei unterschiedlichen Wegen bewerkstelligt: Bei der ersten Methode wurde die Berechnung gemäß

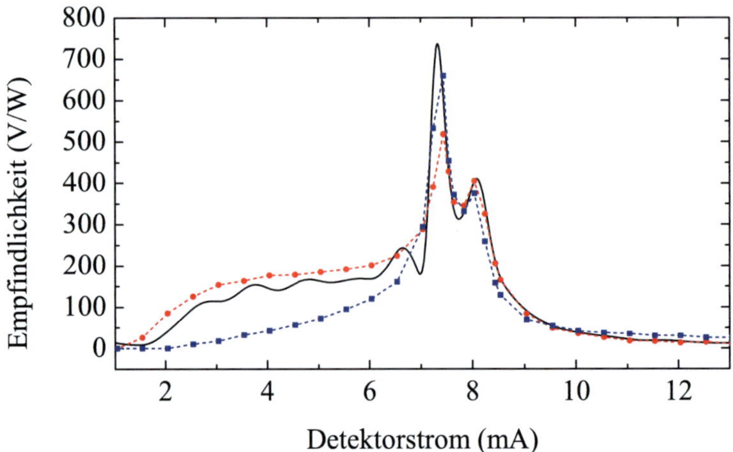

Abbildung 5.38.: Verlauf der elektrischen Empfindlichkeit des Detektors $\text{Det}_{\text{LP,A}}$ abhängig vom Detektorstrom nach Gleichung (2.10) (schwarz) sowie aus einer direkten Mikrowellenmessung bei 1 GHz (rot). Der blaue Verlauf zeigt die optische Empfindlichkeit bei 650 GHz nach Kompensation der Koppeleffizienz.

Gleichung (2.10) aus der messtechnisch ermittelten Strom-Spannungs-Kennlinie abgeleitet. Alternativ dazu erfolgte bei der zweiten Methode die Bestimmung der elektrischen Empfindlichkeit auf direktem Wege, indem ein Mikrowellensignal bei 1 GHz leitungsgebunden an den Detektor gekoppelt wurde und das Detektorsignal mit dem Lock-In-Verstärker ausgelesen wurde. Im Unterschied zur THz-Messung lassen sich im Mikrowellenbereich die auftretenden Verluste exakt bestimmen und somit herauskalibrieren. Zur experimentellen Durchführung wurde das 1 GHz-Signal mit einem Synthesizer erzeugt, mit einem Hochfrequenzschalter rechteckförmig moduliert und per SMA-Kabel in den Hochfrequenzeingang des Bias-Tee eingekoppelt. Die Modulationsfrequenz des HF-Schalters wurde wie beim Chopperrad auf 20 Hz eingestellt. Testmessungen im Bereich von $f_{\text{mod}} = 1$ Hz-100 kHz haben allerdings gezeigt, dass die Detektorempfindlichkeit aufgrund der ultraschnellen Antwortzeit in diesem Band invariant gegenüber der Modulationsfrequenz ist. Die Hochfrequenzverluste der Zuleitungen, des HF-Schalters sowie des Bias-Tee wurden messtechnisch mit einem Spektrumanalysator ermittelt. Bei einer am Synthesizer eingestellten Nennleistung von $P_{\text{rf}} = -25$ dBm ergab sich am Eingang des Detektorblocks eine Leistung von $P_{\text{rf}} = -28,2$ dBm ($\cong 1,5$ μW).

Die Ergebnisse beider Methoden sind in Abbildung 5.38 durch die schwarze Kurve (Methode 1) und die rote Kurve (Methode 2) veranschaulicht und zeigen eine sehr gute Übereinstimmung. Bei sehr geringen Strömen ($I_{\text{b}} < 1,5$ mA) wurde ein komplett unempfindliches Verhalten des Detektors beobachtet. Für höhere Stromwerte ($I_{\text{b}} = 1,5 - 6$ mA) weisen die

Kurven einen schulterförmigen Verlauf auf. Beim Übergang zum normalleitenden Bereich treten die höchsten Werte auf, wobei die maximale Empfindlichkeit von $S_{\mathrm{el,max1}} \approx 740$ V/W bei einem Strom von $I_\mathrm{b} = 7,3$ mA sowie ein weiteres lokales Maximum bei $I_\mathrm{b} = 8,0$ mA erscheinen. Für Ströme $I_\mathrm{b} > 8$ mA geht der Detektor in den ohmschen Bereich über und die Empfindlichkeit fällt ab. Die im Bereich $I_\mathrm{b} = 1 - 7$ mA in Erscheinung tretende Welligkeit im Verlauf der schwarzen Kurven sowie der Einbruch bei $I_\mathrm{b} = 7$ mA sind auf geringfügige Messschwankungen der Strom-Spannungs-Kennlinie zurückzuführen, welche durch das Differenzieren der Kurve stark ins Gewicht fallen. Für höhere Stromwerte war dieser Effekt nicht zu beobachten.

Die größte Abweichung zwischen beiden Kurven tritt im Punkt maximaler Empfindlichkeit auf. Im Vergleich zur berechneten Kurve zeigt die Mikrowellenmessung eine geringere maximale Empfindlichkeit von $S_{\mathrm{el,max2}} \approx 520$ V/W, welche zudem bei einem etwas höheren Strom von $I_\mathrm{b} = 7,44$ mA auftritt. Die Ursache hierfür liegt darin, dass eine stabile Einstellung des zu erwartenden empfindlichsten Arbeitspunkts bei einem Strom knapp unterhalb von etwa $7,4$ mA nicht möglich war.

Anhand der vorgestellten Ergebnisse kann im nächsten Schritt die Untersuchung der Koppeleffizienz erfolgen. Die Systemeffizienz setzt sich aus der Effizienz der optischen Übertragungsstrecke und der Anpassungseffizienz zwischen Antenne und Detektor in der Form $\eta = \eta_{\mathrm{opt}} \cdot \eta_{\mathrm{match}}$ zusammen. Die Anpassungseffizienz hängt stark vom Arbeitspunkt ab und wurde gemäß Gleichung (3.54) berechnet. Dabei wurde die HF-Impedanz des Detektors direkt aus dem Gleichstromwiderstand des jeweiligen Arbeitspunkts anhand von Gleichung (5.2) abgeleitet. Die Werte für die Antennenimpedanz wurden den in CST Microwave Studio® durchgeführten Simulationen entnommen. Der entsprechende Verlauf der Anpassungseffizienz abhängig vom Arbeitspunkt ist für den Detektor $\mathtt{Det_{LP,A}}$ in Abbildung 5.39 dargestellt. Im vorliegenden Fall liegt die Anpassungseffizienz für niedrige Ströme ($I_\mathrm{b} < 3$ mA) bei unter 20 % und steigt für Ströme $I_\mathrm{b} > 8$ mA auf nahezu 100 % an. Da die Anpassung stark vom Normalleitungswiderstand R_n des Detektorelements abhängt, können sich solche Verläufe für unterschiedliche Detektorgeometrien stark voneinander unterscheiden. An dieser Stelle soll zudem nochmals darauf hingewiesen werden, dass zur Beschreibung der Detektorimpedanz das Modell eines gepumpten HEB-Mischers verwendet wird, was unter Umständen zu Ungenauigkeiten bei der Beschreibung supraleitender Direktdetektoren führen könnte.

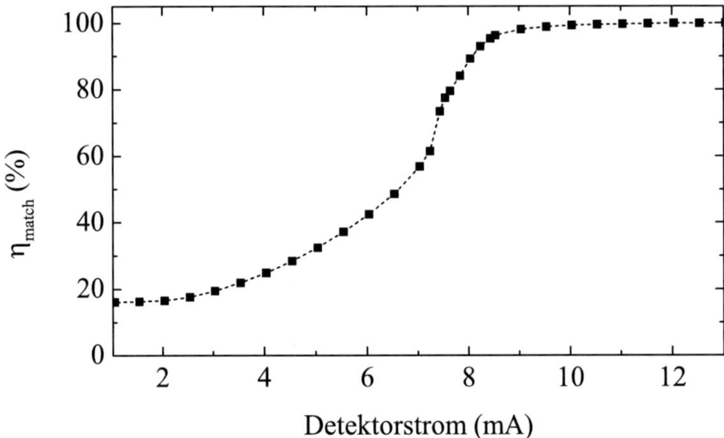

Abbildung 5.39.: Berechneter Verlauf der Anpassungseffizienz zwischen der log-periodischen Antenne $\text{Ant}_{\text{LP,A}}$ und dem Detektor $\text{Det}_{\text{LP,A}}$ abhängig vom Detektorstrom.

Aus dem Zusammenhang

$$\eta_{\text{opt}} = \frac{S_{\text{opt}}}{S_{\text{el}}\,\eta_{\text{match}}} \tag{5.3}$$

kann im abschließenden Schritt die Effizienz des optischen Kanals bestimmt. Die optische Koppeleffizienz setzt sich aus der Strahlungskopplung sowie den absorptions- und reflexionsbedingten Verlusten der einzelnen Komponenten zusammen, also $\eta_{\text{opt}} = \eta_{\text{rad}} \cdot \eta_{\text{loss}}$. Solange die örtliche Ausrichtung von THz-Quelle und Detektorblock zueinander nicht verändert wird, kann die optische Koppeleffizienz als konstant betrachtet werden. Um deren Wert anhand der Messdaten zu bestimmen, wurden nicht einfach die Maximalwerte aus optischer und elektrischer Empfindlichkeit in Relation zueinander gesetzt. Vielmehr wurde der Parameter η_{opt} derart variiert, dass der Kurvenverlauf der zurückgerechneten elektrischen Empfindlichkeit

$$S_{\text{el}}^* = \frac{S_{\text{opt}}}{\eta_{\text{match}}\,\eta_{\text{opt}}} \tag{5.4}$$

bestmöglich an den Verlauf von $S_{\text{el,1}}$ angepasst ist. Dadurch wurde versucht, eventuellen Schwankungen bei der Einstellung einzelner Arbeitspunkte entgegenzuwirken. Beispielhaft ist das Resultat für den Detektor $\text{Det}_{\text{LP,A}}$ anhand der blauen Kurve in Abbildung 5.38 dargestellt. Der entsprechende Wert für die optische Koppeleffizienz wurde zu $\eta_{\text{opt}} = 3{,}3\ \%$ bestimmt. Wie zu sehen ist, stimmt der Kurvenverlauf für Ströme oberhalb des Werts maxi-

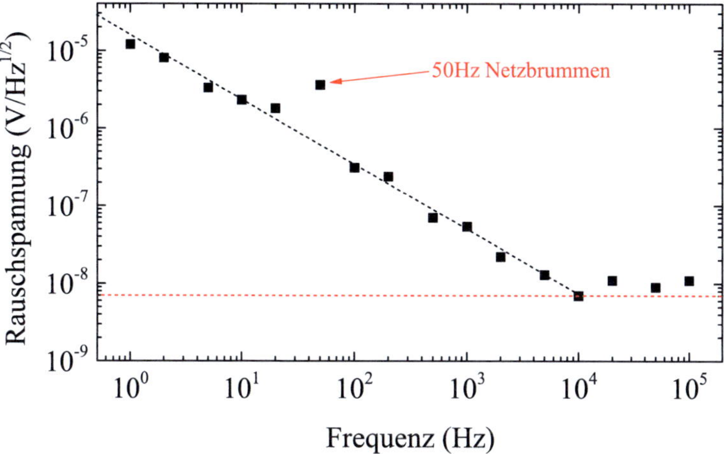

Abbildung 5.40.: Rauschspannung des Detektors $Det_{LP,A}$ in Abhängigkeit von der Frequenz. Die rote Linie deutet die untere Rauschgrenze an.

maler Empfindlichkeit hervorragend mit den beiden anderen Verläufen überein. Für Ströme unterhalb dieses Werts ist jedoch eine Abweichung erkennbar, da der schulterförmige Verlauf nicht existiert. Dieses Detektorverhalten konnte bei verschiedenen Testchips beobachtet werden, wurde im Rahmen dieser Arbeit aber nicht näher untersucht.

Im Vergleich zur messtechnisch bestimmten Effizienz wurde anhand der simulierten Antenneneigenschaften sowie der Eigenschaften der anderen Systemkomponenten eine maximale Koppeleffizienz von 8 % errechnet (s. Kapitel 8.4 für nähere Informationen). Dieser Wert ist vergleichbar mit den Ergebnissen anderer Gruppen [104]. Die Diskrepanz zwischen Simulation und Messung ist auf eine nicht optimale Strahlausrichtung sowie in der Simulation nicht berücksichtigte Materialverluste (z.B. in den Pufferschichten) zurückzuführen.

Neben der Empfindlichkeit eines Detektors ist die Rauschspannung von großer Bedeutung, da anhand dieser beiden Kenngrößen die Rauschleistungsdichte (NEP) bestimmt wird, welche die Nachweisgrenze eines Detektors bzw. eines Detektorsystems definiert. Zur Bestimmung der Rauschspannung wurden die Detektoren (ohne aktive THz-Bestrahlung) in den Arbeitspunkt maximaler Empfindlichkeit gebracht und die Rauschspannung abhängig von der Modulationsfrequenz direkt mit dem Lock-In-Verstärker erfasst. In Abbildung 5.40 ist als Beispiel die Rauschspannung des Detektors $Det_{LP,A}$ dargestellt. Im Gegensatz zur Empfindlichkeit zeigt der Rauschpegel im untersuchten Bereich von $f_{mod} =1$ Hz-100 kHz eine starke Abhängigkeit von der Modulationsfrequenz. Das Rauschen im verwendeten Messaufbau wird vom 1/f-Rauschanteil der Messelektronik dominiert. Entsprechend lässt sich in Abbildung 5.40 bis zu einer Frequenz von $f = 10$ kHz ein monotoner Abfall der

Tabelle 5.5.: Leistungsparameter der antennengekoppelten Detektoren für ANKA.

Detektorbezeichnung	$Det_{LP,A}$	$Det_{LS,A1}$	$Det_{LS,A2}$
$S_{calc,max}$ (V/W)	737	612	3270
$S_{el,max}$ (V/W) @f=1 GHz	518	507	1349
$S_{opt,max}$ (V/W) @f=650 GHz	17,1	20,2	22,2
η_{opt} (%)	3,3	5,0	2,0
U_n (nV/$\sqrt{\text{Hz}}$) @20 Hz	1800	970	1200
U_n (nV/$\sqrt{\text{Hz}}$) @1 kHz	54	38	62
U_n (nV/$\sqrt{\text{Hz}}$) @10 kHz	7	6	6
NEP (W/$\sqrt{\text{Hz}}$) @20 Hz	$3,5 \times 10^{-9}$	$1,9 \times 10^{-9}$	$8,9 \times 10^{-10}$
NEP (W/$\sqrt{\text{Hz}}$) @1 kHz	$1,0 \times 10^{-10}$	$7,5 \times 10^{-11}$	$4,6 \times 10^{-11}$
NEP (W/$\sqrt{\text{Hz}}$) @10 kHz	$1,4 \times 10^{-11}$	$1,2 \times 10^{-11}$	$4,4 \times 10^{-12}$
$I_b(S_{el,max})$ (mA)	7,40	3,44	4,43
T_0 (K)	84,0	79,0	79,0

Rauschspannung beobachten, abgesehen von dem Ausreißer bei 50 Hz, welcher durch die Netzfrequenz verursacht wird. Das Rauschminimum von $U_n = 6$ nV/$\sqrt{\text{Hz}}$ wird bei 10 kHz erreicht und liegt genau an der Eigenrauschgrenze des verwendeten Lock-In-Verstärkers ($U_{n,min} = 5$ nV/$\sqrt{\text{Hz}}$). Somit ergeben sich trotz konstanter Empfindlichkeitswerte je nach Wahl der Modulationsfrequenz starke Schwankungen der NEP-Werte. Eine Zusammenfassung der Kenngrößen der verschiedenen Detektoren ist in Tabelle 5.5 aufgelistet. Neben dem Standardwert von 1 kHz sind die NEP-Werte bei zwei anderen Modulationsfrequenzen angegeben – einmal bei der Modulationsfrequenz des Chopperrads (20 Hz) sowie bei der Frequenz, bei der minimales Rauschen auftritt (10 kHz). Im Vergleich zu anderen supraleitenden Detektortypen [105] besitzen die vorgestellten YBCO-Detektoren eine geringere Empfindlichkeit, was in der extrem kurzen Antwortzeit begründet ist.

5.5.2. Bestimmung der Richtcharakteristika der Linsenantennen

Zur Verifikation der in Kapitel 5.3.2 vorgestellten Simulationsergebnisse der Richtcharakteristika der integrierten Linsenantennen soll in diesem Abschnitt ein Vergleich mit Messergebnissen bei 650 GHz erfolgen. Im Gegensatz zum Mikrowellenbereich erfolgt hierbei die Bestimmung der Richtcharakteristik nicht anhand der direkten Messung der elektrischen Feldstärke im Antennenfußpunkt, vielmehr geschieht die Messung anhand der Detektorspannung. Diese wiederum ist bei einem Bolometer nicht proportional zur Feldstärke, sondern zur Strahlungsleistung, also zum Betragsquadrat der Feldstärke. Dies muss bei der Darstellung der Richtdiagramme berücksichtigt werden.

Um eine hohe Genauigkeit der Messergebnisse zu erzielen, ist es daher von enormer Wichtigkeit, dass ein Detektor eine hohe Linearität gegenüber der eingekoppelten Strah-

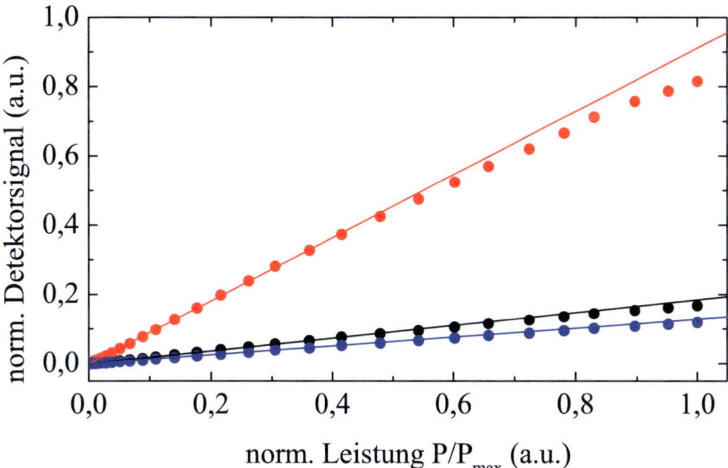

Abbildung 5.41.: Verlauf der gemessenen Signale (Symbole) des Detektors $\text{Det}_{\text{LS,A1}}$ abhängig von der Signalleistung bei 650 GHz für die Detektorströme $I_\text{b} = 2,2$ mA (schwarz) und $I_\text{b} = 3,44$ mA (rot) bei 79 K sowie für $I_\text{b} = 4,1$ mA (blau) bei 77 K. Die durchgezogenen Linien stellen lineare Anpassungskurven dar.

lungsleistung aufweist. Dies muss im Vorfeld der Charakterisierung der Richteigenschaften geprüft werden. Die Detektorlinearität wurde getestet, indem die Signalspannung abhängig von der THz-Strahlungsleistung aufgezeichnet wurde. Dabei hat sich ein deutlicher Einfluss des gewählten Arbeitspunkts auf den Linearbereich gezeigt, was am Beispiel des Detektors $\text{Det}_{\text{LS,A1}}$ erläutert werden soll. Die gemessenen Verläufe für verschiedene Arbeitspunkte sind in Abbildung 5.41 dargestellt. Die schwarze Kurve ($I_\text{b} = 2,2$ mA) und die rote Kurve ($I_\text{b} = 3,44$ mA) sind bei einer Temperatur von 79 K aufgenommen. Wie zu erwarten ist, weist die rote Kurve eine deutlich höhere Steigung als die schwarze auf, da sie dem Arbeitspunkt maximaler Empfindlichkeit entspricht. Allerdings zeigt sich auch, dass sich die rote Kurve mit steigender Leistung zunehmend nichtlinear verhält, da durch den Wärmeeintrag der Strahlungsleistung der Arbeitspunkt verschoben wird. Demgegenüber zeigt die schwarze Kurve erst bei deutlich höheren Leistungswerten Abweichungen vom linearen Verhalten, welche zudem deutlich schwächer ausgeprägt sind. Die blaue Kurve wurde bei 77 K aufgenommen. Die maximale Empfindlichkeit bei dieser Temperatur wurde bei einem Strom von $I_\text{b} = 4,1$ mA erzielt, das Signal verläuft jedoch unterhalb der beiden Kurven bei 79 K, was auf den Einfluss der Temperatur auf die Strom-Spannungs-Kennlinie zurückzuführen ist. Anhand dieses Beispiels wird deutlich, dass der Arbeitspunkt eines Detektors mit Bedacht gewählt werden muss, um einen sinnvollen Kompromiss zwischen hoher Empfindlichkeit und hoher Linearität einzugehen.

Für die eigentlichen Messungen der Richtcharakteristika wurden die Detektormodule in den Stickstoffkryostat eingebaut. Im Unterschied zum Kleinkühler lässt sich der Kryostat auf einer Drehvorrichtung positionieren, über welche der Elevationswinkel gegenüber der THz-Quelle eingestellt werden kann. Allerdings ist die Betriebstemperatur des Detektors in diesem Fall auf 77 K festgelegt. Für die Messungen wurde der Kryostat direkt auf der optischen Achse der THz-Quelle, also ohne Verwendung der Parabolspiegel, in einem Abstand von 50 cm zu der Quelle positioniert. In dieser Entfernung befinden sich Quelle und Detektor im gegenseitigen Fernfeldbereich. Dadurch kann angenommen werden, dass sich das Strahlungsfeld an der Linsenposition zu einer ebenen Wellenfront ausgebildet hat.

Zur Messung der Charakteristika wurde der Kryostat entlang des Elevationswinkels mit einem Winkelinkrement von $\Delta\theta = 1°$ variiert und dabei das Detektorsignal mit dem Lock-In-Verstärker beim Azimutwinkel $\varphi = 0°$ aufgezeichnet. Für die Messung des Azimutwinkels bei $\varphi = 90°$ wurde der Detektorchip um $90°$ auf der Linse gedreht und die Messung wiederholt. Die Messergebnisse aller drei Detektortypen sind in Abbildung 5.42 dargestellt. In allen drei Abbildungen ist eine gute Übereinstimmung zwischen Simulation und Messung festzustellen.

Der Rauschpegel der Messungen lag je nach Detektor 22-27 dB unterhalb des Signalmaximums, wodurch ein Winkelbereich von etwa $\pm10°$ aufgelöst werden konnte. Anhand der Simulationskurven ist jedoch erkennbar, dass auch in den äußeren Winkelbereichen der Richtcharakteristika keine störenden Nebenkeulen auftreten. Bei allen Kurvenverläufen sind bei einem Elevationswinkel von $40°$ die Werte auf weniger als -30 dB abgefallen. Aus der guten Übereinstimmung zwischen Simulation und Messung im Bereich um die Hauptstrahlachse lässt sich der Schluss ziehen, dass dieses Verhalten auch für die realen Detektormodule angenommen werden kann.

5.5.3. Untersuchung der Polarisationseigenschaften der Linsenantennen

Neben der Richtcharakteristik wird auch das Polarisationsverhalten eines Detektormoduls durch das Zusammenspiel zwischen Linse und Planarantenne bestimmt. Im Mikrowellenbereich erfolgt die Untersuchung der Polarisation auf direktem Wege, indem eine Sendeantenne und eine Empfangsantenne gegeneinander verdreht werden und die Signalübertragung abhängig vom Drehwinkel aufgezeichnet wird. Im THz-Bereich ist oftmals ein freies Drehen der THz-Quelle bzw. des den Detektor umgebenden Kühlsystems aus praktischen Gründen nicht möglich. Vielmehr wird eine Variation der Polarisationsrichtung durch das Einbringen eines drehbaren Polarisationsgitters in den Strahlengang realisiert. Dabei muss allerdings berücksichtigt werden, dass auch die Absolutfeldstärke und somit die Signalleistung beeinflusst werden. Eine schematische Darstellung des Einflusses eines Gitters auf Betrag und Richtung des elektrischen Feldstärkevektors ist in Abbildung 5.43 veranschaulicht: Fällt

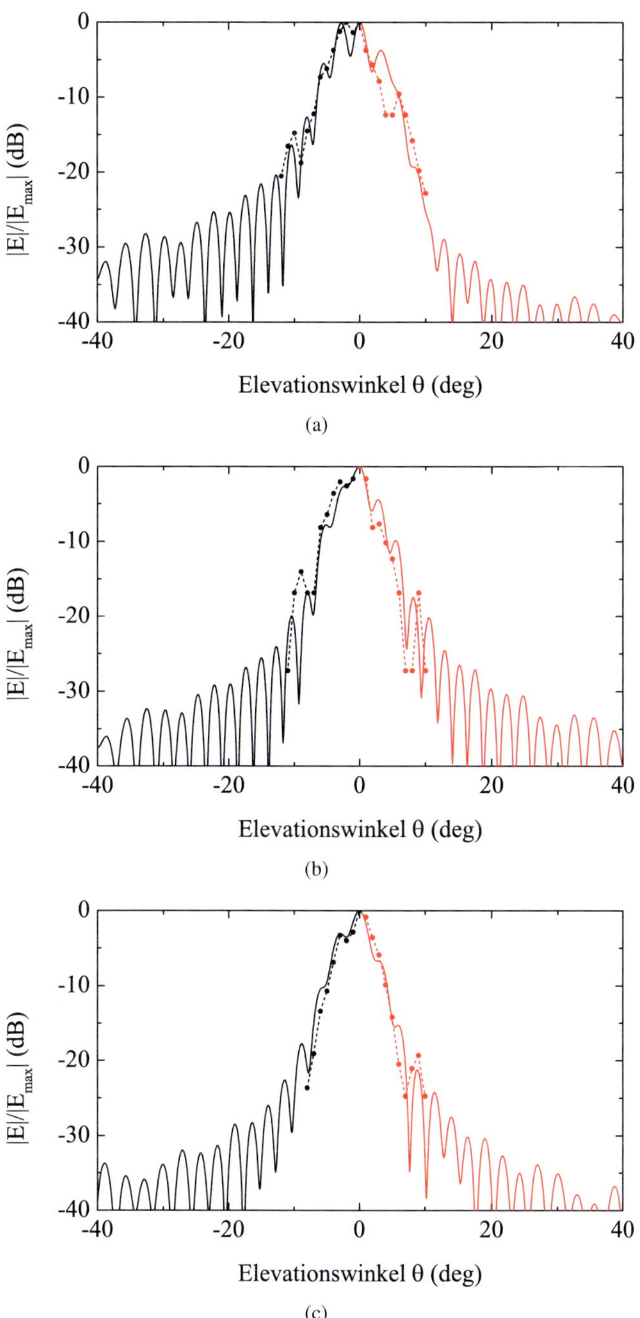

(a)

(b)

(c)

Abbildung 5.42.: Vergleich der gemessenen (Symbole) und simulierten (Linien) Richtcharakteristika der Detektoren $\mathrm{Det_{LP,A}}$ (a), $\mathrm{Det_{LS,A1}}$ (b) und $\mathrm{Det_{LS,A2}}$ (c) für die Azimutwinkel $\varphi = 0°$ (schwarz) und $\varphi = 90°$ (rot) bei $f = 650\,\mathrm{GHz}$ [91].

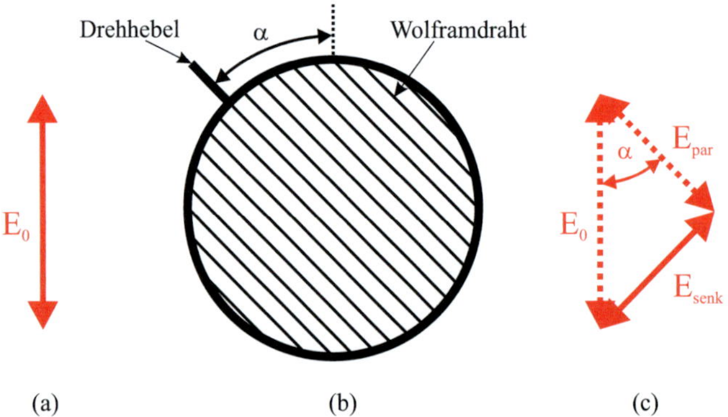

Abbildung 5.43.: Schema der Zerlegung eines elektrischen Feldvektors anhand eines Polarisationsgitters.

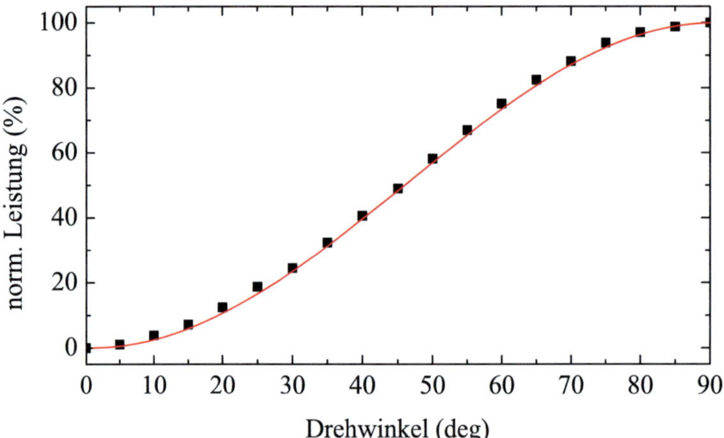

Abbildung 5.44.: Verlauf der berechneten (rote Linie) und gemessenen (schwarze Symbole) Strahlungsleistung abhängig vom Drehwinkel des Polarisationsgitters.

ein linear polarisierter Strahl der Feldstärke E_0 auf das Gitter, welches um den Winkel α zur Feldrichtung gedreht ist, so werden die Feldanteile parallel zur Gitterausrichtung (E_{par}) reflektiert, wohingegen die Feldanteile senkrecht zur Gitterausrichtung (E_{senk}) transmittiert werden [39]. Dadurch ergibt sich eine Drehung der Polarisationsrichtung um den Winkel α. Für die transmittierte Feldstärke gilt $E_{trans} = E_{senk} = E_0 \sin(\alpha)$ bzw. für die transmittierte Leistung $P_{trans} = |E_{senk}|^2 = |E_0 \sin(\alpha)|^2$. Das im Experiment verwendete Polarisationsgitter besteht aus in einem Rahmen frei gespannten Wolframfäden. Die Fäden besitzen einen Durchmesser von $10\,\mu$m und sind parallel in einem Abstand von $30\,\mu$m (Abstand von Mitte zu Mitte) angeordnet. Gemäß [39] lässt sich daraus eine obere Frequenzgrenze von etwa

2,5 THz für ein solches Gitter abschätzen. Der Einfluss des Gitters auf die Strahlungsleistung wurde mit Hilfe eines Pyrodetektors untersucht. Der Pyrodetektor selbst besitzt keine Empfindlichkeit gegenüber der Polarisation und kann daher die volle Strahlungsleistung aufnehmen. Entsprechend ergibt sich eine nahezu ideale $\sin^2$-Abhängigkeit, wie in Abbildung 5.44 zu sehen ist.

Zur Charakterisierung der Detektormodule wurde der in Abbildung 5.36 gezeigte Systemaufbau erweitert, indem das Polarisationsgitter zwischen dem zweiten Parabolspiegel und dem Fenster des Kleinkühlers positioniert wurde. Aufgrund der geometrischen Punktsymmetrie der eingesetzten Planarantennen verhält sich auch die Feldverteilung punktsymmetrisch und nicht achsensymmetrisch. Daher unterscheidet sich das Polarisationsverhalten für positive und negative Auslenkungswinkel und muss somit für beide Richtungen untersucht werden. Wie am Schema erklärt wurde, kann anhand des Drehwinkels α sowohl die Richtung der Polarisation als auch der Anteil der transmittierten Leistung bestimmt werden. Ist nun die Polarisation der Antenne bekannt, so kann mittels Gleichung (3.68) die Polarisationskopplung bestimmt werden, welche letztendlich dem Verlauf des Detektorsignals entspricht, falls dieser in einem linearen Arbeitspunkt betrieben wird. Anhand der Simulationskurven aus Abbildung 5.25 wurde dies für alle drei Detektortypen bei einer Strahlungsfrequenz von 650 GHz durchgeführt. Der Vergleich mit den gemessenen Signalen abhängig vom Winkel ist in Abbildung 5.45 dargestellt. Grundsätzlich ist für alle Antennentypen eine gute Übereinstimmung zwischen Simulation und Messung festzustellen, wobei beim gegenseitigen Vergleich der Detektor $\text{Det}_{\text{LS,A1}}$ im Bereich geringer Auslenkungswinkel die größten Abweichungen aufweist und der Detektor $\text{Det}_{\text{LS,A2}}$ nahezu eine perfekte Übereinstimmung zwischen Simulation und Messung besitzt.

Wie zu erwarten war, besitzt keine Antenne ein symmetrisches Verhalten zur Achse bei $\alpha = 0°$. Aufgrund der Polarisationskopplung der Antennen taucht das jeweilige Signalmaximum nicht beim Maximum der durch das Gitter transmittierten Leistung (also bei $\alpha = \pm 90°$) auf, sondern bei einem betragsmäßig kleineren Winkel. Ebenso ist erkennbar, dass das Maximum abhängig vom Antennentyp bei einem positiven oder bei einem negativen Winkel in auftritt. Dies ist eine direkte Folge der Kombination aus Achsenverhältnis und Phasenlage der Polarisationsvektoren einer Antenne.

5.5.4. Charakterisierung der Mikrowelleneigenschaften

Nach der Charakterisierung der Detektoreigenschaften sowie des Strahlungsverhaltens der integrierten Linsenantennen folgt als letzter Punkt die Untersuchung der Mikrowellenumgebung, durch welche das Detektormodul zur Übertragung ultrabreitbandiger Impulse qualifiziert werden soll. Da die eingesetzte THz-Quelle nicht im Impulsmodus betrieben wer-

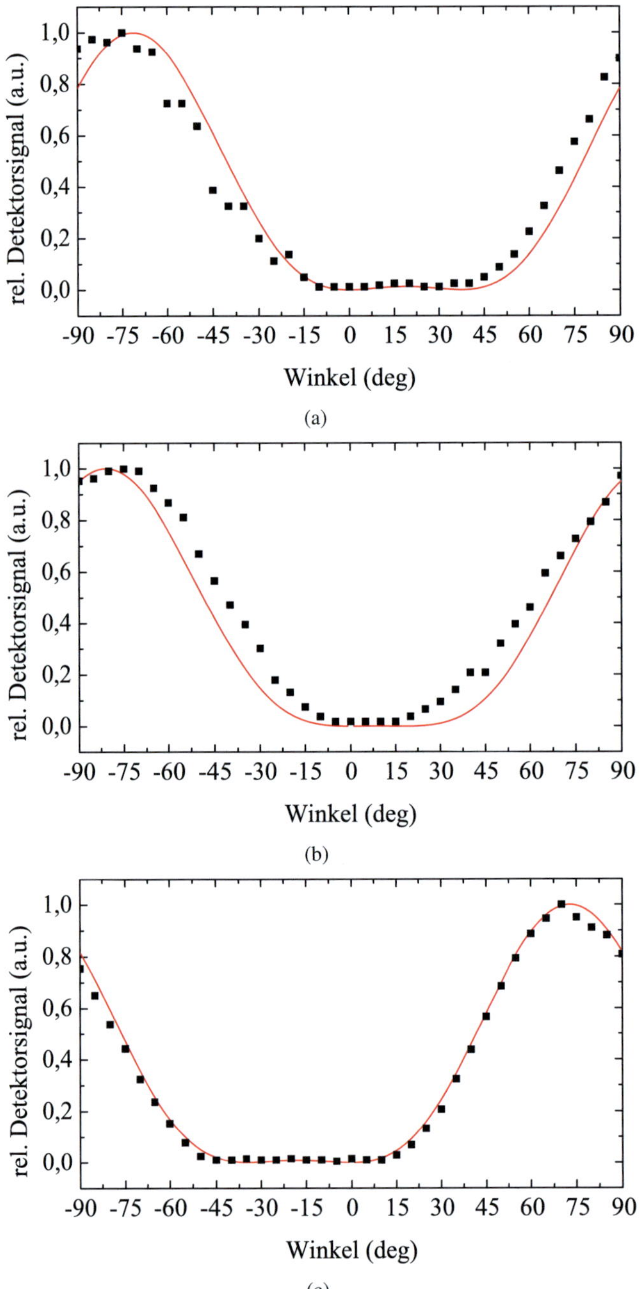

Abbildung 5.45.: Vergleich der simulierten (rote Linien) und gemessenen (schwarze Symbole) Signalverläufe für die Detektoren $Det_{LP,A}$ (a), $Det_{LS,A1}$ (b) und $Det_{LS,A2}$ (c) abhängig vom Drehwinkel des Polarisationsgitters.

den kann, erfolgte die Charakterisierung der HF-Auslese direkt im Mikrowellenbereich anhand einer Zeitbereichsreflektometrieanalyse (engl. Time-Domain Reflectometry - TDR). Im Gegensatz zur Messung der Streuparameter mittels eines Netzwerkanalysators erlaubt eine TDR-Analyse die ortsaufgelöste Bestimmung der Hochfrequenzimpedanz des kompletten Detektormoduls, also vom Anschluss des V-Steckers über die Adapterplatine und den Detektorchip bis hin zum Detektorelement selbst. Auf diesem Weg lassen sich eventuelle Stoßstellen identifizieren, an welchen es aufgrund einer Impedanzfehlanpassung zu reflexionsbedingten Signalstörungen oder unerwünschten Resonanzeffekten kommen kann.

Da die HF-Eigenschaften der untersuchten Ausleseleitungen nur geringfügig von der Temperatur abhängen, wurden die Detektormodule direkt über einen Koaxialadapter an das TDR-Messsystem angeschlossen und bei Raumtemperatur vermessen. In diesem Fall bietet der Verzicht auf eine gekühlte Messung den Vorteil, dass zusätzliche Komponenten wie Vakuumdurchführung, Bias-Tee sowie die Leitungen innerhalb der Kühlsysteme vernachlässigt werden können. Für die Adapterplatine mit der gerade geführten Koplanarleitung wurde ein Detektor mit dem Antennentyp $\mathtt{Ant_{LS,A1}}$ verwendet. Der Gleichstromwiderstand des Detektors betrug bei Raumtemperatur $R_0 = 220\ \Omega$. Bei der zweiten Adapterplatine mit der gebogenen Leitung wurde ein Chip vom Typ $\mathtt{Ant_{LP,A}}$ verwendet, dessen Detektorwiderstand zu $R_0 = 123\ \Omega$ bestimmt wurde. Die Messergebnisse beider Detektormodule sind in Abbildung 5.46 veranschaulicht. Die Verläufe der Messkurven können in drei verschiedene Bereiche unterteilt werden: Im ersten Bereich verläuft das Signal in der Zuleitung des TDR-Messsystems. Die Zuleitung besitzt eine nahezu ideale Impedanz von $50\ \Omega$ und verläuft daher auf der Nulllinie. Den zweiten Bereich bildet die komplette HF-Auslese eines Detektormoduls inklusive V-Stecker, Adapterplatine, Indiumbonds sowie der Leitung auf dem Detektorchip. Den letzten Bereich bildet das Detektorelement selbst, welches aufgrund seiner im Vergleich zur Wellenlänge geringen geometrischen Abmessungen als diskrete resistive Last betrachtet werden kann. In der Abbildung sind die drei Bereiche durch die roten, gestrichelten Vertikallinien voneinander abgegrenzt. Wie den Messkurven entnommen werden kann, liegt die Impedanz des kompletten Auslesepfads im Bereich zwischen $49{,}3\ \Omega$ und $52{,}0\ \Omega$ für den ersten Detektorblock sowie zwischen $49{,}0\ \Omega$ und $52{,}9\ \Omega$ für den zweiten Block. Bezogen auf eine Entwurfsimpedanz von $50\ \Omega$ entspricht dies einem maximalen relativen Fehler von $4{,}0\ \%$ bzw. $5{,}8\ \%$. Diese Ergebnisse sind hinsichtlich der Komplexität der Detektormodule als sehr gut einzustufen.

5.6. Experimenteller Einsatz der Detektormodule bei ANKA

Die ausführlichen Charakterisierungsprozeduren der einzelnen Detektoren sowie der Linsenantennen und der Hochfrequenzauslese haben gezeigt, dass die Eigenschaften der Mo-

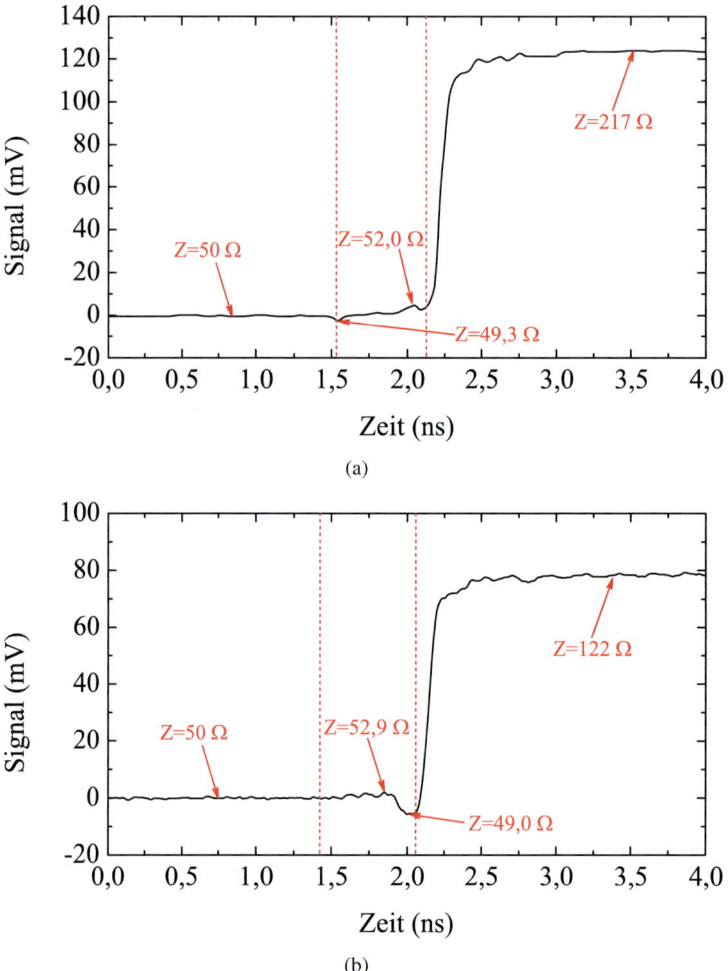

Abbildung 5.46.: TDR-Messungen der ANKA-Detektormodule für die beiden unterschiedlichen Adapterplatinen: (a) gerade Koplanarleitung, (b) geschwungene Koplanarleitung.

dule in hohem Maße den Entwurfsrichtlinien entsprechen und somit eine vielversprechende Basis für die erfolgreiche Messung ultrakurzer, breitbandiger THz-Strahlungsimpulse darstellen. Im nächsten Schritt sollten diese Eigenschaften unter realen Einsatzbedingen direkt am Synchrotronbeschleuniger ANKA verifiziert werden. Der dazu verwendete Messaufbau ist in Abbildung 5.47 zu sehen. Aufgrund der flexiblen Temperatureinstellung wurde der Kleinkühler dem Stickstoffkryostaten bei der Durchführung der Messungen bevorzugt. Das vom Strahlrohr über ein Fenster ausgekoppelte THz-Signal wurde über einen Off-Axis-Parabolspiegel im rechten Winkel umgelenkt und durch das HDPE-Fenster auf die integrier-

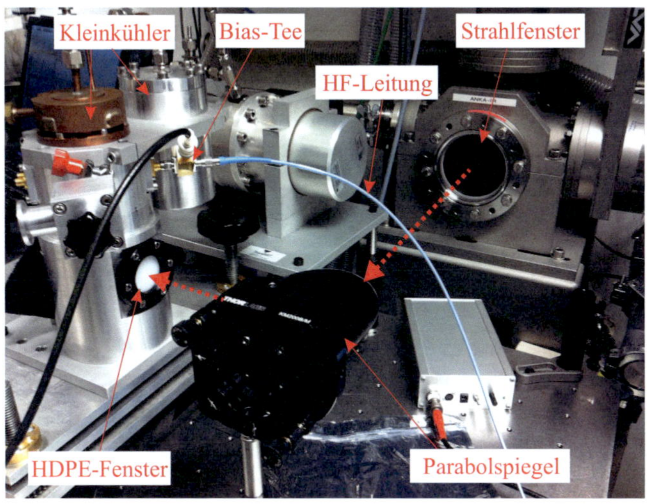

Abbildung 5.47.: Fotografie des Messaufbaus bei ANKA.

Tabelle 5.6.: Betriebsparameter der Detektoren bei ANKA.

Detektorbezeichnung	$Det_{LP,A}$	$Det_{LS,A1}$	$Det_{LS,A2}$
T_0 (K)	77,0	75,0	77,0
I_b (mA)	6,0	1,0	2,0
U_b (mV)	21,8	3,3	12,8
σ_z (ps)	11,0	9,9	12,7

te Siliziumlinse fokussiert. Genau wie bei den CW-Messungen wurde der Detektor durch die am DC-Eingang des Bias-Tee angeschlossene Stromquelle in den Arbeitspunkt getrieben. Im Unterschied dazu erfolgte allerdings die Signalauslese über den HF-Ausgang des Bias-Tee. Über ein daran angeschlossenes V-Strecken-Koaxialkabel wurde das Detektorsignal an ein 63 GHz-Echtzeitoszilloskop (Agilent DSA-X 96204Q) übertragen.

Bei der Messung gepulster Strahlung weist ein Detektor ein anderes Verhalten als im CW-Betrieb auf. Entsprechend ergaben sich zur Messung maximaler Signalhübe unterschiedliche Arbeitspunkteinstellungen als in Abschnitt 5.5.1. Die bei ANKA verwendeten Arbeitspunkteinstellungen der Detektoren sind in Tabelle 5.6 aufgelistet. Bei den Messungen wurde der Speicherring im low-α-Modus bei einer Energie von 1,3 GeV betrieben. Die dabei gemessenen Signale der einzelnen Detektormodule sind in Abbildung 5.48 anhand der schwarzen Kurven dargestellt. Die zusätzlich abgebildeten roten Kurven stellen angepasste Gaußfunktionen dar, anhand derer die Dauer σ_z eines jeweiligen Impulses ermittelt wurde. Die entsprechenden Werte sind ebenfalls in Tabelle 5.6 aufgeführt. Die Längen der Elektronenpakete, welche mit den drei Detektoren gemessen wurden, liegen in einem engen Bereich

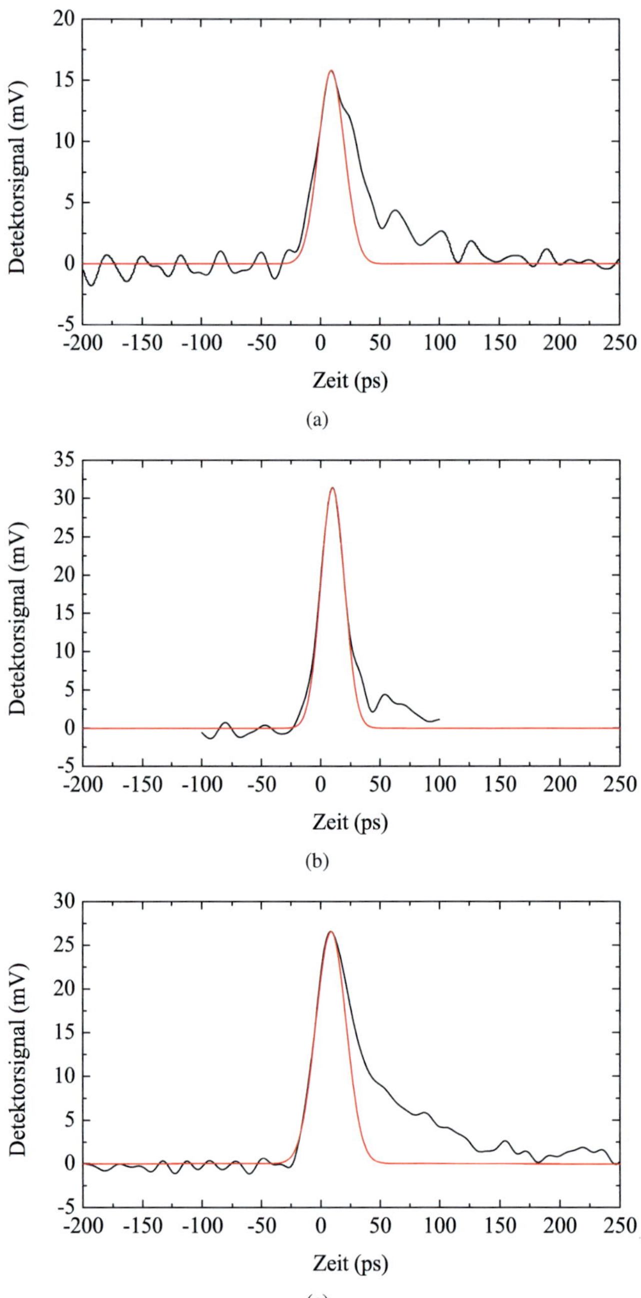

Abbildung 5.48.: Gemessene Signalverläufe (schwarz) bei ANKA für die drei verschiedenen Detektortypen $\text{Det}_{\text{LP,A}}$ (a), $\text{Det}_{\text{LS,A1}}$ (b) sowie $\text{Det}_{\text{LS,A2}}$ (c). Die roten Kurven stellen angepasste Gaußfunktionen dar.

zwischen 10 ps und 13 ps. Damit bleibt als Erstes festzuhalten, dass alle entwickelten Detektormodule zur Auflösung der THz-Strahlungsimpulse geeignet sind und die erreichbare Zeitauflösung der bisher eingesetzten NbN-Detektoren [106] deutlich übertroffen wird.

Bei der Betrachtung der einzelnen Signalverläufe lassen sich mehrere Besonderheiten feststellen, auf die näher eingegangen werden soll: Alle drei Detektorsignale weisen bei ihrer ansteigenden Impulsflanke eine nahezu ideale Gaußform auf, allerdings besitzt lediglich der Detektor $Det_{LS,A1}$ eine vergleichbare Form der abfallenden Flanke. Dieser Detektor ist zudem der mit der höchsten zeitlichen Auflösung bzw. der kürzesten Impulsdauer. Bei den anderen beiden Detektoren ergibt sich eine vergrößerte Abfallzeit. Diese Beobachtung deckt sich mit den Simulationsergebnissen aus Abschnitt 5.4, wonach der Detektorchip mit der Struktur $Ant_{LS,A1}$ über die komplette Länge der Koplanarleitung den homogensten Impedanzverlauf besitzt, der zudem am nächsten am angestrebten Entwurfswert von 50 Ω liegt.

Weiterhin ist beim Detektor $Det_{LP,A}$ eine deutliche Oszillation zu erkennen, die das eigentliche Nutzsignal überlagert. Ein ähnlicher Effekt konnte bei der Simulation der Impulsantwort der log-periodischen Planarantenne beobachtet werden. Allerdings kann dies als Ursache nicht eindeutig belegt werden, da das Messsignal zusätzlich durch das Übertragungsverhalten von Detektorelement und Ausleseleitung beeinflusst wird und eine separierte Analyse der Antenne nicht möglich ist.

In Bezug auf die Signalamplituden liegen die Werte in ähnlichen Bereichen, woraus sich (wie bei den CW-Messungen) auf eine vergleichbare Strahlungskopplung der drei verschiedenen Linsenantennen schließen lässt. Allerdings ist auch hier eine Pauschalaussage mit Vorsicht zu betrachten, da das Detektorsignal stark abhängig vom Arbeitspunkt des Detektors ist.

5.7. Diskussion und Zusammenfassung

In diesem Kapitel wird der Entwurf quasioptischer Detektormodule diskutiert, welche speziell für die Einkopplung der ultrabreitbandigen THz-Strahlungsimpulse am Synchrotronbeschleuniger ANKA optimiert werden. Dabei erfolgt eine ausführliche Untersuchung geeigneter Planarantennen sowie dielektrischer Linsenantennen anhand von elektromagnetischen Feldsimulationen. Zudem wird eine optimierte Mikrowellenumgebung vorgestellt, welche auf koplanaren Wellenleiterstrukturen basiert. Anhand dieser Mikrowellenumgebung wird die Auskopplung der ultrakurzen Impulssignale der eingesetzten supraleitenden YBCO-Detektoren an die extern angeschlossene Messelektronik ermöglicht. Die in der Simulation beobachteten Charakteristika (Antennendiagramm, Polarisationsverhalten, HF-Eigenschaften) der Detektormodule werden im Labor anhand messtechnischer Untersuchungen verifiziert.

Die Funktionalität der Detektormodule wird im experimentellen Einsatz direkt am Speicherring demonstriert. Die dabei gemessenen Breiten der THz-Strahlungsimpulse liegen für die entwickelten Module im Bereich zwischen $\sigma_z = 10 - 13$ ps. Diese Werte stellen eine deutliche Verbesserung im Vergleich zu den bisher eingesetzten NbN-Detektoren dar, wodurch zukünftig eine höhere zeitliche Auflösung bei der Untersuchung der vom Speicherring emittierten THz-Strahlungssignale ermöglicht wird.

Der gegenseitige Vergleich der aufgenommenen Impulsignale deutet darauf hin, dass die nicht-selbstkomplementäre Spiralantenne die besten Übertragungseigenschaften besitzt. Diese Beobachtung deckt sich mit den Ergebnissen der elektromagnetischen Simulation und kann durch die geringe Frequenzabhängigkeit dieses Antennentyps sowie die gute Ankopplung an die Mikrowellenumgebung erklärt werden.

6. Entwicklung eines Moduls zur Detektion gepulster Strahlung eines THz-Quantenkaskadenlasers

In diesem Kapitel wird die Entwicklung eines quasioptischen Detektormoduls vorgestellt, anhand dessen die Zeitbereichsanalyse kurzer Strahlungsimpulse eines THz-Quantenkaskadenlasers (THz-QCL) bei einer Frequenz von 3,1 THz durchgeführt wird. Durch die ultraschnelle Antwortzeit der eingesetzten supraleitenden NbN-Detektoren lassen sich dynamische Emissionseigenschaften des Lasers im Bereich weniger Nanosekunden nachweisen. Dies ist mit herkömmlichen Sensoren wie halbleitenden Ge- oder InSb-Bolometern [107] sowie Pyrodetektoren [108, 109] aufgrund ihrer deutlich größeren Zeitkonstanten im Mikro- bzw. Millisekundenbereich nicht möglich. Auf der Basis der durchgeführten Messungen wird eine Methode zur Bestimmung der Übertragungsfunktion des QCLs (d.h. Strahlungsleistung abhängig vom Anregungsstrom) vorgestellt. Anhand dieser Funktion können sowohl die Kenngrößen des Lasers ermittelt werden als auch dessen zeitabhängiges Emissionsverhalten für einen beliebigen Anregungsstrom exakt vorausgesagt werden. Darüber hinaus wird der Einfluss des gewählten Arbeitspunkts des Lasers auf die Impulsenergie analysiert. Anhand dieser Untersuchung wird der optimale Arbeitspunkt des QCLs ermittelt, bei welchem eine Maximierung der emittierten Impulsenergie erreicht wird. Die Ergebnisse sind zum größten Teil in [110] veröffentlicht.

6.1. Einführung

THz-Quantenkaskadenlaser sind grundsätzlich nach dem Aufbau ihres aktiven Bereichs (engl. Active Region), in welchem die Strahlung erzeugt wird, zu unterscheiden. Dabei existieren drei verschiedene Schemata: Die Chirped Superlattice (CSL) Active Region, die Bound-To-Continuum (BTC) Active Region und die Resonant-Phonon (RP) Active Region. Der Fokus dieser Arbeit liegt auf der Untersuchung eines Lasers vom RP-Typ. Weiterführende Informationen zu den beiden anderen Typen sowie eine detailliertere Einführung in die Funktionsweise von QCLs sind in [111] zu finden.

Der schematische Aufbau eines QCLs ist in Abbildung 6.1 dargestellt. Der aktive Bereich besteht aus einer Abfolge von GaAs/AlGaAs-Schichten. Die GaAs-Bereiche bilden einzelne Quantentöpfe (engl. Quantum Well), die durch die isolierenden AlGaAs-Schichten voneinander getrennt sind. Für den hier betrachteten Laser werden drei solcher Schichtfol-

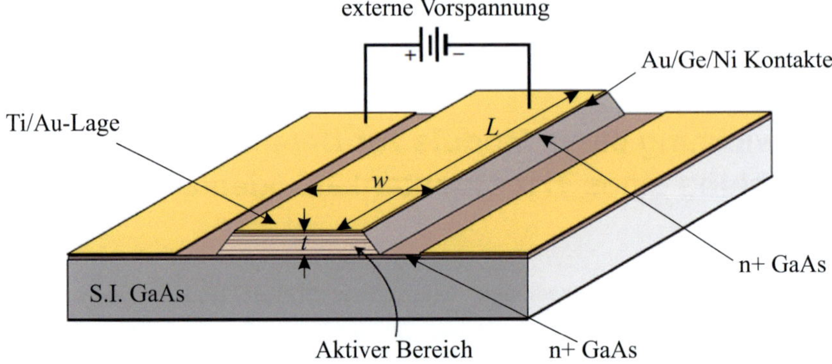

Abbildung 6.1.: Schematischer Aufbau eines Quantenkaskadenlasers [111].

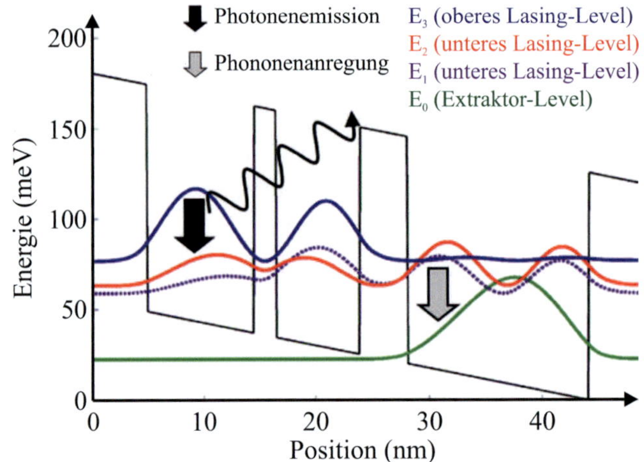

Abbildung 6.2.: Verlauf der Energiebänder eines QCLs innerhalb einer Schichteinheit [112].

gen zu einer Einheit zusammengefasst, welche eine Dicke von 42 nm besitzt. Durch eine Kaskadierung von 236 solcher Einheiten entsteht eine Gesamtdicke des aktiven Bereichs von $t = 10\ \mu$m. Der aktive Bereich wird mittels Molekularstrahlepitaxie (engl. Molecular Beam Epitaxy - MBE) auf einem semi-isolierenden (S.I.) GaAs-Substrat aufgewachsen und ist zwischen zwei n+-GaAs-Lagen eingebettet. Auf der Oberseite befinden sich zusätzlich eine Au/Ge/Ni-Kontaktschicht sowie eine Ti/Au-Überschicht. Diese zusätzlichen Schichten, in welche der aktive Bereich eingebettet ist, funktionieren als Oberflächen-Plasmonen-Wellenleiter (engl. Surface Plasmon Waveguide), entlang dessen das THz-Signal propagiert. Der Wellenleiter besitzt eine Länge von $L = 850\ \mu$m und eine Breite von $w = 140\ \mu$m.

Der schematische Verlauf der Energiebänder, abhängig von der Position innerhalb einer Einheit, ist in Abbildung 6.2 dargestellt. Die schwarze Kurve kennzeichnet den Verlauf der drei Quantentöpfe. Die farbigen Verläufe deuten die unterschiedlichen Wellenfunktionen an, welche die Ausbreitung der Elektronen beschreiben. Nachdem ein Elektron durch das externe Anlegen einer Vorspannung in das obere Band injiziert wurde, kann es unter Emission eines Photons auf eines der niedrigeren Energielevel relaxieren. Der Übergang besitzt im vorliegenden Fall eine Energiedifferenz von etwa 12,8 meV, was einer Strahlungsfrequenz von 3,1 THz entspricht. Schließlich kann das Elektron vom niedrigen Level zum Extraktorlevel gestreut werden, wobei ein Phonon angeregt wird. Das Extraktorlevel liegt 36 meV unterhalb des niedrigsten Energiebands der Elektronen. Diese Differenz entspricht somit der Energie der longitudinal-optischen (LO) Phononen in Galliumarsenid. Dieser Streuprozess spielt sich in einem Zeitraum von weniger als 1 ps ab. Durch diesen extrem schnellen Abtransport von Elektronen wird gewährleistet, dass mehr Elektronen auf einem höheren Energielevel vorhanden sind als auf einem unteren und sich dieser Prozess fortsetzen kann. Dieser Zustand wird auch als *Populations-Inversion* bezeichnet. Zusammenfassend spricht man bei diesem Laseraufbau deshalb auch von einem „three-well resonant-phonon depopulation"-Schema [112].

Abhängig vom Entwurf der Schichtfolgen sowie von der angelegten Vorspannung ist es möglich, dass das untere Energieband exakt mit dem oberen Band der nachfolgenden Einheit übereinstimmt, wodurch ein Elektron von einer Einheit zur nächsten propagieren kann und sich der komplette Prozess wiederholt. Das bedeutet, dass bei einem QCL mit 236 Schichteinheiten ein einzelnes Elektron in der Lage ist, 236 Photonen zu emittieren. Genau dieses Verhalten wird als *Quantenkaskadeneffekt* bezeichnet. Das dabei auftretende Emissionsverhalten von QCLs wurde von Cooper *et al.* mittels numerischer Simulationen untersucht [113]. Anhand der darin vorgestellten Methoden wurde für den untersuchten QCL der relative Lasergewinn abhängig von der über dem aktiven Bereich angelegten elektrischen Feldstärke berechnet. Das Resultat ist in Abbildung 6.3 dargestellt[1]. Anhand dieser Ergebnisse lässt sich vermuten, dass der Verlauf des Gewinns eine Doppelspitze aufweist, welche durch die Überlagerung der oberen und unteren Subbänder zustande kommt. Für den untersuchten Laser werden die Maxima bei einer angelegten Feldstärke von $E = 12,6$ kV/cm bzw. $E = 12,9$ kV/cm erwartet. Bei der genannten Dicke des aktiven Bereichs von 10 μm entspricht dies einer angelegten Spannung von 12,6 V bzw. 12,9 V. Der messtechnische Nachweis dieses Verhaltens konnte mit der kommerziell verfügbaren THz-Messtechnik aufgrund der unzureichenden Zeitauflösung bisher nicht erbracht werden. Daraus wird nochmals die Motivation deutlich, einen ultraschnellen supraleitenden THz-Detektor zu entwickeln.

Um den Quantenkaskadeneffekt auszulösen, muss der QCL-Strom oberhalb eines bestimmten Schwellwerts (engl. Threshold Current) liegen. Problematisch beim RP-Lasertyp ist das Auftreten parasitärer Strompfade, wodurch es zu einer signifikanten Erhöhung des

---

[1]Die Simulationsdaten wurden von Dr. A. Valavanis, Universität von Leeds/UK zur Verfügung gestellt.

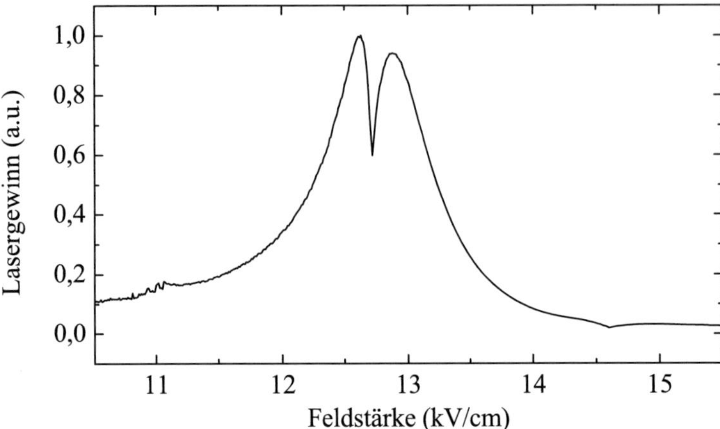

Abbildung 6.3.: Simulation des Lasergewinns des QCLs abhängig von der über dem aktiven Bereich angelegten Feldstärke. Die Doppelspitze entsteht durch Überlagerung der Wellenfunktionen verschiedener Subbänder [110].

Schwellstroms kommen kann [114, 115]. Dies sowie die hohe Energiedifferenz bei der Phononenanregung führen dazu, dass sehr hohe Vorspannungen zur Überbrückung des Schwellwerts angelegt werden müssen. Die damit verbundene hohe Verlustleistung führt zu einem Temperaturanstieg innerhalb des QCLs und die Populations-Inversion ist nicht mehr gegeben. Letztendlich wird der Strahlungsprozess unterbrochen. Aus diesem Grund werden THz-QCLs nahezu ausschließlich durch kurze Impulse angeregt, wodurch eine Temperaturerhöhung eingeschränkt werden kann. Beim praktischen Einsatz von THz-QCLs hat sich gezeigt, dass die Strahlungsemission extrem empfindlich durch den eingeprägten Stromfluss beeinflusst wird. Besonders im gepulsten Betrieb führen geringfügige Stromschwankungen, die aufgrund von Signalreflexionen zwischen dem Laser und der Treiberelektronik auftreten, zu einer starken Variation der THz-Leistung innerhalb der Dauer eines Anregungsimpulses. Diese Effekte besitzen typische Zeitkonstanten im Nanosekundenbereich. Pyroelektrische Detektoren oder halbleitende Bolometer besitzen Zeitkonstanten im Mikrosekunden- oder sogar Millisekundenbereich [107, 108, 109] und können daher nicht eingesetzt werden. Aus diesem Grund soll ein Detektormodul entwickelt werden, welches einen integrierten supraleitenden Detektor aus Niobnitrid beinhaltet. Mit einer charakteristischen intrinsischen Detektorantwortzeit von $\tau \approx 30$ ps bieten NbN-basierte Detektoren die Möglichkeit einer exakten Analyse der Abhängigkeit der emittierten THz-Leistung vom Laserstrom im Zeitbereich. Aufgrund der geringeren Betriebstemperatur und eines schmaleren supraleitenden Übergangs versprechen Detektoren aus Niobnitrid eine höhere Empfindlichkeit und geringeres Rauschen als Detektoren aus YBCO. Deren Vorteil einer noch höheren zeitlichen Auflösung ist in diesem Anwendungsfall nicht relevant.

Tabelle 6.1.: Geometrische Parameter der log-Spiralantenne $\mathrm{Ant_{LS,B}}$.

$r_0\,(\mu\mathrm{m})$	a	δ (deg)	N	$w_{\mathrm{D}}\,(\mu\mathrm{m})$	$L_{\mathrm{D}}\,(\mu\mathrm{m})$
1,54	0,35	110	3,1	1	0,5

6.2. Konzeptionierung des Detektormoduls

6.2.1. Entwurf einer Breitbandspiralantenne für NbN-Detektoren

Wie in der Einleitung erklärt wurde, emittieren Quantenkaskadenlaser THz-Strahlung innerhalb eines sehr schmalen Frequenzbands. Zum Strahlungsempfang wäre daher die Verwendung einer Dipol- oder Doppelschlitzantenne absolut ausreichend. Trotzdem wurde bei der Entwicklung des Detektormoduls ein breitbandiges Antennenkonzept bevorzugt. Durch die Verwendung einer breitbandigen Antenne wird eine ausführliche Vorcharakterisierung des Detektors mittels der am IMS vorhandenen CW-Quelle sowie durch die Anregung mit kurzen Strahlungsimpulsen bei ANKA möglich. Um einen Spielraum zur kleinsten (650 GHz) und größten Signalfrequenz (3,1 THz) einzuhalten, wurde eine relativ hohe Bandbreite von $f \approx 0,5 - 4$ THz beim Entwurf angepeilt. Der Nachteil einer vergrößerten Empfangsbandbreite ist eine damit einhergehende Erhöhung des Photonenrauschens. Dieser Sachverhalt kann etwa bei Sensoranwendungen in der Radioastronomie als kritisch betrachtet werden. Aufgrund der hohen Signalleistung des Lasers ist dies im betrachteten Zusammenhang jedoch von geringer Bedeutung.

Ausführliche Untersuchungen des log-periodischen Antennentyps sowie von Spiralantennen wurden in den Kapiteln 4 und 5 erläutert. Aufgrund der nahezu frequenzunabhängigen Charakteristika wie Impedanz und Polarisation wurde die Spiralantenne der log-periodischen Antenne bevorzugt. Der Entwurf der hier vorgestellten Antenne $\mathrm{Ant_{LS,B}}$ lehnt sich stark an die Struktur $\mathrm{Ant_{LS,A1}}$ an. Aufgrund der höheren Strahlungsfrequenz sowie wegen des unterschiedlichen spezifischen Widerstands von NbN ($\rho = 275$ $\mu\Omega$cm) im Vergleich zu YBCO wurde eine Anpassung der Geometrie im zentralen Bereich der Antenne am Übergang zum Detektor vorgenommen. Die Anpassung an den Detektorwiderstand bei gleichzeitiger Kompensation des Imaginäranteils der Antennenimpedanz konnte durch eine keilförmige Zuleitung im Antennenfußpunkt erreicht werden. Eine Auflistung der geometrischen Parameter der optimierten Struktur $\mathrm{Ant_{LS,B}}$ ist in Tabelle 6.1 zu sehen. Das zugehörige Layout ist in Abbildung 6.4 dargestellt und der simulierte Verlauf der Impedanz in Abbildung 6.5. Im Bereich von 0,5-4 THz verläuft der Realteil bei einem nahezu konstanten Wert von 54 Ω, der Imaginärteil bewegt sich um die 0 Ω-Linie, wobei ein geringfügiger Anstieg für steigende Frequenzen festzustellen ist. Der zugehörige Verlauf des Reflexionsparameters für eine Detektorimpedanz von $Z_{\mathrm{D}} = 55$ Ω ist in Abbildung 6.6 zu sehen. Aufgrund des sehr

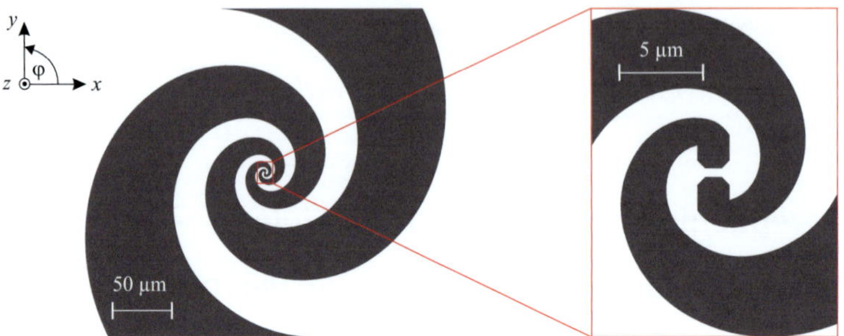

Abbildung 6.4.: Layout der logarithmischen Spiralantenne $\text{Ant}_{\text{LS,B}}$.

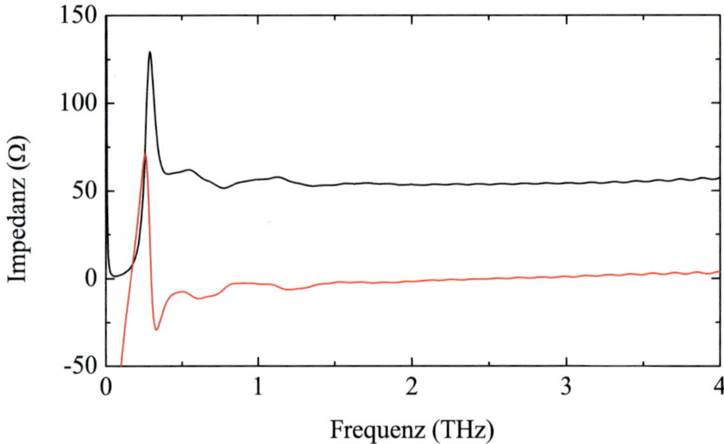

Abbildung 6.5.: Simulierter Verlauf des realen (schwarz) und des imaginären (rot) Anteils der Impedanz der log-Spiralantenne $\text{Ant}_{\text{LS,B}}$ in Abhängigkeit von der Frequenz.

homogenen Impedanzverlaufs liegt die Eingangsreflexion der Antenne innerhalb der gesamten Nutzbandbreite unterhalb von -20 dB. Anhand der ebenfalls eingezeichneten vertikalen Linie ist erkennbar, dass sich auch bei dieser Struktur eine sehr gute Übereinstimmung zwischen der numerischen Simulation und dem Designwert ergibt.

Für das Detektormodul wird der gleiche Linsentyp ($\varepsilon_\text{r} = 11,7$; $R = 6$ mm; $L_\text{ext} = 1,7$ mm) wie bei den ANKA-Detektoren verwendet. Dementsprechend wurden die Richteigenschaften der integrierten Linsenantenne bei 3,1 THz nach der gleichen Vorgehensweise untersucht, wie sie in Abschnitt 4.5.2 vorgestellt wurde. Das Ergebnis ist in Abbildung 6.7 dargestellt. Die Antenne besitzt eine vergleichbare Charakteristik wie die Struktur $\text{Ant}_{\text{LS,A1}}$ bei 2,0 THz. Die Verläufe deuten auf eine rotationssymmetrische Richtcharakteristik mit einer starken Richtwirkung hin, die Strahlbreite liegt bei $\theta_{\text{-10dB}} = 5°$. Auch hier sind im Bereich

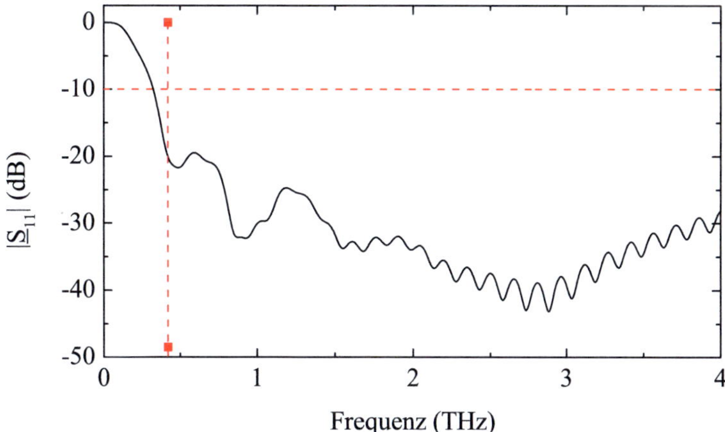

Abbildung 6.6.: Simulierter Verlauf des Reflexionsparameters der logarithmischen Spiralantenne $\text{Ant}_{\text{LS,B}}$ in Abhängigkeit von der Frequenz. Die gestrichelte horizontale Linie markiert die -10 dB-Grenze. Die gestrichelte vertikale Linie markiert die gemäß Gleichung (4.44) berechnete untere Grenzfrequenz.

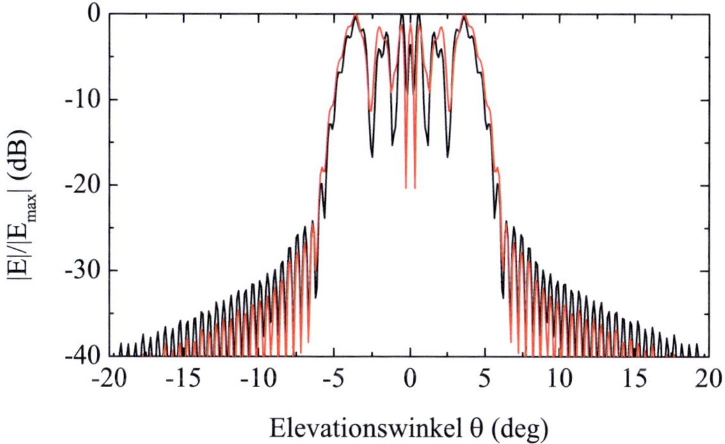

Abbildung 6.7.: Simulation der Richtcharakteristik der Struktur $\text{Ant}_{\text{LS,B}}$ mit der 12mm-Siliziumlinse für die Azimutwinkel $\varphi = 0°$ (schwarz) und $\varphi = 90°$ (rot) bei $f = 3,1$ THz.

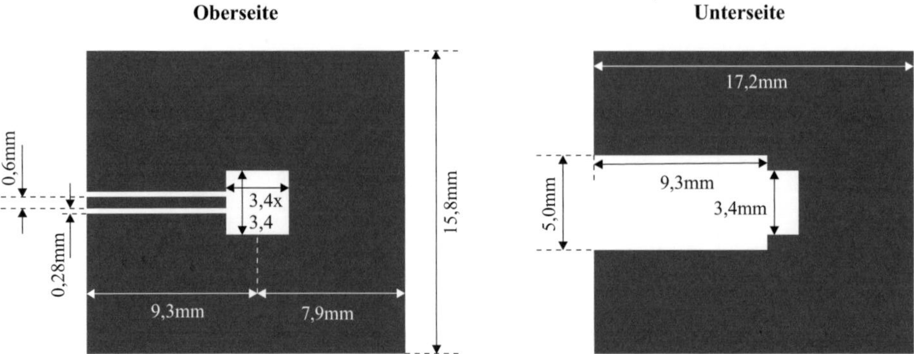

Abbildung 6.8.: Layout der Adapterplatine zur Verwendung mit der Struktur $\text{Ant}_{\text{LS,B}}$.

der Hauptkeule starke Einbrüche zu erkennen, welche eine Folge der Nahfeldverteilung der Spiralantenne sind.

6.2.2. Entwurf der Mikrowelleneinbettung des Detektors

Aufgrund der großen Ähnlichkeit der Spiralantenne zur Struktur $\text{Ant}_{\text{LS,A1}}$ sowie der Tatsache, dass der Detektor ebenfalls auf einem 3×3 mm^2-Chip hergestellt wird, wurde das bewährte Chipdesign der ursprünglichen Koplanarleitung ohne Änderung übernommen. Im Vergleich zur Antenne $\text{Ant}_{\text{LS,A1}}$ besitzt die Antenne $\text{Ant}_{\text{LS,B}}$ allerdings einen kleineren Gesamtdurchmesser. Um nun den elektrischen Kontakt zwischen Koplanarleitung und Antenne herzustellen, wurde einfach deren Windungszahl erhöht. Eine damit verbundene Reduzierung der unteren Grenzfrequenz ist für die späteren Betrachtungen nicht von Bedeutung und beeinflusst die Antenne im zu untersuchenden Frequenzbereich in keiner Weise.

Auch der Entwurf der Adapterplatine lehnt sich aufgrund der positiven Eigenschaften stark an die für ANKA entwickelte Struktur an. Wegen der veränderten Rahmenbedingungen wurden jedoch einige Modifikationen vorgenommen: Da das Modul in einem Helium-Kryostaten eingesetzt wird, welcher mit SMA-Technik ausgestattet ist, wurde die Innenleiterbreite der Koplanarleitung verbreitert, um eine Anpassung an den breiteren Innenleiterpin des Koaxialsteckers ($w_{\text{pin}} = 510\ \mu$m) zu erreichen. Entsprechend wurde die Spaltbreite angepasst, damit der Leitungswiderstand einen Wert von 50 Ω besitzt. Die Außenmaße des Detektorblocks wurden zwar beibehalten, die Abmessung der Aussparungen im Inneren bzw. die äußeren Abmessungen der Adapterplatine wurden jedoch im Vergleich zur V-Strecken-Platine vergrößert. Dadurch wird die Montage der Linse erleichtert. Bei den ANKA-Modulen war dies nicht möglich, da eine Vergrößerung der Adapterplatine in der Simulation auf die Ausbreitung unerwünschter Signalmoden hingedeutet hat. Das angepasste Layout der Adapterplatine ist in Abbildung 6.8 zu sehen. Ähnlich dem Modell in

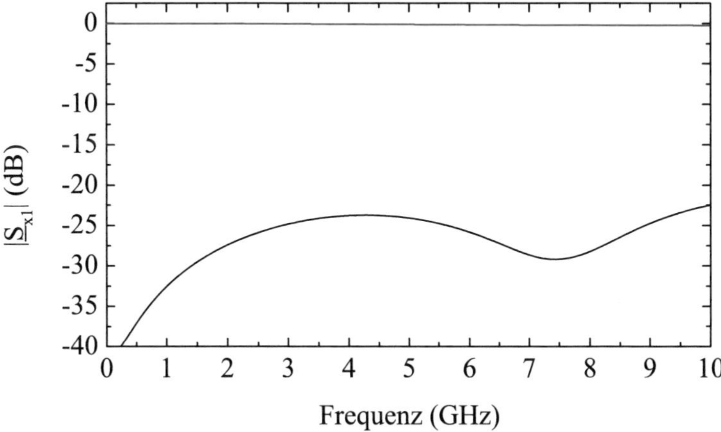

Abbildung 6.9.: Simulation des Reflexions- (schwarz) und des Transmissionsparameters (rot) der HF-Auslese des Detektorblocks in Abhängigkeit von der Frequenz.

Abbildung 5.31 wurde das Detektormodul komplett in CST Microwave Studio® implementiert. Die simulierten Verläufe der Streuparameter sind in Abbildung 6.9 veranschaulicht. Hierbei erfolgte die Untersuchung innerhalb einer Bandbreite von 0-10 GHz. Über das komplette Frequenzband hinweg verläuft die Reflexion unterhalb von -20 dB. Dadurch sowie aufgrund der geringen Materialverluste liegt die Transmission oberhalb von -0,25 dB. Der Vollständigkeit halber wurde auch das Zeitbereichsverhalten des Moduls in der Simulation untersucht. Aus der vorgegebenen Bandbreite ergibt sich ein gaußförmiges Anregungssignal mit einer Impulsbreite von 81 ps. Dieses Anregungssignal sowie das zum Koaxialanschluss transportierte Signal sind gemeinsam in Abbildung 6.10 dargestellt. Wie zu erkennen ist, besitzt das Detektormodul ideale Übertragungseigenschaften für hochfrequente Impulssignale. Die Reduzierung der Signalamplitude aufgrund von Materialverlusten oder Fehlanpassung der Leitungsimpedanzen liegt bei weniger als 1 %. Auch hinsichtlich der Impulsbreite ist keine nennenswerte Verzerrung oder Verbreiterung zu verzeichnen.

6.3. Charakterisierung des Detektormoduls

Zur Herstellung der NbN-Detektoren am IMS wurde eine Dünnschicht (t_{NbN}=5 nm) mittels Magnetronsputterns auf einem Saphirsubstrat abgeschieden. Eine darauf aufgebrachte 200 nm dicke Goldschicht wurde zur Herstellung der Antenne sowie der Koplanarleitung verwendet. Das $0,5 \times 1$ μm^2 große Detektorelement wurde mittels Elektronenstrahllithografie strukturiert. Details zur NbN-Technologie sowie eine genauere Erläuterung der Detektorherstellung finden sich in [116].

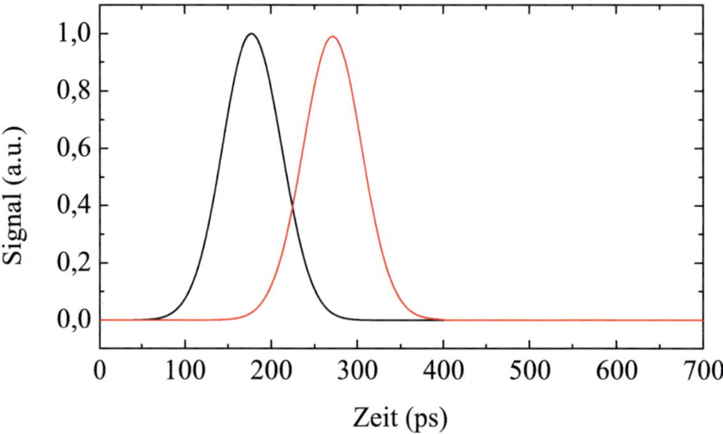

Abbildung 6.10.: Simulation des eingespeisten (schwarz) und des zum Ausgang des QCL-Detektormoduls übertragenen Signalimpulses (rot).

Der Einbau des Chips in das Detektormodul erfolgte in identischer Weise wie in Kapitel 5.5. Für die Messungen wurde ein heliumgekühlter Durchflusskryostat verwendet. Ebenso wie bei den Kühlsystemen der ANKA-Strukturen erfolgte die elektrische Kontaktierung des Detektors über ein Koaxialkabel, welches über eine Vakuumdurchführung an ein diskretes, bei Raumtemperatur betriebenes Bias-Tee ($f = 50$ kHz-12 GHz) angeschlossen wurde. Dabei kam ausschließlich SMA-Technik zum Einsatz. Erneut erfolgte die Arbeitspunkteinstellung des Detektors anhand einer Konstantstromquelle, die über das Bias-Tee angeschlossen wurde.

Die Gleichstromeigenschaften des Detektors $\text{Det}_{\text{LS,B}}$ sind anhand der gemessenen Kurven in Abbildung 6.11 dargestellt. Anhand einer Sprungtemperatur von etwa 12 K sowie einem kritischen Strom weit unterhalb von 1 mA wird am Beispiel dieses Detektors deutlich, wie stark sich die NbN-Technologie von der YBCO-Technologie unterscheidet. Das Verhalten des NbN-Detektors gegenüber einer CW-Bestrahlung bei 650 GHz wurde abhängig vom Detektorstrom untersucht und das zugehörige Ergebnis in Abbildung 6.12 dargestellt. Die Arbeitstemperatur am Detektorblock betrug $T_0 = 5{,}0$ K. Da dieser Wert deutlich unterhalb der Sprungtemperatur liegt, wurde ein hysteretisches Verhalten der Strom-Spannungs-Kennlinie beobachtet. Hohe Signalpegel treten in den Arbeitspunkten mit einem hohen differentiellen Widerstand auf, wobei der empfindlichste Arbeitspunkt in der Mitte des Hystereseastes beobachtet wurde (s. Abbildung 6.12a+b-I). Eine Zusammenfassung der einzelnen Kenngrößen ist in Tabelle 6.2 aufgelistet. Neben den Detektoreigenschaften wurde das Modul hinsichtlich der Hochfrequenzeigenschaften der Signalauslese untersucht. Die zugehörige TDR-Messung ist in Abbildung 6.13 veranschaulicht. Wie der Messkur-

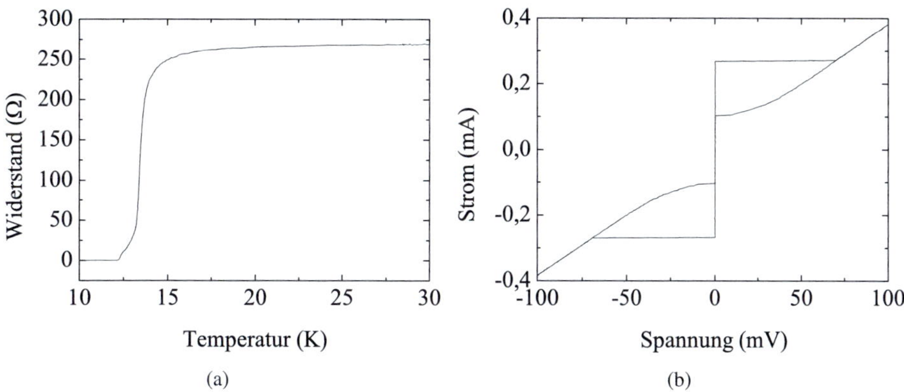

Abbildung 6.11.: Messung des Gleichstromverhaltens des NbN-Detektors $\mathtt{Det_{LS,B}}$: (a) R-T-Kurve, (b) I-U-Kennlinie bei 4,2 K.

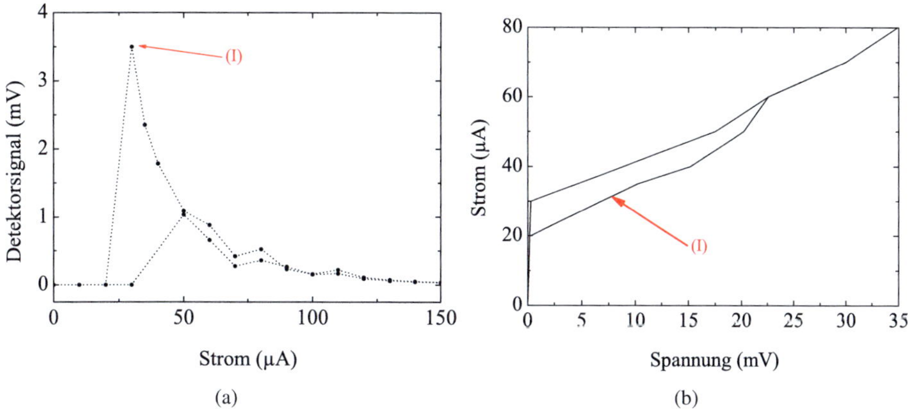

Abbildung 6.12.: (a) Gemessener Verlauf des Signals des Detektors $\mathtt{Det_{LS,B}}$ bei 650 GHz abhängig vom Detektorstrom bei $T_0 = 5,0$ K. (b) Gemessene Strom-Spannungs-Kennlinie des Detektors bei der gleichen Arbeitstemperatur. Der Arbeitspunkt mit der höchsten Empfindlichkeit ist mit (I) gekennzeichnet.

ve entnommen werden kann, liegt die Impedanz des kompletten Auslesepfads im Bereich zwischen 50,0 Ω und 52,3 Ω. Entsprechend ergibt sich mit einem maximalen relativen Fehler von 4,6 % ein hervorragendes Hochfrequenzverhalten der Übertragungsstrecke. Beim Übergang von der Antenne zum Detektor steigt die HF-Impedanz auf 133 Ω an, was nahezu ideal dem Gleichstromwiderstand des NbN-Detektors ($R_0 = 134$ Ω) bei Raumtemperatur entspricht.

Abschließend wurde das dynamische Verhalten des Detektor mittels Anregung durch kurze THz-Strahlungsimpulse bei ANKA untersucht. Bei dem durchgeführten Experiment wur-

Tabelle 6.2.: Leistungsparameter des Detektors $\mathrm{Det_{LS,B}}$.

Detektorbezeichnung	$\mathrm{Det_{LS,B}}$
Breite w_D (μm)	1,0
Länge L_D (μm)	0,5
Dicke t_NbN (nm)	5
Kritische Temperatur T_c (K)	12,2
Kritischer Strom bei 4,2 K I_c (μA)	268
Normalleitungswiderstand R_n (Ω)	248
$S_\mathrm{opt,max}$ (V/W) bei $f = 650$ GHz	17,1
U_n (nV/$\sqrt{\mathrm{Hz}}$) bei 20 Hz	140
NEP (W/$\sqrt{\mathrm{Hz}}$) bei 20 Hz	$3,3 \times 10^{-10}$
$I_\mathrm{b}(S_\mathrm{opt,max})$ (μA)	30
T_0 (K)	5,7

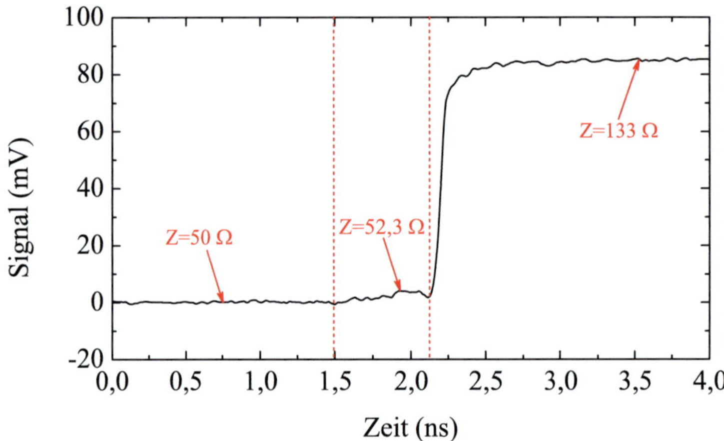

Abbildung 6.13.: TDR-Messung des QCL-Detektormoduls bei Raumtemperatur.

de das Synchrotron im sogenannten *Multi-Bunch-Modus* betrieben. Dabei wird der Speicherring mit mehreren Elektronenpaketen gefüllt, die einen zeitlichen Abstand von jeweils 2 ns besitzen. Die gemessenen Detektorsignale sind in Abbildung 6.14 dargestellt. Anhand von Abbildung 6.14a ist zu erkennen, dass der Detektor in der Lage ist, die einzelnen THz-Strahlungsimpulse sauber aufzulösen. Neben der Empfindlichkeit hängt auch die Antwortzeit des Detektors vom gewählten Arbeitspunkt ab. Bei entsprechender Einstellung des Detektorstroms konnte für den Detektor $\mathrm{Det_{LS,B}}$ eine minimale Impulsbreite von 266 ps gemessen werden (s. Abbildung 6.14b). Dieser Wert liegt deutlich unterhalb von 1 ns. Somit lässt sich zusammenfassen, dass das entwickelte Detektormodul zur Charakterisierung der Strahlungsimpulse des THz-QCLs geeignet ist.

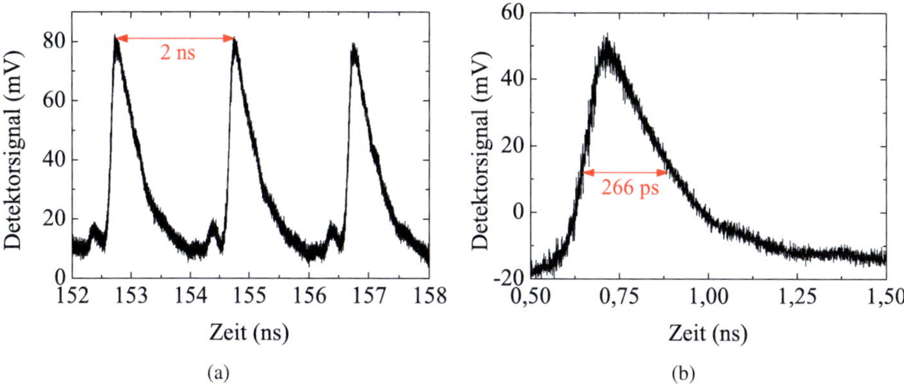

Abbildung 6.14.: Gemessene Signalverläufe des Detektors $\text{Det}_{\text{LS,B}}$ bei ANKA: (a) Signal einer Kette von drei Impulsen, (b) Einzelimpuls mit der minimal erreichten Halbwertsbreite.

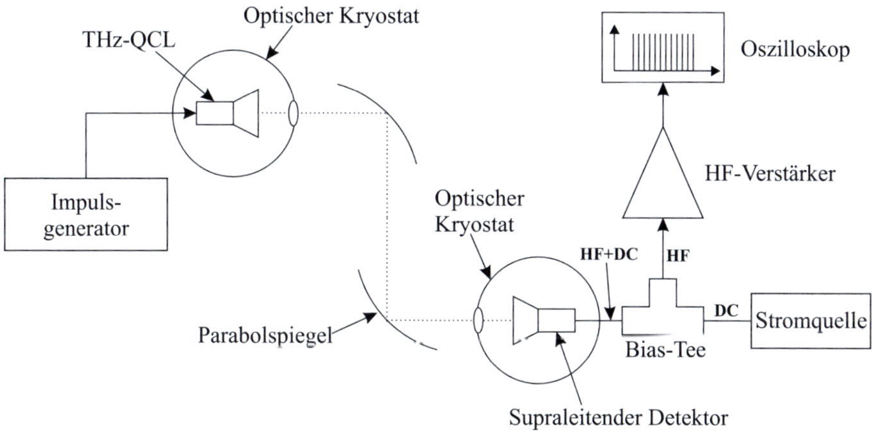

Abbildung 6.15.: Schema des Messsystems zur Charakterisierung des THz-QCLs [110].

6.4. Messungen am Quantenkaskadenlaser

6.4.1. Beschreibung des Experiments

Der experimentelle Aufbau zur Charakterisierung des QCLs ist schematisch in Abbildung 6.15 dargestellt. Der Laser wurde in einem mit Helium gekühlten Durchflusskryostaten bei einer konstanten Temperatur von $T_0 = 15$ K betrieben und wurde von einem Impulsgenerator gespeist. Für die Untersuchungen wurde entweder die Amplitude oder die Dauer des Anregungssignals variiert, wobei die Impulswiederholrate konstant gehalten wurde. Der zeitabhängige Verlauf des Stroms, der durch den Laser fließt, wurde mit Hilfe eines induktiven Strommessgeräts erfasst, dessen zeitliche Auflösung bei 5 ns liegt. Das abgestrahlte

THz-Signal wurde mit zwei Off-Axis-Parabolspiegeln auf den Detektorblock fokussiert, der in einem zweiten optischen Durchflusskryostaten montiert war. Im Unterschied zu dem bei der Detektorcharakterisierung eingesetzten Kryostaten ist dieser Kryostat mit einer Temperaturregelung ausgestattet und erlaubt dadurch eine flexible Arbeitspunkteinstellung des Detektors. Dieser wurde bei einer Temperatur $T_0 = 11,0$ K betrieben und durch eine angelegte Detektorspannung von $U_b = 6$ mV ($I_b = 50$ μA) in den supraleitenden Übergang getrieben. Im Vergleich zum Konstantstrombetrieb hat sich die Arbeitspunkteinstellung des Detektors mittels einer konstanten Spannung als stabiler erwiesen, da in diesem Fall die Hysterese der Strom-Spannungs-Kennlinie des Detektors unterdrückt wird. Das Detektorsignal wurde bei Raumtemperatur mit einem Mikrowellenverstärker der Bandbreite 0,1-400 MHz und einem Verstärkungsfaktor von 40 dB verstärkt. Das verstärkte Signal wurde schließlich mit einem 500 MHz-Echtzeitoszilloskop aufgezeichnet. Gemäß [4] berechnet sich die effektive Auslesebandbreite des Systems zu

$$f_{\text{eff}} = \left[\underbrace{\sum_i f_i^{-2}} \right]^{-1/2} = 312,4\,\text{MHz}, \tag{6.1}$$

wobei f_i die Bandbreite der i-ten Komponente innerhalb der Auslesekette bezeichnet. Der effektiven Auslesebandbreite kann eine Zeitauflösung des Systems von

$$\tau = \frac{0,35}{f_{\text{eff}}} = 1,1\,\text{ns} \tag{6.2}$$

zugeordnet werden. Entsprechend den gewählten Impulsgeneratoreinstellungen für Impulsbreite und -wiederholrate sowie Ausgangsspannung tritt das mit dem Oszilloskop gemessene Detektorsignal als Kette einzelner Signalimpulse in Erscheinung. Zur Veranschaulichung ist in Abbildung 6.16 das Signal des NbN-Detektors für eine Impulswiederholrate von 500 kHz, eine Impulsdauer von 50 ns sowie bei einer eingestellten Ausgangsspannung von 13,7 V zu sehen. Die Impulse besitzen alle die gleiche Amplitude und erscheinen aufgrund der eingestellten Wiederholrate in einem zeitlichen Abstand von 2 μs. Zur nachfolgenden Untersuchung von Einzelimpulsen ist zu beachten, dass die Impulslänge sowie die Wiederholrate mit Bedacht eingestellt werden müssen. Sind sind Werte zu hoch gewählt, so kann es aufgrund der erzeugten Verlustleistung zu einer massiven Erwärmung des QCLs kommen, wodurch aufeinanderfolgende Impulse wegen des Abfalls der Strahlungsleistung unterschiedliche Amplituden besitzen.

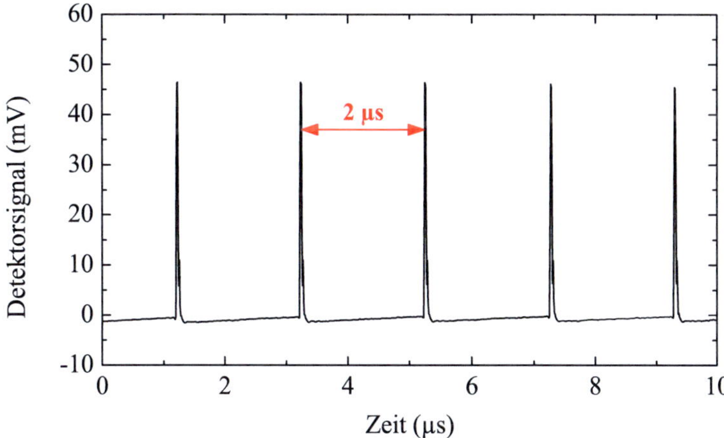

Abbildung 6.16.: Gemessener Signalverlauf des NbN-Detektors $Det_{LS,B}$ bei 3,1 THz und einer Impulswiederholrate des THz-QCLs von 500 kHz.

6.4.2. Analyse der THz-Emission des QCLs abhängig von der angelegten Vorspannung

Um die abgestrahlte Leistung des THz-QCLs in Abhängigkeit vom Stromfluss zu analysieren, wurde die am Impulsgenerator eingestellte Ausgangsspannung in einem Bereich von 12,0 V bis 16,6 V variiert. Dabei wurden insgesamt 26 verschiedene Arbeitspunkteinstellungen untersucht. Der zeitliche Verlauf des Stromflusses durch den QCL bei einer Impulsdauer von 500 ns ist in Abbildung 6.17a für unterschiedliche Arbeitspunkte verdeutlicht. Dabei muss man sich vergegenwärtigen, dass sich der jeweils am Impulsgenerator eingestellte Spannungswert von der tatsächlich über dem aktiven Bereich anliegenden Spannung, welche einen dynamische Verlauf besitzt, unterscheidet. Die näherungsweise rechteckförmigen Spannungssignale des Impulsgenerators führen zu Stromkurven mit ähnlicher Form. Allerdings ist die Rechteckgrundform von Oszillationen überlagert, welche durch die Impedanzfehlanpassung zwischen Generator und QCL verursacht werden. Diese Effekte treten vor allem während der ansteigenden und abfallenden Flanke sowie im vorderen Plateaubereich auf. Im mittleren und hinteren Bereich verläuft der Strom homogen mit einem leichten Anstieg bis zum Ende des Plateaus. Mit der Erhöhung der Spannungswerte geht eine Erhöhung der Stromkurven einher, wobei die grundsätzliche Form der Stromkurven erhalten bleibt. Die zugehörigen Signalverläufe des NbN-Detektors sind in Abbildung 6.17b veranschaulicht. Im Gegensatz zum QCL-Strom weisen die gemessenen Detektorsignale deutliche Unterschiede hinsichtlich Amplitude und Impulsform auf. Da bei NbN-Detektoren aufgrund eines großen Dynamikbereichs die Signalspannung linear von der eingekoppelten

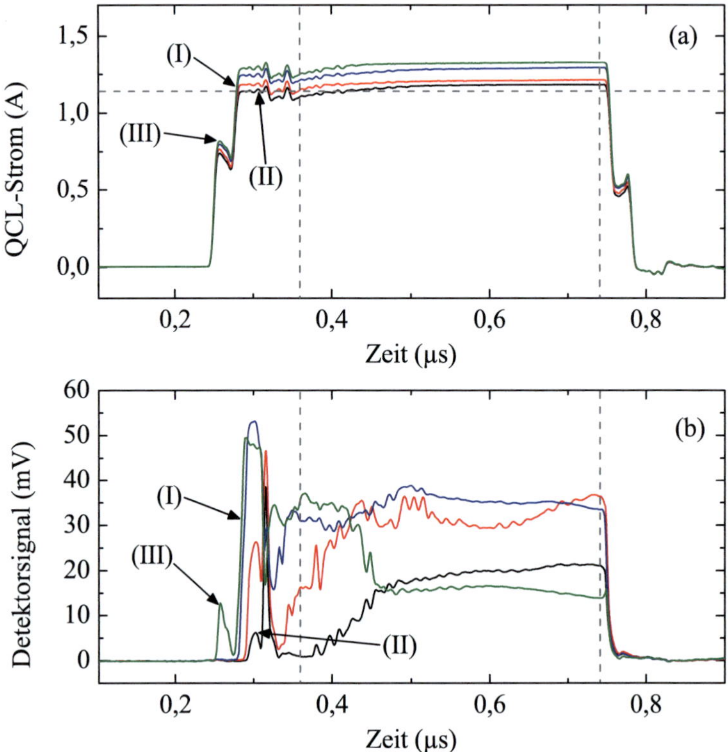

Abbildung 6.17.: (a) Messung des QCL-Stroms abhängig von der Zeit für verschiedene Vorspannungen: $U_{qcl} = 12{,}6$ V (schwarz), $U_{qcl} = 13{,}0$ V (rot), $U_{qcl} = 13{,}7$ V (blau) und $U_{qcl} = 14.1$ V (grün). Die gestrichelte horizontale Linie markiert den Schwellstrom des Lasers, die gestrichelten vertikalen Linien markieren den Zeitbereich, der zur Bestimmung der Übertragungsfunktion des QCLs verwendet wurde. (b) Gemessenes NbN-Detektorsignal abhängig von der Zeit für die entsprechenden Spannungswerte. Besonderheiten der Verläufe sind durch (I)-(III) gekennzeichnet (siehe Text) [110].

Strahlungsleistung abhängt (siehe später sowie [106]), lässt sich schlussfolgern, dass der THz-QCL ein extrem nichtlineares Übertragungsverhalten besitzt.

Wie bereits erwähnt wurde, beginnt ein QCL Strahlung zu emittieren, wenn der Anregungsstrom einen bestimmten Schwellwert überschreitet. Dieser wird durch die im Wellenleiter und den Laserspiegeln auftretenden Verluste, die Überlagerung der Wellenleitermoden im aktiven Bereich sowie dem Lasergewinn-Koeffizienten bestimmt. Für den untersuchten Laser liegt der Schwellstrom bei $I_{th} = 1{,}13$ A. Dieser Schwellwert ist in Abbildung 6.17a durch die gestrichelte horizontale Linie gekennzeichnet. Grundsätzlich gilt, dass für größere Vorspannungen der Schwellstrom zeitlich früher erreicht wird als für niedrigere Werte und deshalb der QCL auch eher damit beginnt, Strahlung zu emittieren. Durch die Verwendung des schnellen supraleitenden Detektors ist es erstmals möglich, ein solches Verhalten messtechnisch zu erfassen. Dies wird aus dem Vergleich der grünen mit der schwarzen Kurve in Abbildung 6.17 ersichtlich. Die erste Spannungsspitze des Detektorsignals der grünen Kurve (gekennzeichnet durch 'I' in Abbildung 6.17b) tritt etwa 14 ns früher auf als bei der schwarzen Kurve (s. Abbildung 6.17b-II), da der Stromverlauf den Schwellwert entsprechend früher erreicht (Abbildung 6.17a-I und -II) als Folge des dynamischen Anregungssignals.

An dieser Stelle sei zusätzlich angemerkt, dass manchmal auch dann solche Effekte im Detektorsignal in Erscheinung traten, obwohl der gemessene Strom unterhalb des Schwellwerts verläuft. Zur Erklärung sei die grüne Kurve betrachtet: Die Detektorsignalkurve zeigt eine Art „Vorimpuls" (Abbildung 6.17b-III), welcher zeitlich vor der großen Signalspitze auftritt, obwohl die lokale Stromspitze unterhalb des Schwellwerts liegt (Abbildung 6.17a-III). Dies ist der begrenzten Auslesebandbreite des Strommessgeräts geschuldet, welches für sehr schnell veränderliche Stromverläufe geringere Werte erfasst als in Wirklichkeit anliegen. Das Fehlen dieses Vorimpulses bei den anderen Kurven in Abbildung 6.17b lässt vermuten, dass bei diesen Kurven der Schwellwert nicht erreicht wurde.

Die Übertragungsfunktion des Lasers, welche die Detektorspannung in Beziehung zum Anregungsstrom setzt, wurde ermittelt, indem die Detektorsignale direkt denjenigen Stromwerten zugeordnet wurden, die zum jeweils gleichen Zeitpunkt auftreten. Für eine korrekte Zuordnung wurde der Jitter bei den Strömen und bei den Detektorsignalen korrigiert. Beim Detektorsignal wurde zusätzlich die Laufzeit aufgrund der optischen Weglänge kompensiert. Um Fehler durch die oben beschriebene Problematik bei der Messung schnell veränderlicher Ströme zu vermeiden, wurde bei der Analyse ein zeitlicher Bereich betrachtet, in dem die Stromverläufe eine geringe Dynamik aufweisen. Dieser Bereich ist in Abbildung 6.17a durch die gestrichelten vertikalen Linien gekennzeichnet. Auf diese Weise war es möglich, Ströme im Bereich $I_{\mathrm{qcl}} = 1,05 - 1,52$ A aus den 26 unterschiedlichen Kurven zu erfassen. Auf die Rohdaten wurde zur Reduzierung des Rauschens ein Glättungsfilter angewandt [117]. Die daraus resultierende Messkurve des NbN-Detektors ist in Abbildung 6.18 anhand der schwarzen Kurve dargestellt. Darüber hinaus wurden Vergleichsmessungen mit einem YBCO-Detektor durchgeführt, um einen direkten Einfluss der Eigenschaften des NbN-Detektors auf den Verlauf der Übertragungsfunktion ausschließen zu können. Der verwendete YBCO-Detektor war in eine Antenne der Geometrie $\mathrm{Ant_{LS,A1}}$ eingebettet. Da diese Antenne ursprünglich nicht für den Einsatz bis oberhalb von 3 THz optimiert wurde, lagen die gemessenen Signalpegel deutlich unterhalb derer des NbN-Detektors. Trotzdem war das Signal-Rausch-Verhältnis hinreichend hoch, um eine Analyse durchführen zu können. Der zugehörige Verlauf ist ebenfalls in Abbildung 6.18 (rot) dargestellt, wobei beide Kur-

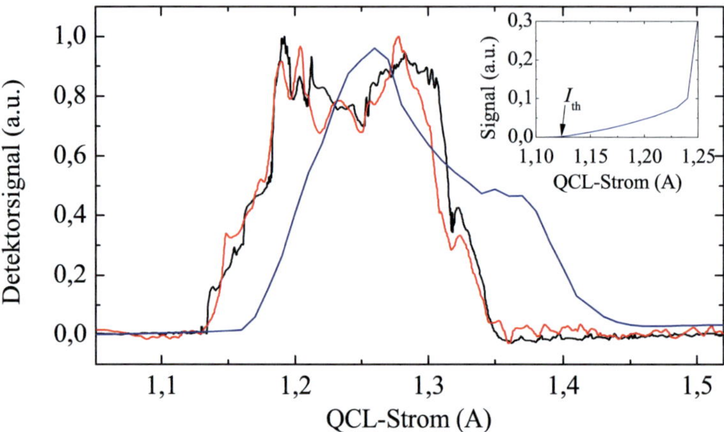

Abbildung 6.18.: Übertragungsfunktion des QCLs (Detektorsignal abhängig vom QCL-Strom) für den NbN- (schwarz) und den YBCO-Detektor (rot). Zum Vergleich ist die mit einem kommerziellen Ge-Bolometer aufgenommene Kurve dargestellt (blau). Der Ausschnitt zeigt die Messkurve des Ge-Bolometers im Bereich um den Schwellstrom [110].

ven auf ihr jeweiliges Maximum normiert sind. Wie man sehen kann, weisen beide Kurve eine gute Übereinstimmung auf. Daraus sowie aufgrund des linearen Verhaltens beider Detektoren lässt sich die Schlussfolgerung ziehen, dass die Kurven den tatsächlichen Zusammenhang zwischen dem Anregungsstrom des QCLs und dessen emittierter Strahlungsleistung repräsentieren. Somit kann aus den Übertragungskurven direkt der exakte Wert des Schwellstroms bestimmt werden, welcher für den untersuchten Laser $I_{th} = 1,13$ A beträgt. Für geringere Stromwerte wurde keine Strahlung detektiert. Das gleiche gilt für Werte oberhalb des Abschnürstroms (engl. Cut-Off Current) $I_{cut} = 1,36$ A. Zwischen diesen beiden Extremwerten kann eine Doppelspitze beobachtet werden, deren lokale Maxima etwa bei $I_{qcl} = 1,20$ A und $I_{qcl} = 1,28$ A auftreten. Das Auftreten einer Doppelspitze deckt sich somit mit dem anhand der Simulation vorhergesagten Verhalten. Aus der Strom-Spannungs-Kennlinie des QCLs kann entnommen werden, dass die Maxima der Messkurven bei den Spannungen $U_{qcl} = 13,7$ V und $U_{qcl} = 14,1$ V auftreten. Die beiden Werte sind um etwas mehr als ein Volt höher als die berechneten Werte, was auf den Kontaktwiderstand des Lasers zurückzuführen ist. Diese genannten Kennwerte stellen eine grundsätzliche Eigenschaft eines THz-QCLs dar und hängen nicht davon ab, ob der Laser in einem gepulsten oder kontinuierlichen Modus betrieben wird.

Abbildung 6.18 zeigt zudem die Übertragungskurve, die mit Hilfe eines heliumgekühlten Ge-Bolometers ermittelt wurde. Aufgrund der großen Zeitkonstante des Bolometers ist eine zeitaufgelöste Messung wie bei den supraleitenden Detektoren nicht möglich. Die Messkurve des Ge-Bolometers entspricht daher eher der während der Anregungsdauer erzeugten Impulsenergie anstatt der echten Leistungs-Strom-Charakteristik. Für die Ermittlung der Übertragungskurve wurde daher der Sättigungswert im Plateaubereich einer bestimmten Stromkurve (s. Abbildung 6.17a) als jeweiliger Wert auf der Abszisse verwendet. Wie zu erkennen ist, existiert eine deutliche Abweichung zwischen den Kurven der ultraschnellen Detektoren und des Ge-Bolometers als direkte Konsequenz dessen integrierenden Verhaltens. Zum einen ist eine Verschiebung der Ge-Bolometer-Kurve zu höheren Stromwerten zu verzeichnen, andererseits scheint anhand dieser Kurve der Laser über einen größeren Strombereich hinweg Strahlung zu emittieren als die NbN- und die YBCO-Kurve dies andeuten. Die Ursache dafür liegt im Auftreten von Messartefakten, die durch die zeitlich schnell veränderlichen Strömverläufe verursacht werden. So kann es vorkommen, dass der Lasingprozess durch eine hohe Stromspitze ausgelöst werden kann und der Detektor ein Strahlungssignal erfasst, obwohl der zugehörige Wert im Plateau der Stromkurve unterhalb des Schwellwerts bzw. oberhalb des Abschnürwerts verläuft. Daher ist die exakte Bestimmung der Übertragungskurve mittels einer nicht zeitaufgelösten Messung nicht möglich, was neben den verschobenen Werten des Schwell- und Abschnürstroms auch am Beispiel der entarteten Kurvenform zu sehen ist.

Was hingegen möglich ist, ist die Bestimmung des Schwellstroms. Dazu muss das Messsignal des Ge-Bolometers dem zugehörigen Intrapulsmaximum des entsprechenden Stromverlaufs (anstatt des Plateauwerts) zugeordnet werden. Dies ist exemplarisch in dem eingefügten Ausschnitt in Abbildung 6.18 gezeigt. Daraus ist ersichtlich, dass der resultierende Schwellstrom $I_{\text{th}} = 1,13\,A$ beträgt und somit exakt mit dem Wert übereinstimmt, der aus den beiden Kurven der supraleitenden Detektoren ermittelt wurde.

Ist die Übertragungskennlinie eines QCLs bekannt, so ist es grundsätzlich möglich, das dynamische Verhalten des Detektorsignals für einen beliebigen Verlauf des Anregungsstroms vorauszusagen. Um diese Art der Simulation zu testen, wurden die gemessenen Stromverläufe auf die Übertragungskurve angewendet, die aus der NbN-Messung gewonnen wurde. Die Ergebnisse für zwei verschiedene Vorspannungswerte des QCLs sind in Abbildung 6.19 dargestellt. Alle Signale wurden auf das globale Maximum aller 26 simulierter Kurven normiert. Dadurch ist die Vergleichbarkeit der simulierten und der gemessenen Verläufe bei unterschiedlichen Vorspannungen gewährleistet. Insgesamt konnte eine sehr gute Übereinstimmung zwischen Simulation und Messung in Bezug auf Amplitude, Form sowie der transienten Eigenschaften der Kurvenverläufe festgestellt werden. Lediglich im Bereich der ansteigenden Flanke konnten Abweichungen beobachtet werden: Fast allen Kurven war gemein, dass die erste zeitlich auftretende Signalspitze der Simulationskurven unterhalb der Messwerte verlief (siehe Abbildung 6.19a-I und Abbildung 6.19b-I). Zudem

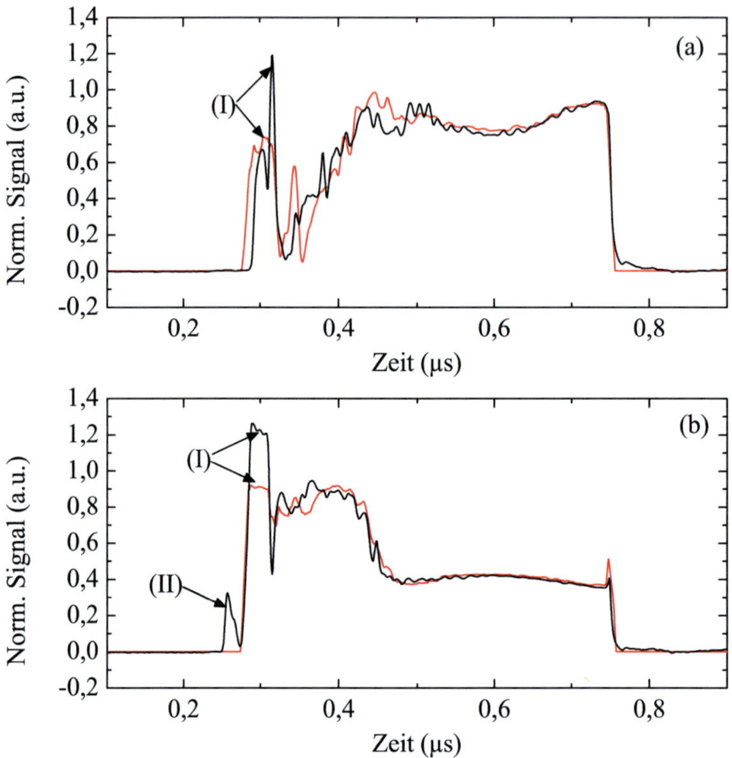

Abbildung 6.19.: Gemessene (schwarz) und simulierte (rot) NbN-Detektorsignale abhängig von der Zeit für (a) $U_{\mathrm{qcl}} = 13,0$ V und (b) $U_{\mathrm{qcl}} = 14,1$ V. (I)+(II) markieren Diskrepanzen zwischen den Messungen und den Simulationskurven (siehe Text) [110].

trat in den Messkurven bei einigen Vorspannungen ein zusätzlicher Impuls zeitlich vor dem eigentlichen Hauptimpuls auf. Dieser Impuls (siehe Abbildung 6.19b-II) konnte in keiner Simulation nachgebildet werden. Auffällig ist jedoch die Tatsache, dass dieser Impuls zeitlich direkt dem Maximum in der Mitte der ansteigenden Flanke des Stromverlaufs zugeordnet werden kann (siehe Abbildung 6.17a-III). Wie bereits erwähnt wurde, ist das Verhalten beider Effekte in der begrenzten Auslesebandbreite der Stromsonde begründet. Beim Auftreten schneller Stromspitzen kann die Sonde nicht dem exakten Verlauf folgen und nimmt niedrigere Werte auf. Im Vergleich zu den gemessenen Detektorsignalen führt dies in der Simulation zu niedrigeren Detektorsignalen bzw. zu einem kompletten Ausbleiben eines Signals, falls der gemessene Eingangstrom fälschlicherweise unterhalb des Schwellwerts verbleibt.

Ein weiterer wichtiger Parameter zur Charakterisierung des Leistungsvermögens eines Lasers ist die emittierte Impulsenergie E_{p}. Die Abhängigkeit der Energie E_{p} von der am Im-

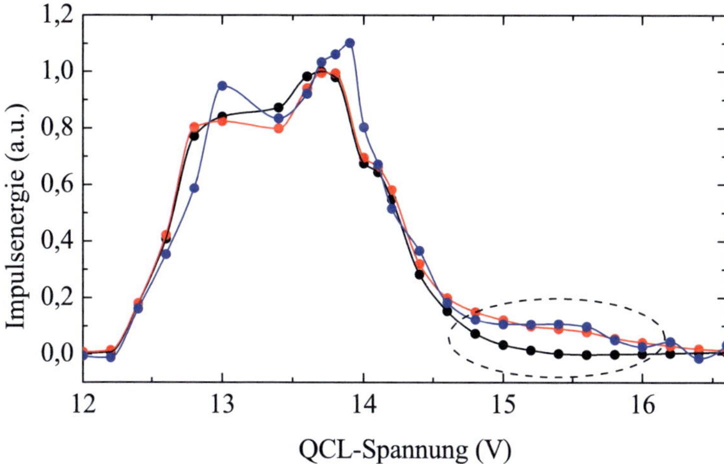

Abbildung 6.20.: Abhängigkeit der Impulsenergie E_p (Symbole) von der angelegten Vorspannung U_{qcl} für die anhand der NbN-Übertragungsfunktion simulierten Kurven (schwarz) sowie für die NbN-Messungen (rot) und die YBCO-Messungen (blau). Die Linien dienen zur Veranschaulichung. Die gestrichelte Ellipse markiert den Bereich, in welchem die Simulation und die Messungen aufgrund des Einflusses des Vorimpulses voneinander abweichen [110].

pulsgenerator eingestellten Vorspannung U_{qcl} wurde durch Integration der zeitabhängigen Detektorsignale über die Dauer des Anregungsimpulses untersucht. Diese Auswertungen wurden sowohl für die NbN- und die YBCO-Messungen als auch für die anhand der NbN-Übertragungsfunktion erzeugten Simulationskurven durchgeführt. Alle drei Kurven sind zum Vergleich in Abbildung 6.20 dargestellt und sind auf das Maximum der simulierten Kurve normiert. Alle Kurven zeigen eine gute Übereinstimmung. Es ist zu sehen, dass für geringe Vorspannungen ($U_{qcl} < 12,2$ V) der gesamte QCL-Strom unterhalb des Schwellwerts bleibt und deshalb kein Strahlungssignal detektiert wird. Für Spannungen $U_{qcl} > 14,0$ V ist ein rapider Abfall der Impulsenergie festzustellen, da bei diesen Einstellungen der Strom innerhalb eines kurzen Zeitbereichs so stark ansteigt, dass der Abschnürstrom überschritten wird und Leistung lediglich während der ansteigenden Flanke eines Stromimpulses abgestrahlt wird. Im Unterschied dazu besitzt die Impulsenergie große Werte für diejenigen Arbeitspunkte, in denen der Sättigungswert des Stroms Werte annimmt, die mit einer hohen Ausgangsleistung der Übertragungskurve verknüpft sind. Für den untersuchten QCL ist dies der Fall für den Spannungsbereich von 12,8 V bis 14,0 V. Maximale Strahlungsenergie ergibt sich für die Spannungen $U_{qcl} = 13,7 - 13,9$ V.

Eine leichte Abweichung der gemessenen Verläufe von der simulierten Kurve tritt im Bereich $U_{qcl} = 14,6 - 16,2$ V auf. Dies ist in Abbildung 6.20 durch die gestrichelte Ellipse gekennzeichnet und ist wiederum durch den Einfluss des bei hohen Vorspannungen auftretenden Vorimpulses zu erklären. Trotz der kurzen Dauer trägt dieser Vorimpuls aufgrund seiner recht hohen Amplitude zur Gesamtenergie bei. Da dieser Einfluss bei den Simulationen nicht berücksichtigt wird, verläuft die Simulationskurve zwangsläufig unterhalb den gemessenen Werten. Für höhere Spannungen verschwindet der Vorimpuls und die simulierte und die gemessenen Kurven gleichen sich wieder an. Anhand dieser Kurven ist ersichtlich, dass es möglich ist, die emittierte Impulsenergie anhand der geschickten Einstellung der QCL-Vorspannung zu maximieren.

6.4.3. Analyse der THz-Emission des QCLs abhängig von der Impulslänge

Zusätzlich zur Variation der am Laser angelegten Vorspannung wurde die Abhängigkeit der Detektorsignale von der Impulslänge Δt untersucht. Die Impulslänge wurde dabei zwischen 10 ns und 500 ns variiert, während die Vorspannung auf einen konstanten Wert von $U_{qcl} = 13,9$ V festgelegt wurde, um eine hohe Strahlungsenergie zu erzielen. Die Impulswiederholrate sowie die Betriebstemperatur und die Arbeitspunkteinstellungen der Detektoren wurden im Vergleich zu den zuvor beschriebenen Messungen nicht verändert.

Die durchgeführten Messungen haben gezeigt, dass der Lasingprozess des QCLs erst bei einer Anregungsdauer länger als 40 ns aktiviert wird. Für eine kürzere Anregungsdauer erreicht der QCL-Strom den Schwellwert aufgrund der endlichen Steilheit der Flanke nicht und es wird kein THz-Signal emittiert. Diese Einschränkung liegt jedoch nicht am QCL selbst, sondern vielmehr an der Treiberelektronik des verwendeten Impulsgenerators.

Die gemessenen Stromkurven sowie die entsprechenden NbN-Detektorsignale sind in Abbildung 6.21 für unterschiedliche Werte der eingestellten Impulsdauer dargestellt. Zudem sind die simulierten Signale anhand der zuvor ermittelten NbN-Übertragungsfunktion in Abbildung 6.21b abgebildet, welche eine gute Übereinstimmung mit den Messkurven aufweisen. Wie anhand der Stromverläufe zu vermuten ist, zeichnen sich die Detektorsignale in den mittleren und hinteren Bereichen der Impulse durch einen homogenen Verlauf als im Anfangsbereich aus. Der monotone Abfall der Signalamplitude bei den langen Impulsen ist auf den geringfügigen Anstieg des Stroms gegen Ende des Plateaus zurückzuführen.

Anhand dieser Messungen wurde die Impulsenergie bestimmt, indem für jede Kurve das Integral des Detektorsignals über der Anregungsdauer ermittelt wurde. Die berechneten Werte sind in Abbildung 6.22 sowohl für die NbN- als auch für die YBCO-Messungen dargestellt. Die Absolutwerte für die Impulsenergie auf der Abszisse wurden mittels eines kalibrierten Ge-Bolometers bestimmt. Der Graph zeigt einen linearen Verlauf, woraus sich schließen lässt, dass die zeitabhängigen Detektorspannungen tatsächlich proportional zur absorbierten THz-Leistung sind. Der vertikale Versatz der YBCO-Kurve ist durch einen im Vergleich zur NbN-Kurve höheren Rauschpegel bedingt. Die geringen Abweichungen der

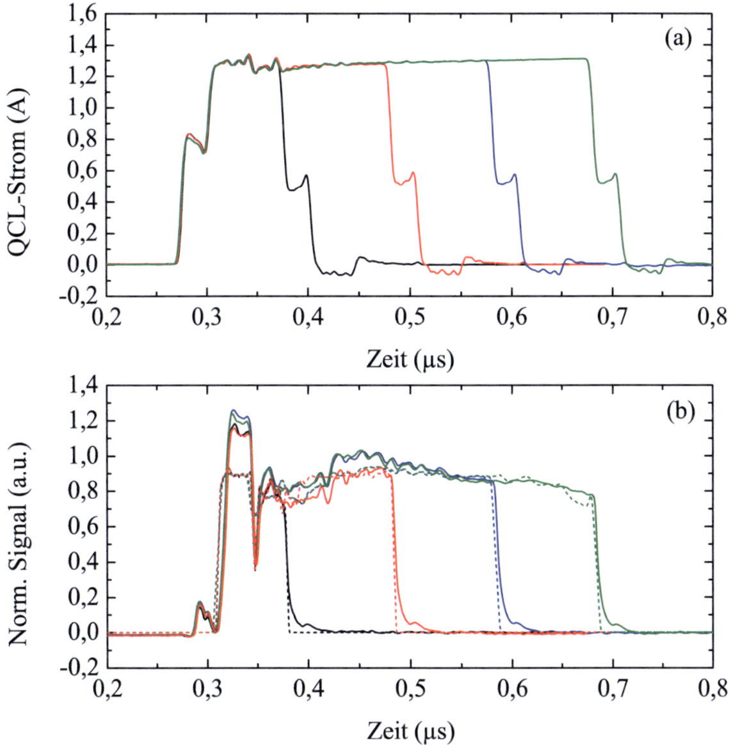

Abbildung 6.21.: (a) Gemessener Verlauf des QCL-Stroms abhängig von der Zeit für unterschiedliche Impulsdauern: $\Delta t = 100$ ns, $\Delta t = 200$ ns, $\Delta t = 300$ ns, $\Delta t = 400$ ns und $\Delta t = 500$ ns. (b) Gemessener (durchgezogen) und simulierter (gestrichelt) Verlauf des NbN-Detektorsignals für die entsprechenden Anregungsimpulse [110].

Messpunkte von den linearen Anpassungskurven für die niedrigen Energiewerte ist eine Folge der Dynamikeffekte zu Beginn eines Impulses. Bedingt durch die Messgenauigkeit, mit der die zeitlichen Signale aufgelöst werden können, ergeben sich Ungenauigkeiten bei der Berechnung des Integrals. Für kurze Impulse (<80 ns) ergibt sich eine geringe Signalenergie von weniger als 0,05 nJ. Da ein Großteil dieser Energiemenge auf den transienten Teil entfällt, leidet die Genauigkeit der Berechnung darunter.

Insgesamt lässt sich aber festhalten, dass aufgrund der vorgestellten Ergebnisse die entwickelten Detektormodule auch für weiterführende Analysen interessant sind wie z.B. die ultraschnelle Modulation von QCLs [118] oder die Untersuchung von QCLs im „modelocking"-Betrieb [119]. Dabei wird eine schnelle Detektion benötigt, um die Impulse aufzulösen, die sich innerhalb der Laserkavität mit einer Umlaufdauer von typischerweise weniger als 100 ps bewegen.

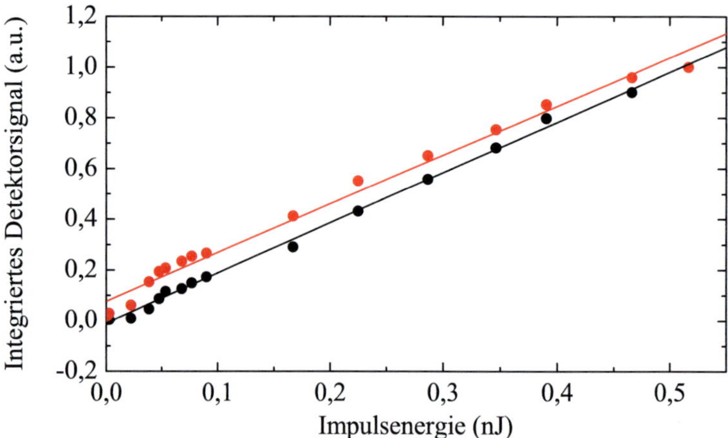

Abbildung 6.22.: Integrierte Werte der Detektorsignale (Symbole) abhängig von der Impulsenergie E_p für den NbN- (schwarz) und den YBCO-Detektor (rot). Die durchgezogenen Linien sind lineare Anpassungskurven [110].

6.5. Diskussion und Zusammenfassung

In diesem Kapitel wird ein quasioptisches Detektormodul vorgestellt, welches speziell für die Verwendung mit einem supraleitenden NbN-Detektor entwickelt wird. Anhand dieses ultraschnellen NbN-Detektors wird erstmalig die zeitlich hoch aufgelöste Strahlungsemission eines THz-Quantenkaskadenlasers bei einer Frequenz von 3,1 THz ermöglicht. Es wird gezeigt, dass die abgestrahlte THz-Leistung in hohem Maße vom dynamischen Verlauf des durch den QCL fließenden Stroms abhängt. Durch die Zuordnung der gemessenen Detektorsignale zu den entsprechenden QCL-Stromkurven kann die Übertragungsfunktion des QCLs (d.h. die emittierte THz-Leistung abhängig vom Anregungsstrom) gewonnen werden. Neben der exakten Bestimmung wichtiger Laserparameter (Schwellstrom, Abschnürstrom) kann anhand der gemessenen Kurve das Auftreten einer Doppelspitze beobachtet werden. Dieses Verhalten ist auf die Überlappung verschiedener Energiebänder innerhalb des Lasers zurückzuführen und war bisher nur von numerischen Simulationen bekannt, konnte messtechnisch aber bislang nicht nachgewiesen werden. Eine Verifikation dieser Ergebnisse wird anhand von Vergleichsmessungen mit einem supraleitenden YBCO-Detektor durchgeführt. Aufgrund der deutlich größeren Zeitkonstanten kommerziell verfügbarer Strahlungsdetektoren wie Halbleiterbolometer, Golayzellen oder pyroelektrische Sensoren sind solche Detektoren zur zeitlich aufgelösten Analyse gepulster THz-Signale nicht in der Lage.

Durch Kenntnis der Übertragungsfunktion des QCLs ist es nun zudem möglich, dessen dynamisches Abstrahlverhalten für einen beliebigen Verlauf des Anregungsstroms vorauszusagen. Die Gültigkeit dieser Vorhersage wird durch die hohe Übereinstimmung der simulierten Kurven mit den gemessenen Detektorsignalen eindrucksvoll demonstriert.

Darüber hinaus wird gezeigt, wie die abgestrahlte Impulsenergie des Lasers von der Wahl des Arbeitspunkts abhängt und welchen Einfluss Transienten im Verlauf des Anregungsstroms auf die Impulsenergie besitzen. Anhand dieser Ergebnisse ist es möglich, eine optimale Arbeitspunkteinstellung des Lasers im Hinblick auf eine maximale Strahlungsenergie zu erzielen.

7. Antennen mit hoher Impedanz für ungekühlte Detektoren aus amorphem YBa$_2$Cu$_3$O$_{7-x}$

Gekühlte supraleitende Sensoren werden vor allem in Anwendungsbereichen eingesetzt, deren extreme Anforderungen durch konventionelle elektronische Komponenten nicht erfüllt werden können. Am Beispiel der in den Kapiteln 5 und 6 vorgestellten quasioptischen Detektormodule konnte dies anhand einer extrem hohen Zeitauflösung demonstriert werden. Umgekehrt gibt es Anwendungen, z.B. in den Bereichen Medizin- und Sicherheitstechnik [18], für welche THz-Sensoren benötigt werden, bei denen der Kostenfaktor, der Platzbedarf oder die Möglichkeit zum Aufbau von Multipixelarrays die maßgebende Rolle spielt. Neuartige Raumtemperaturbolometer aus amorphem YBa$_2$Cu$_3$O$_{7-x}$ (a-YBCO) etwa bieten dazu aufgrund ihrer hohen Temperaturabhängigkeit die Möglichkeit zur Entwicklung empfindlicher Detektoren. Aufgrund ihres hohen spezifischen Widerstands werden dazu allerdings Antennen mit einer sehr hohen Eingangsimpedanz benötigt, um Koppelverluste durch Fehlanpassung zu vermeiden. Der Entwurf solcher Antennen sowie die Untersuchung ihrer Strahlungseigenschaften wird in diesem Kapitel eingehend behandelt. Der Großteil dieser Ergebnisse wurde in [120] publiziert.

7.1. Einführung

Ein vielversprechender Kandidat als Basiselement zur Entwicklung integrierter Multipixelsysteme ist das Raumtemperaturbolometer. Durch den Verzicht auf die Verwendung von Kühlsystemen bieten Raumtemperaturdetektoren die Vorteile einer kompakten Systemarchitektur, eines kostengünstigen Betriebs sowie die Einsatzmöglichkeit in mobilen Anwendungen. Wie bereits in Kapitel 2.1 näher erläutert wurde, hat sich vor allem im Infrarotbereich der Einsatz ungekühlter Halbleiterbolometer seit langem etabliert. Besonders durch die Wärmebildkameratechnik [29] konnte die Entwicklung von Bolometern aus Vanadiumoxid (VO$_x$) einen rasanten Fortschritt verzeichnen. Dabei konnte durch die Realisierung thermisch stark entkoppelter Membranstrukturen der im Vergleich zu den Supraleitern deutlich niedrigere Widerstandstemperaturkoeffizient der Halbleitermaterialien wettgemacht werden.

Die Herausforderung beim Übergang zum langwelligen THz-Bereich besteht in der Integration der Detektoren in Antennenstrukturen, welche für eine effiziente Strahlungskopp-

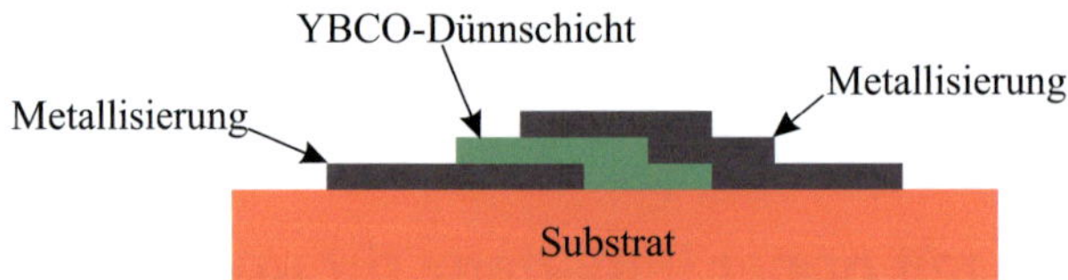

Abbildung 7.1.: Schematischer Querschnitt eines Metall-YBCO-Metall-Trilayers zur Reduzierung der Detektorimpedanz ($t_{met} = 200$ nm; $t_{YBCO} = 300$ nm) [120, 123].

lung benötigt werden. An der Entwicklung antennengekoppelter Raumtemperaturbolometer wird bereits seit Ende der 1970er Jahre geforscht [31]. Anfänglich wurden dabei die Detektorelemente aus dünnen Bismutschichten hergestellt, später wurden hauptsächlich Niobtechnologien [121, 122] aufgrund eines besseren Rauschverhaltens eingesetzt. Neben der einfachen Herstellung anhand lithografischer Prozesse war vor allem der geringe spezifische Widerstand der Metalle interessant, welcher eine hervorragende Anpassung an die Eingangsimpedanz standardisierter Breitbandantennen ($Z_A \approx 100$ Ω) erlaubt. Aufgrund der niedrigen TCR-Werte der Metalle im Bereich unterhalb von 0,3 %/K verfügen diese Detektortypen allerdings nur über eine mäßige Detektionsempfindlichkeit.

Dagegen konnte neben den aus dem Infrarotbereich bekannten halbleitenden Materialien wie amorphes Silizium (a-Si) oder Vanadiumoxid (VO$_x$) vor allem anhand von a-YBCO gezeigt werden, dass die Herstellung von Strukturen mit einer enorm hohen Temperaturabhängigkeit möglich ist. Die in [18] vorgestellten Schichten besitzen einen Widerstandstemperaturkoeffizienten von bis zu $TCR \approx 5$ %/K. Bei einer Schichtdicke von 300 nm und einem spezifischen Widerstand des Detektormaterials von $\rho = 500 - 600$ Ωcm ergibt sich allerdings ein Schichtwiderstand von bis zu 20 MΩ, wodurch die Ankopplung an eine Antenne unmöglich wird.

Eine Möglichkeit zur Reduzierung der Impedanz besteht in der Verwendung eines dreilagigen Metall-YBCO-Metall Aufbaus anstatt einer rein planaren Struktur. Der Aufbau eines solchen *Trilayers* ist schematisch in Abbildung 7.1 dargestellt. Durch die Verwendung einer entsprechend großen Kontaktfläche der Metallisierung mit einer Kantenlänge im Bereich von etwa 10 μm lässt sich der Detektorwiderstand signifikant auf den Größenbereich $Z_D = 1 - 10$ kΩ reduzieren.

Das Konzept des Aufbaus des THz-Detektors, wie er in Zukunft entwickelt werden soll, ist in Abbildung 7.2 veranschaulicht. Die Antenne sowie das Detektorelement befinden sich auf einer freistehenden Membran aus Siliziumdioxid ($\varepsilon_r = 3,73$), welche eine Dicke von $t_{SiO2} = 300$ nm besitzt. Die Membran selbst wird auf einem Substrat aus Polyimid ($\varepsilon_r = 3,5$) hergestellt. Das unterhalb der Membran liegende Material wird durch Ätzen entfernt, wonach die Membran als freistehende Struktur zurückbleibt. Dieser Aufbau soll für alle im

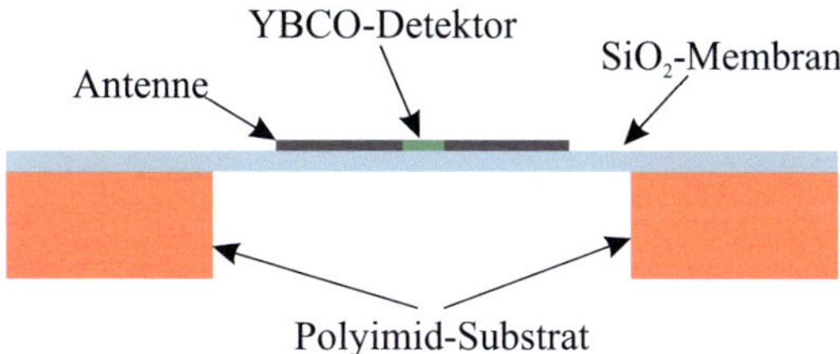

Abbildung 7.2.: Schematischer Querschnitt eines antennengekoppelten YBCO-Detektors auf einer dünnen Membran [120, 123].

Folgenden vorgestellten Antennen der gleiche sein. Durch die Verwendung einer Membran können Verluste durch die Ausbreitung von Substratmoden unterbunden und dadurch eine Verzerrung der Richtcharakteristik der Antenne vermieden werden. Zusätzlich führt die niedrige Dielektrizitätszahl der Membran in Kombination mit der geringen Dicke zu keiner nennenswerten Verringerung der Antennenimpedanz.

Zum Zeitpunkt der Durchführung dieser Arbeit befanden sich die technologischen Prozesse zur Abscheidung der Dünnschichten sowie zur Strukturierung der Membrane, der Detektorelemente und der Antennen noch in der Entwicklungsphase. Als Startpunkt zum Entwurf der Planarantennen ergab sich daher zunächst die Aufgabenstellung, breitbandige Konzepte anhand numerischer Simulationen im THz-Bereich zu untersuchen und hinsichtlich einer hohen Eingangsimpedanz zu optimieren. Zusätzlich sollte das Abstrahlungsverhalten der Antennen anhand skalierter Mikrowellenmodelle ebenfalls anhand numerischer Simulationen sowie durch Verifikationsmessungen in einem Antennenmessraum analysiert werden. Dabei waren folgende Spezifikationen einzuhalten:

- Der Zielwert der Impedanz der zu entwerfenden Antennen soll $Z_A \geq 1\,\mathrm{k\Omega}$ betragen.

- Die Antennen sollen eine Empfangsbandbreite von $f = 1 - 4\,\mathrm{THz}$ abdecken.

- Die Strukturen sollen zum späteren Aufbau von Multipixelarrays mittels Fotolithografie hergestellt werden können. Demnach soll die minimale Strukturgröße aufgrund der technologischen Randbedingungen nicht unterhalb von $2\,\mu\mathrm{m}$ liegen.

7.2. Grundlagen zur Entwicklung von Antennen mit hoher Impedanz

Bezüglich des späteren Einsatzes in einem Multipixelarray müssen die verwendeten Antennentypen zusätzlich zur Bandbreite und Eingangsimpedanz bestimmte Eigenschaften bezüglich der Größe sowie ihres Abstrahlverhaltens besitzen. Einerseits lässt sich bei einem kleinen Antennendurchmesser eine hohe Packungsdichte und somit eine hohe Bildauflösung

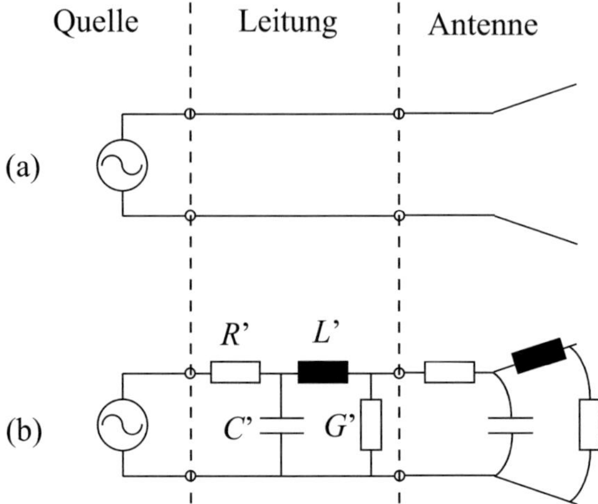

Abbildung 7.3.: (a) Schema eines Antennensystems. (b) Darstellung des Systems anhand des Ersatz-schaltbildes einer Durchgangsleitung [41].

erreichen. Andererseits besitzt eine Antenne, deren aktive Bereiche sich über eine große Flä-che erstrecken, einen hohen Gewinn und dadurch über eine hohe Richtwirkung. Dabei ist es wünschenswert, dass die Antenne eine ausgeprägte Hauptkeule in Empfangsrichtung, im vorliegenden Fall senkrecht zur Membranebene, besitzt, um eine gute Ankopplung an das einfallende Strahlungssignal zu erzielen. Nebenkeulen hingegen sollten minimiert wer-den, um die Einkopplung seitlich einfallender Störsignale sowie das Übersprechen (engl. Crosstalk) zwischen einzelnen Pixeln zu vermeiden. Zur Realisierung breitbandiger Anten-nencharakteristika wurden bereits in Kapitel 4 unterschiedliche Typen wie winkelkonstante, selbstkomplementäre oder selbstähnliche Antennen vorgestellt.

Um zu verstehen, wie eine Antenne derart angepasst werden kann, um eine Erhöhung der Impedanz zu erzielen, soll zunächst ein allgemeingültiges Ersatzschaltbild betrachtet wer-den, wie es in Abbildung 7.3 dargestellt ist [32]. Demnach kann eine Antenne als entartete Durchgangsleitung verstanden werden, deren Hochfrequenzeigenschaften durch den Kapa-zitätsbelag C' sowie den Induktivitätsbelag L' beschrieben werden kann. Bei nicht idealen Materialien kommen die Verlustanteile R' durch die endliche Leitfähigkeit der Antennen-metallisierung sowie G' durch die Verluste im Mikrowellensubstrat bzw. in der Membran hinzu. Aufgrund der Betrachtung der Antenne als Leitungsmodell kann deren Impedanz fol-gendermaßen berechnet werden:

$$Z_\mathrm{L} = \left.\sqrt{\frac{R' + j\omega L'}{G' + j\omega C'}}\right|_{R',G' \to 0} = \sqrt{\frac{L'}{C'}} \tag{7.1}$$

Durch die Annahme, dass zur Herstellung der Antennen verlustarme Materialien verwendet werden, kann Gleichung (7.1) derart vereinfacht werden, dass eine reellwertige Impedanz resultiert, deren Wert nur von den induktiven und kapazitiven Leitungsbelägen abhängt. Anhand dieses Ansatzes wird ersichtlich, dass eine Erhöhung der Impedanz einer Durchgangsleitung, und dementsprechend auch die Erhöhung der Antennenimpedanz, durch Erhöhung der induktiven Anteile bei gleichzeitiger Reduzierung der kapazitiven Anteile erreicht werden kann. Speziell im Hinblick auf planare Strukturen kann dies durch die Wahl schmaler Leitungsgeometrien zur Erhöhung der Induktivität erzielt werden, welche durch entsprechend große räumliche Abstände zueinander schwach kapazitiv gekoppelt sind. Im Folgenden Abschnitt wird diese Vorgehensweise auf verschiedene Antennentypen angewandt.

7.3. Entwurf und Analyse hochohmiger Antennen

Die Strahlungseigenschaften der unterschiedlichen THz-Antennen sowie der skalierten Mikrowellenmodelle wurden anhand numerischer Simulationen mit CST Microwave Studio® untersucht. Die messtechnische Charakterisierung der Mikrowellenmodelle wurde in einem reflexionsfreien Antennenmessraum durchgeführt. Diese skalierten Modelle wurden für den Frequenzbereich $f = 1 - 4$ GHz entworfen und auf einem Rogers®RT/Duroid 6010LM-Substrat ($t_{\mathrm{sub}} = 1,27$ mm, $\varepsilon_{\mathrm{r}} = 10,2$, $\tan\delta = 0,0023$) mit einer beidseitigen Kupferkaschierung ($t_{\mathrm{met}} = 35\ \mu$m) hergestellt.

7.3.1. Archimedische Spirale

Als Beispiel einer breitbandigen winkelkonstanten Antenne wird zunächst die archimedische Spirale betrachtet. Im Gegensatz zur logarithmischen Spiralaentenne weist dieser Antennentyp zwar etwas höhere Verlustanteile auf [32], allerdings lassen sich aufgrund des geringeren Platzbedarfs kompaktere Entwürfe realisieren, was besonders hinsichtlich des Aufbaus von Multipixelarrays interessant ist. Als Ausgangspunkt für die Untersuchungen wurde zunächst eine selbstkomplementäre Ausführung dieses Antennentyps betrachtet, deren Layout in Abbildung 7.4 dargestellt ist. Dem Mushiake-Prinzip zufolge lässt sich die Impedanz einer solchen Antenne anhand von Gleichung (4.28) berechnen. Durch den vernachlässigbaren Einfluss der sehr dünnen Membran ($\varepsilon_{\mathrm{eff}} \to 1$) ist dementsprechend eine konstante Impedanz von $Z_{\mathrm{A}} \approx 60\pi\ \Omega \approx 189\ \Omega$ zu erwarten. Gemäß des im vorigen Abschnitt vorgestellten Verfahrens wurde die Geometrie der Antenne folgendermaßen modifiziert: Die Leiterbreite der Spiralarme wurde zur Erhöhung der induktiven Anteile verkleinert. Parallel dazu wurden die Spaltbereiche derart vergrößert, dass die Summe aus Leiterbreite und Spaltbreite einen konstanten Wert behält. Auf diese Weise kann zusätzlich der kapazitive Anteil reduziert werden, ohne den Gesamtdurchmesser und somit die Bandbrei-

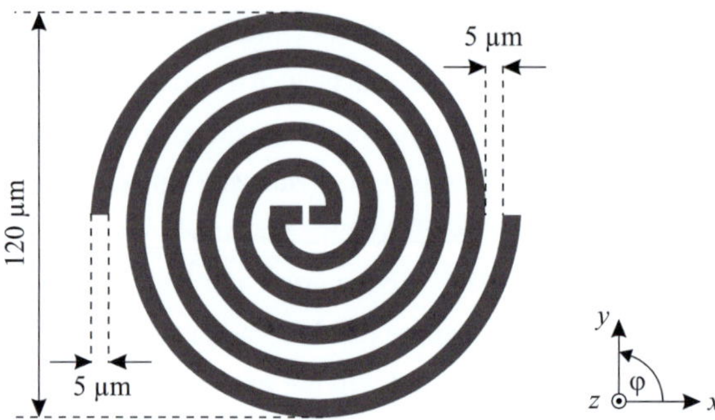

Abbildung 7.4.: Layout der selbstkomplementären archimedischen THz-Spiralantenne [120].

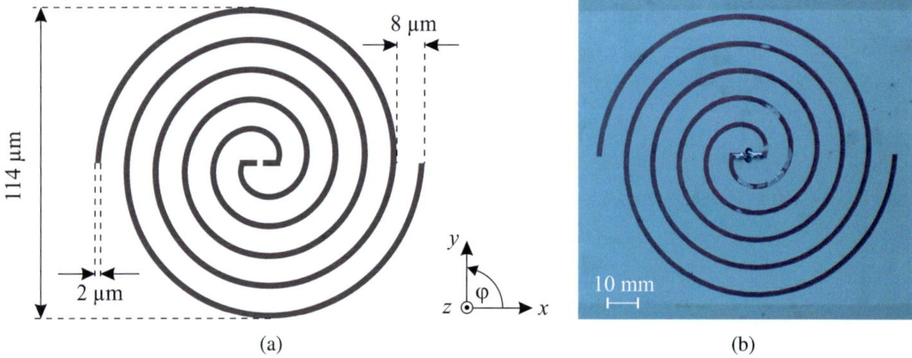

(a)   (b)

Abbildung 7.5.: (a) Layout der modifizierten THz-Spiralantenne. (b) Fotografie des Mikrowellenmodells der Spiralantenne mit reduzierter Leitungsbreite [120].

te der Antenne merklich zu beeinflussen. Effektiv wurde also der Füllfaktor der Antenne
von $FF = 0,5$ auf $FF = 0,2$ reduziert. Das finale Layout der angepassten THz-Antenne
ist in Abbildung 7.5 zusammen mit einer Fotografie der hergestellten Mikrowellenantenne zu sehen. Wie sich die geometrische Änderung auf die Eingangsimpedanz der Antenne
auswirkt, ist in Abbildung 7.6 anhand des Vergleichs mit der selbstkomplementären Struktur verdeutlicht. Aufgrund von Stehwellen unterhalb der unteren Grenzfrequenz weist die
selbstkomplementäre Antenne mehrere Resonanzen im Bereich von 0-1 THz auf. Der Realteil der Impedanz zeigt für $f > 1$ THz einen relativ flachen Verlauf, dessen Mittelwert nahe
am analytischen Wert liegt. Der Imaginärteil liegt in der Nähe der unteren Grenzfrequenz
bei $0\,\Omega$ und fällt über die Gesamtbandbreite monoton auf etwa $-50\,\Omega$ ab. Die modifizierte
Antenne weist einen sehr ähnlichen Verlauf auf, wobei der Imaginärteil noch etwas stärker
abfällt. Wesentlich ist allerdings das Verhalten des Realteils, welcher sich um bis zu $100\,\Omega$
auf etwa $R_A \approx 300\,\Omega$ erhöht hat, was einer Zunahme von etwa 50 % entspricht. Der zugehö-

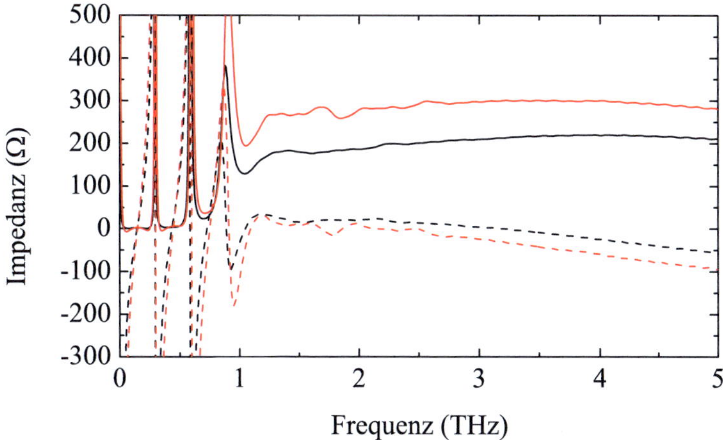

Abbildung 7.6.: Simulation des Realteils (durchgezogen) und des Imaginärteils (gestrichelt) der Impedanz der selbstkomplementären Spiralantenne (schwarz) und der modifizierten Spiralantenne (rot) [120].

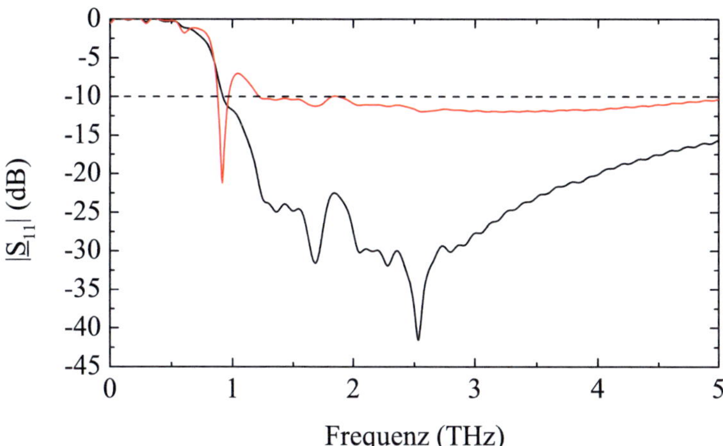

Abbildung 7.7.: Simulierter Verlauf des Reflexionsparameters der modifizierten Spiralantenne über der Frequenz für eine Detektorimpedanz von $Z_\mathrm{D} = 300\,\Omega$ (schwarz) und $Z_\mathrm{D} = 500\,\Omega$ (rot) [120].

rige Verlauf des Reflexionsfaktors der modifizierten Antenne ist in Abbildung 7.7 für zwei unterschiedliche Detektorimpedanzen abgebildet. Für eine Impedanz von $Z_D = 300\,\Omega$ ist die Antenne gut an den Detektor angepasst und der Reflexionskoeffizient verläuft nahezu über den kompletten Frequenzbereich hinweg unterhalb von -15 dB. Sogar bei einer Impedanz von $0,5\,k\Omega$ liegt die Reflexion noch unterhalb der -10 dB-Grenze, was einer Koppeleffizienz zwischen Antenne und Detektor von 90 % gleich kommt.

Theoretisch ist der Entwurf einer noch höheren Eingangsimpedanz durch eine weitere Reduzierung der Leiterbreite möglich, allerdings wird dies in der Praxis durch die Randbedingungen der Fertigungstechnologie limitiert. Eine alternativ durchgeführte Erhöhung des Spaltabstands führt aufgrund der schwachen Feldkopplung zwischen den Antennenarmen zu Inhomogenitäten der Verläufe und kommt somit als Lösungsansatz nicht in Betracht.

Die simulierten Richtcharakteristika im THz-Bereich zeigen ebenfalls eine hohe Frequenzkonstanz und zeichnen sich durch eine nahezu ideal rotationssymmetrische Hauptkeule senkrecht zur Antennenebene aus. Das Auftreten von Nebenkeulen konnte bei keiner Frequenz beobachtet werden. Exemplarisch sind in Abbildung 7.8 die Antennencharakteristika bei $f = 2\,THz$ und $f = 4\,THz$ gezeigt. Wie bereits erwähnt wurde, wurden zur Verifikation der Simulationsergebnisse Mikrowellenmodelle verwendet. Die Geometrie dieser Antennenmodelle wurde derart skaliert, dass der aktive Bereich der Antennen im Frequenzband $f = 1 - 4\,GHz$ liegt. Neben der Simulation der Mikrowellenantennen in CST Microwave Studio$^{®}$ wurde die messtechnische Charakterisierung in einem Antennenmessraum durchgeführt. Dazu wurden die beiden Spiralarme im Antennenfußpunkt an die Innenleiter zweier Koaxialkabel kontaktiert, welche über einen breitbandigen Phasenschieber gegenphasig gespeist wurden. Dadurch konnte die zusätzliche Entwicklung eines Balun (engl. Balanced-Unbalanced) erspart bleiben, welcher üblicherweise zur Symmetrierung einer eingespeisten Koaxialleitermode verwendet wird, um Verzerrungen der Richtcharakteristik durch den Einfluss von Mantelmoden zu unterbinden.

Zwar handelt es sich aufgrund der Verwendung eines Substratmaterials mit unterschiedlicher Dielektrizitätszahl und mit einer (relativ zur Wellenlänge) verschiedener Substratdicke nicht um ein ideal skaliertes Modell, allerdings ist wegen der im Vergleich zur Wellenlänge geringen Substratdicke nur ein geringfügiger Einfluss auf das Antennenverhalten festzustellen. Dies ist anhand der simulierten Richtcharakteristika in Abbildung 7.9 zu erkennen. Nahe der unteren Grenzfrequenz weist die Richtcharakteristik einen etwas unsymmetrischen Verlauf auf, der zudem etwas breiter im Vergleich zu den höheren Frequenzen ist. Ansonsten ist eine gute Vergleichbarkeit zu den THz-Antennen zu verzeichnen. Die gemessenen Verläufe zeigen ebenfalls eine gute Übereinstimmung mit den Simulation und deuten darauf hin, dass das Verhalten der Antennen durch das Simulationsmodell korrekt nachgebildet wird.

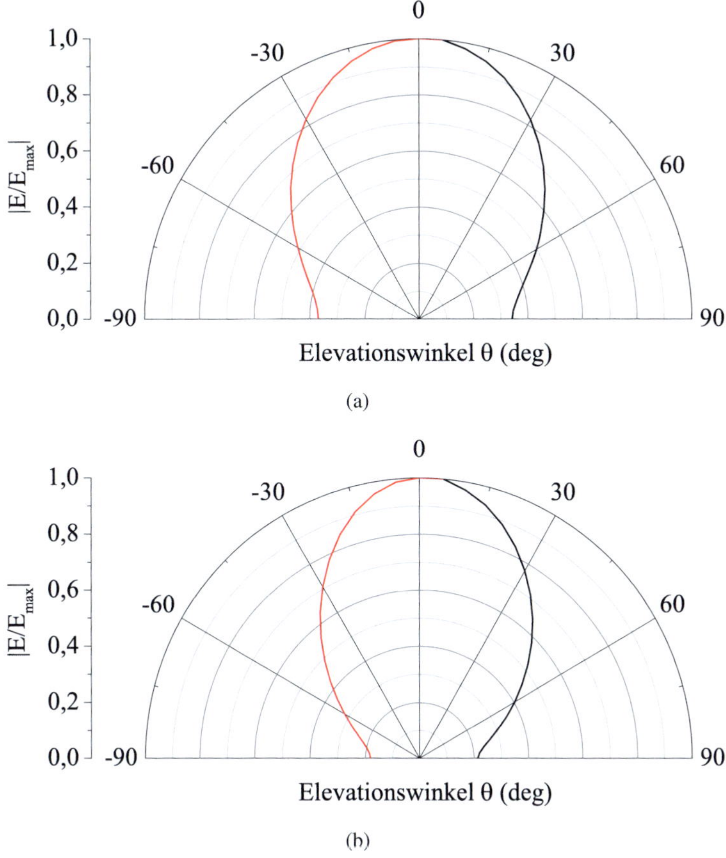

Abbildung 7.8.: Simulierte Richtcharakteristik der Spiralantenne bei den Azimutwinkeln $\varphi = 0°$ (schwarz) und $\varphi = 90°$ (rot) bei einer Frequenz von (a) 2,0 THz und (b) 4,0 THz [120].

Die leichte Welligkeit der gemessenen Verläufe ist auf eine unerwünschte Kopplung der Antenne mit dem Phasenschieber zurückzuführen.

7.3.2. Logarithmisch-periodisches Dipolarray

Ergänzend zu der im vorangegangenen Abschnitt behandelten Spiralantenne als Vertreter der Wanderwellenantennen soll in diesem Abschnitt der selbstähnliche Antennentyp untersucht werden. Eine solche Antenne besteht aus einer Vielzahl resonanter Einzelelemente, deren einfachster Vertreter der Dipol darstellt. Typischerweise wird ein Dipol als $\lambda/2$-Resonator betrieben. Aufgrund des im Antennenfußpunkt auftretenden Maximums der Stromdichteverteilung bei einem gleichzeitig niedrigen Spannungsabfall über dem Spaltbereich ergibt

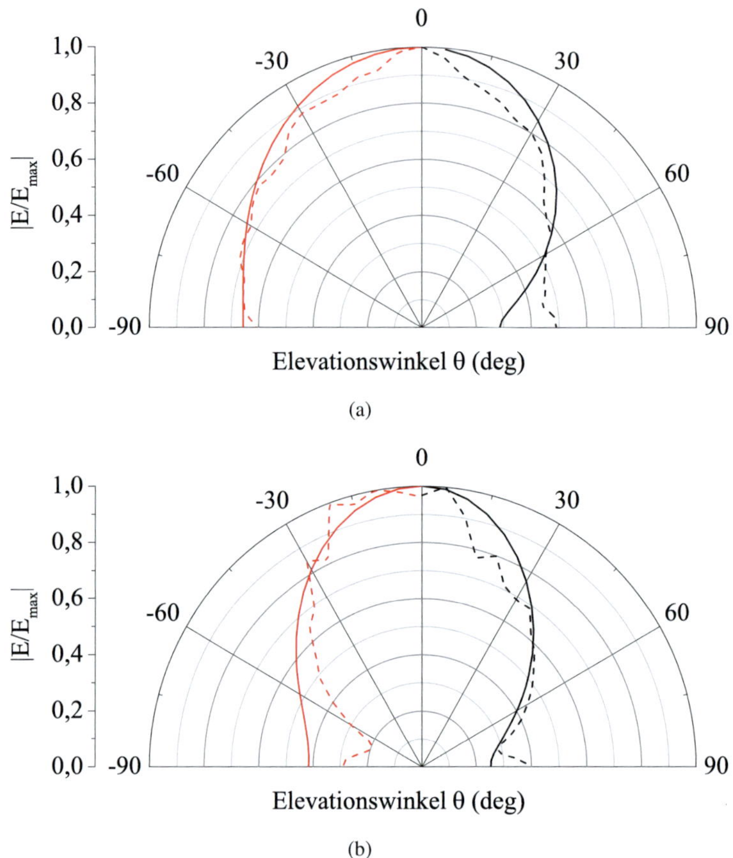

Abbildung 7.9.: Simulierte (durchgezogen) und gemessene (gestrichelt) Richtcharakteristik der Spiralantenne (Mikrowellenmodell) bei den Azimutwinkeln $\varphi = 0°$ (schwarz) und $\varphi = 90°$ (rot) bei einer Frequenz von (a) 1,0 GHz und (b) 3,5 GHz [120].

sich eine niedrige Eingangsimpedanz von weniger als 100 Ω. Betreibt man den Dipol allerdings als λ-Resonator, kehrt sich dieses Verhalten um und der Widerstand des Dipols kann theoretisch unendlich hohe Werte bei der Resonanzfrequenz annehmen [32]. In der Praxis ist der maximal erreichbare Wert allerdings durch die geometrischen Parameter beschränkt. Der Imaginäranteil besitzt in beiden Resonanzfällen einen Nulldurchgang. Damit besteht grundsätzlich die Möglichkeit, mit Hilfe eines Dipols als λ-Resonator Antennen mit einer hohen, reellwertigen Impedanz zu entwerfen. Zur Veranschaulichung ist in Abbildung 7.10 der Vergleich der simulierten Impedanzverläufe eines $\lambda/2$-Dipols und eines λ-Dipols dargestellt. In beiden Fällen wurde eine ideal leitende Metallisierung der Breite 1 μm und einer Dicke von 200 nm angenommen. Die jeweilige Länge wurde für eine Mittenfrequenz

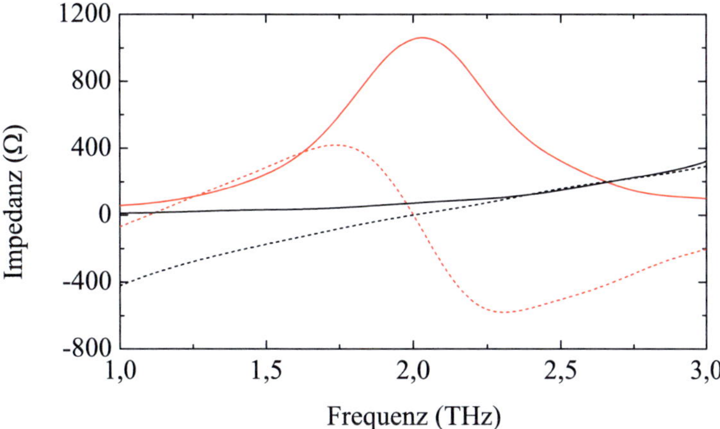

Abbildung 7.10.: Simulierter Realteil (durchgezogen) und Imaginärteil (gestrichelt) des Impedanzverlaufs eines $\lambda/2$-Dipols (schwarz) und eines λ-Dipols (rot) abhängig von der
Frequenz.

von 2 THz angepasst. Wie zu sehen ist, verschwindet für beide Antennen der Imaginäranteil
bei der Resonanzfrequenz. Während der $\lambda/2$-Dipol einen für ihn typischen Widerstand von
$R_A = 74\ \Omega$ aufweist [32], steigt der Wert beim λ-Dipol auf über 1 kΩ an.

Da ein Einzeldipol lediglich eine geringe Bandbreite besitzt, besteht durch den Zusam-
menschluss einer Vielzahl von Dipolantennen unterschiedlicher Länge zu einem Array die
Möglichkeit, die gewünscht hohe Gesamtbandbreite zu erreichen. Dabei ist zu beachten,
dass die Frequenzabstände benachbarter Resonanzen klein genug gewählt werden, um durch
die Überlappung der Resonanzkurven einen möglichst gleichmäßigen Impedanzverlauf über
der Frequenz zu erreichen. Unter Berücksichtigung der geometrischen Randbedingungen
wurde anhand numerischer Simulationen versucht, eine Struktur mit einer möglichst hohen
Impedanz zu entwerfen, welche gleichzeitig die Anforderung an die hohe Nutzbandbreite
erfüllt. Das Layout dieser optimierten Dipolarrayantenne ist zusammen mit einer Fotografie
des entsprechenden Mikrowellenmodells in Abbildung 7.11 dargestellt. Neben der Begren-
zung der kleinsten Strukturgröße auf 2 μm führt die eben genannte Überlappung einzelner
Resonanzen zu einer Reduzierung der Impedanz. Wie dem simulierten Verlauf in Abbildung 7.12 entnommen werden kann, oszilliert der Realteil der Impedanz um einen Mittelwert von $Z_A \approx 300\ \Omega$. Durch diesen resonanten Charakter des Dipolarrays zeigt sich auch im
Verlauf des Reflexionsparameters eine sichtbare Frequenzabhängigkeit (s. Abbildung 7.13).
Bei den jeweiligen Resonanzfrequenzen zeichnen sich tiefe Dips ab, die durch dazwischen
liegende lokale Maxima getrennt sind, welche durch die Fehlanpassung zwischen Antenne
und Detektor zustande kommen. Je homogener der Impedanzverlauf aussieht, umso weiter

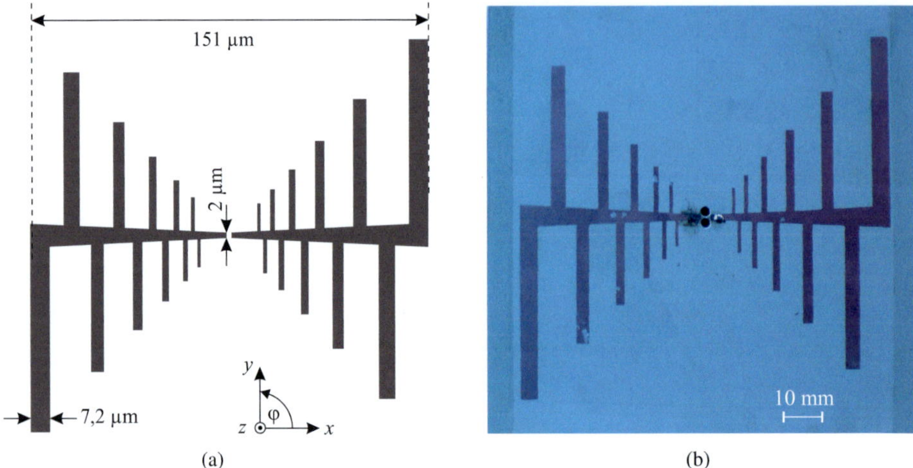

Abbildung 7.11.: (a) Layout der logarithmisch-periodischen THz-Dipolarrayantenne [120]. (b) Fotografie des Mikrowellenmodells der Dipolarrayantenne.

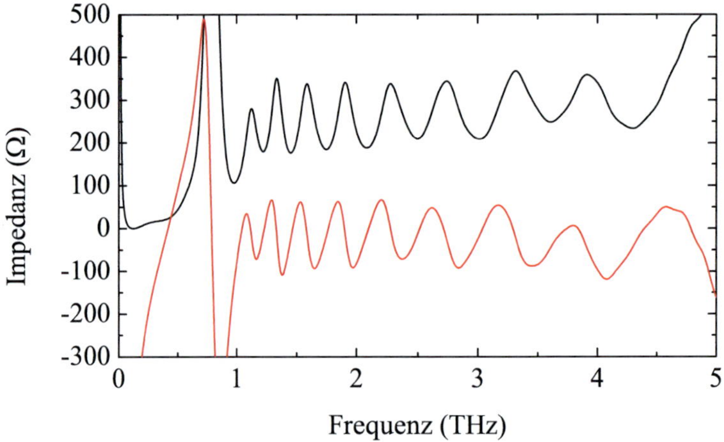

Abbildung 7.12.: Simulierter Realteil (schwarz) und Imaginärteil (rot) des Impedanzverlaufs des Dipolarrays abhängig von der Frequenz [120].

lässt sich die obere Grenze des Reflexionsparameters absenken. Bei einer Detektorimpedanz von $Z_D = 300\ \Omega$ stellt sich erwartungsgemäß die niedrigste Reflexion ein, da dieser Wert dem genannten Mittelwert des Antennenwiderstands entspricht. In diesem Fall liegt der Reflexionskoeffizient über den kompletten Frequenzbereich hinweg unterhalb von -12 dB. Die -10 dB-Grenze wird in etwa bei einer Detektorimpedanz von $Z_D = 400\ \Omega$ erreicht. Dieser Wert liegt somit etwa 100 Ω unterhalb des maximal möglichen Werts der Spiralantenne, ob-

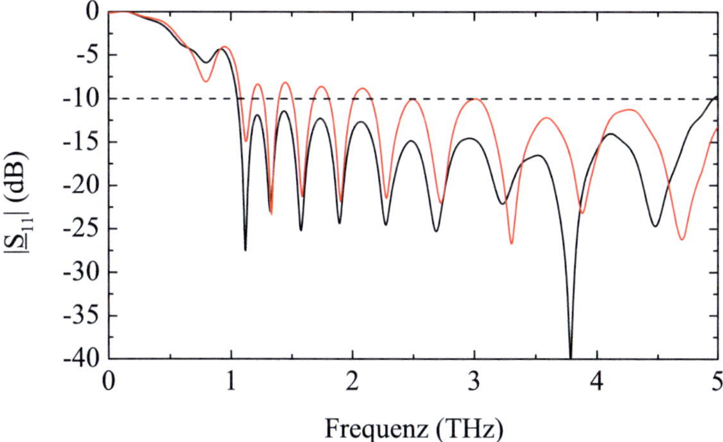

Abbildung 7.13.: Simulierter Verlauf des Reflexionsparameters des Dipolarrays über der Frequenz für eine Detektorimpedanz von $Z_D = 300\ \Omega$ (schwarz) und $Z_D = 400\ \Omega$ (rot) [120].

wohl beide Antennen einen vergleichbaren mittleren Widerstand besitzen. Diese Einschränkung ist eine Konsequenz der Welligkeit des Impedanzverlaufs.

Die Simulation der Richtcharakteristika im THz-Bereich zeigt ähnliche Verläufe wie bei der Spiralantenne. Über den gesamten Frequenzbereich hinweg zeigt die Charakteristik eine Hauptkeule senkrecht zur Antenne (s. Abbildung 7.14). Signifikante Nebenkeulen konnten nicht beobachtet werden. In Vergleich zur Spiralantenne zeigt die Arrayantenne eine etwas geringere Homogenität hinsichtlich der Form Charakteristik bei unterschiedlichen Frequenzen. Bei den Mikrowellenmodellen dagegen zeigt sich eine deutliche Frequenzabhängigkeit der Richtcharakteristika hinsichtlich Rotationssymmetrie und Strahlbreite. Dieses Verhalten konnte anhand der durchgeführten Messungen bestätigt werden. Der Vergleich der Simulationen und der Messungen ist in Abbildung 7.15 veranschaulicht.

7.3.3. „Multi-tail"-Dipolantenne mit Massekopplung

Wie in den Abschnitten 7.3.1 und 7.3.2 gezeigt wurde, besteht grundsätzlich die Möglichkeit, die Impedanz konventioneller Antennenstrukturen durch Anpassung der geometrischen Parameter deutlich zu erhöhen (um bis zu 50 % bei der Spiralantenne) und dabei trotzdem den breitbandigen Charakter in Form eines homogenen Impedanzverlaufs sowie einer nahezu frequenzkonstanten Richtcharakteristik beizubehalten. Jedoch erfordern diese Entwürfe eine extreme Reduzierung der Leitungsbreite. Aufgrund der gegebenen Beschränkungen der Herstellungsverfahren war es daher trotz einer bemerkenswerten Steigerung der Eingangsimpedanzwerte nicht möglich, bis in den $k\Omega$-Bereich vorzustoßen.

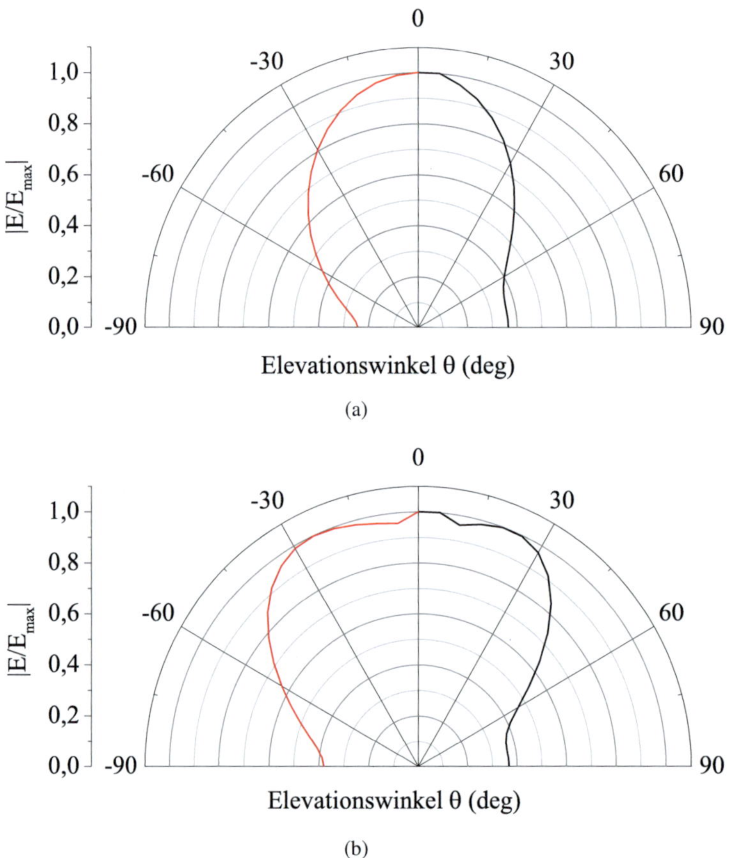

Abbildung 7.14.: Simulierte Richtcharakteristik des Dipolarrays bei den Azimutwinkeln $\varphi = 0°$ (schwarz) und $\varphi = 90°$ (rot) bei einer Frequenz von (a) 2,0 THz und (b) 4,0 THz [120].

Ein alternativer Ansatz zur Entwicklung hochohmiger Antennen besteht in der Ausnutzung der gegenseitigen Feldkopplung (engl. Mutual Coupling) einer Antenne zu einer Massefläche. Dies wurde in [124] anhand einer THz-Dipolantenne demonstriert, welche an einen Photomixer mit einer hohen Impedanz von $Z_{pm} = 10$ kΩ angekoppelt wurde. Um den Effekt des *Mutual Coupling* im Rahmen dieser Arbeit zu untersuchen, wurde zunächst erneut der λ-Dipol aus Abschnitt 7.3.2 betrachtet. Dieser Dipol wurde in der Simulation parallel zu einer ideal leitenden Metallfläche ausgerichtet. Der Raum zwischen Antenne und Massefläche war mit Luft ($\varepsilon_r = 1$) gefüllt und der Abstand zwischen den beiden Komponenten wurde zu $d = 10$ μm festgelegt. Der simulierte Verlauf der Impedanz der massegekoppelten Dipolantenne ist in Abbildung 7.16 anhand der roten Kurve dargestellt. Zum Vergleich

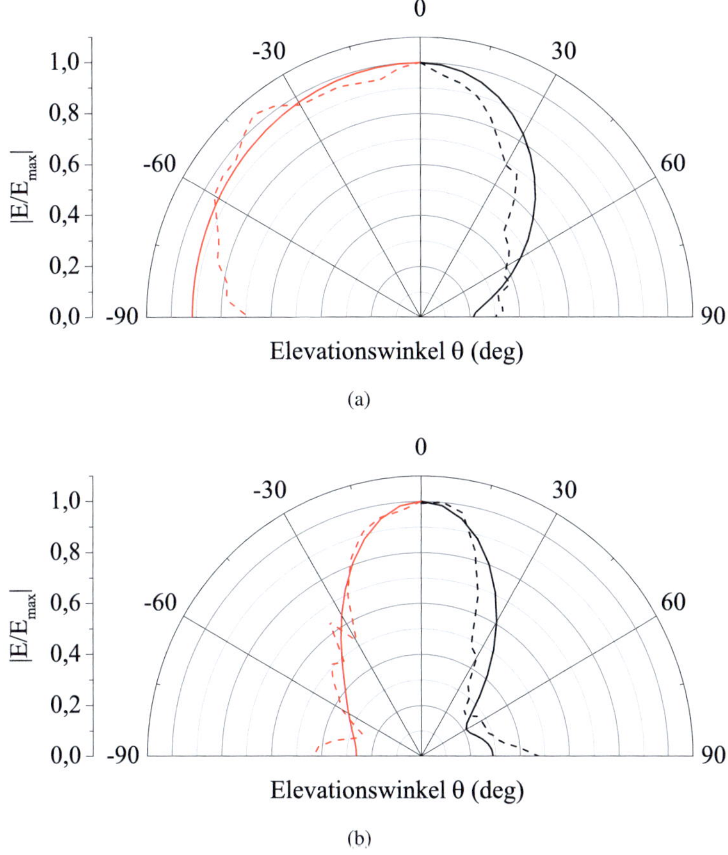

(a)

(b)

Abbildung 7.15.: Simulierte (durchgezogen) und gemessene (gestrichelt) Richtcharakteristik des Dipolarrays (Mikrowellenmodell) bei den Azimutwinkeln $\varphi = 0°$ (schwarz) und $\varphi = 90°$ (rot) bei einer Frequenz von (a) 1,0 GHz und (b) 3,5 GHz [120].

mit dem λ-Dipol ohne Ankopplung an die Massefläche ist zusätzlich der Impedanzverlauf (schwarze Kurve) aus Abbildung 7.10 dargestellt. Wie zu sehen ist, führt der Kopplungseffekt zu einer deutlichen Zunahme des maximalen Antennenwiderstands von etwa 1 kΩ auf über 6 kΩ. Der Verlauf des Imaginäranteils besitzt nach wie vor einen Nulldurchgang an dieser Position, allerdings ergibt sich aufgrund einer Spreizung des Wertebereichs ein sehr scharfer Übergang. Dieses Verhalten impliziert die Erhöhung der Güte der Resonanzkurve, was effektiv einer Abnahme der Antennenbandbreite gleich kommt.

Um nun eine Struktur mit einer hohen Gesamtbandbreite zu erhalten, wurde in einem weiteren Schritt versucht, das Dipolarray aus Abschnitt 7.3.2 mit der Massefläche zu kombinieren. Der zugehörige Impedanzverlauf ist in Abbildung 7.17 zu sehen. Wie zu erkennen

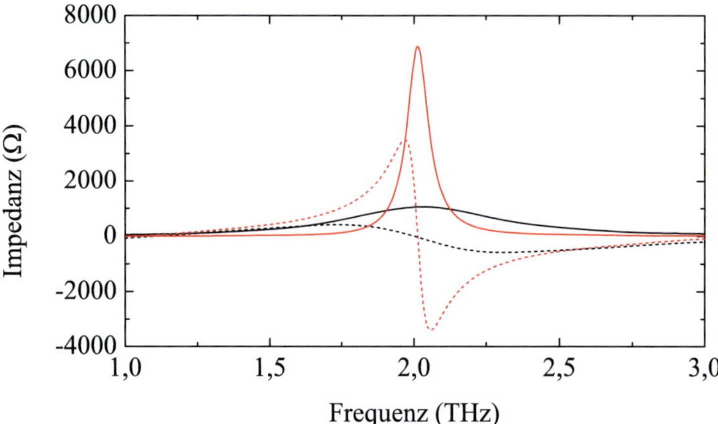

Abbildung 7.16.: Simulierter Realteil (durchgezogen) und Imaginärteil (gestrichelt) des Impedanzverlaufs des λ-Dipols mit (rot) und ohne (schwarz) Ankopplung an eine Massefläche.

ist, führt die Masseankopplung auch hier zu einer deutlichen Erhöhung der Impedanz. Allerdings bewirkt die angesprochene Verringerung der Breite der einzelnen Resonanzkurven,
dass kein kontinuierlicher Verlauf der Impedanz gegeben ist. Vielmehr ergibt sich ein kam-
martiges Spektrum, welches eher dem einer Multibandantenne statt einer Breitbandanten-
ne ähnelt. Eine Erhöhung der Elementanzahl innerhalb der spezifizierten Bandbreite führte
ebenso wenig zum Erfolg wie die Verkleinerung des Skalierungsfaktors. Zwar konnte ein
Zusammenrücken der Resonanzspitzen zueinander beobachtet werden, allerdings trat eine
geometrische Überlappung der Dipolelemente vor der Überlagerung der einzelnen Resonanzkurven ein. In diesem Fall ist die Funktionalität der Antenne nicht mehr gegeben.

Aus diesem Grund wurde letztendlich ein neuartiger Ansatz gewählt, wobei eine Dipolantenne an ihren Enden jeweils um mehrere Fortsätze unterschiedlicher Länge erweitert wurde.
Der Entwurf dieser modifizierten THz-Dipolantenne (engl. Multi-Tail Dipole Antenna) ist
zusammen mit der Fotografie des entsprechenden Mikrowellenmodells in Abbildung 7.18 zu
sehen. Da sich die in den Erweiterungsstücken einstellenden Resonanzen überlappen, lässt
sich die Bandbreite im Vergleich zum Standarddipol deutlich vergrößern. Der simulierte
Verlauf der Impedanz ist in Abbildung 7.19a dargestellt sowie der zugehörige Reflexionsparameter für eine angenommene Detektorimpedanz von $Z_D = 2$ kΩ in Abbildung 7.19b.
Dabei wurde ebenfalls eine Massefläche im Abstand von 10 μm berücksichtigt. Aus dem
Verlauf des Reflexionsparameter ist ersichtlich, dass die Bandbreite der Antenne etwa 10 %
beträgt und die Mittenfrequenz bei $f_0 \approx 2,1$ THz liegt. Das simulierte Richtdiagramm bei

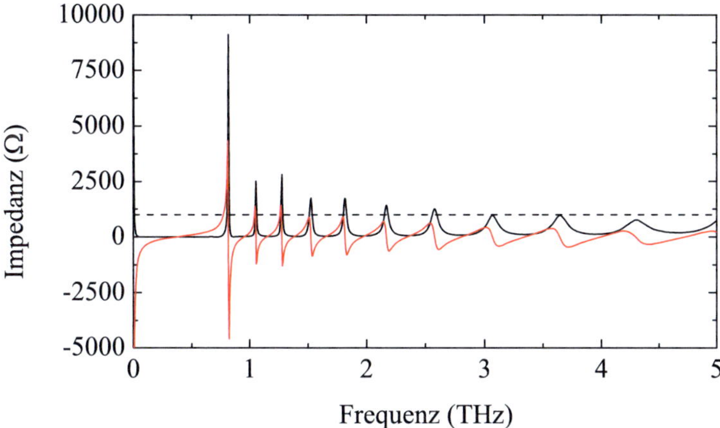

Abbildung 7.17.: Simulierter Realteil (schwarz) und Imaginärteil (rot) des Impedanzverlaufs der Dipolarrayantenne im Abstand von 10 μm zu einer Masseebene. Die gestrichelte Linie markiert die 1 kΩ-Grenze.

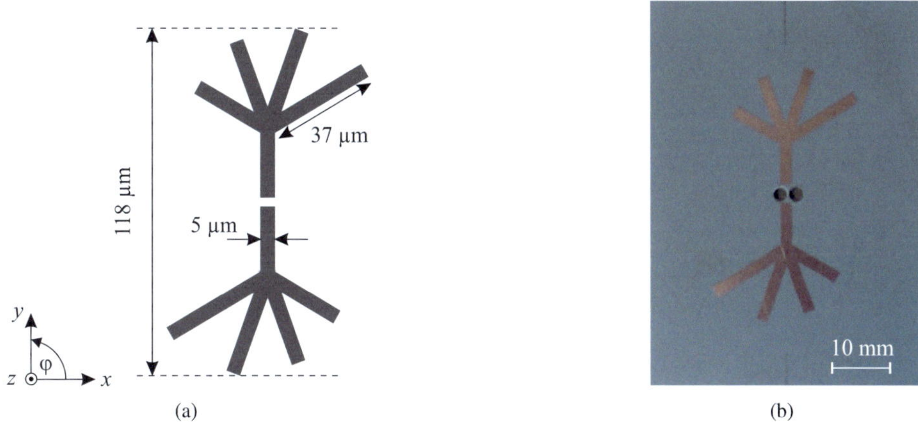

Abbildung 7.18.: (a) Layout der modifizierten THz-Dipolantenne [120, 123]. (b) Fotografie des zugehörigen Mikrowellenmodells.

dieser Frequenz ist in Abbildung 7.20a dargestellt. Auch diese Antenne zeigt eine rotationssymmetrische Hauptkeule. Das Auftreten von Nebenkeulen konnte nicht beobachtet werden.

Zur Charakterisierung im Mikrowellenbereich wurde die auf dem Rogers-Substrat hergestellte Antenne zusätzlich auf einem Block aus ECCOSTOCK®HiK500F ($w_{sub} = l_{sub} = 305$ mm, $t_{sub} = 6,35$ mm, $\varepsilon_r = 10$, $\tan\delta < 0,002$) platziert. Die Kupfermetallisierung an der Rückseite des Blocks diente als Massefläche. Im Unterschied zur dünnen Membran der THz-Antenne können in dem massiven Block Substratmoden propagieren, was zu ei-

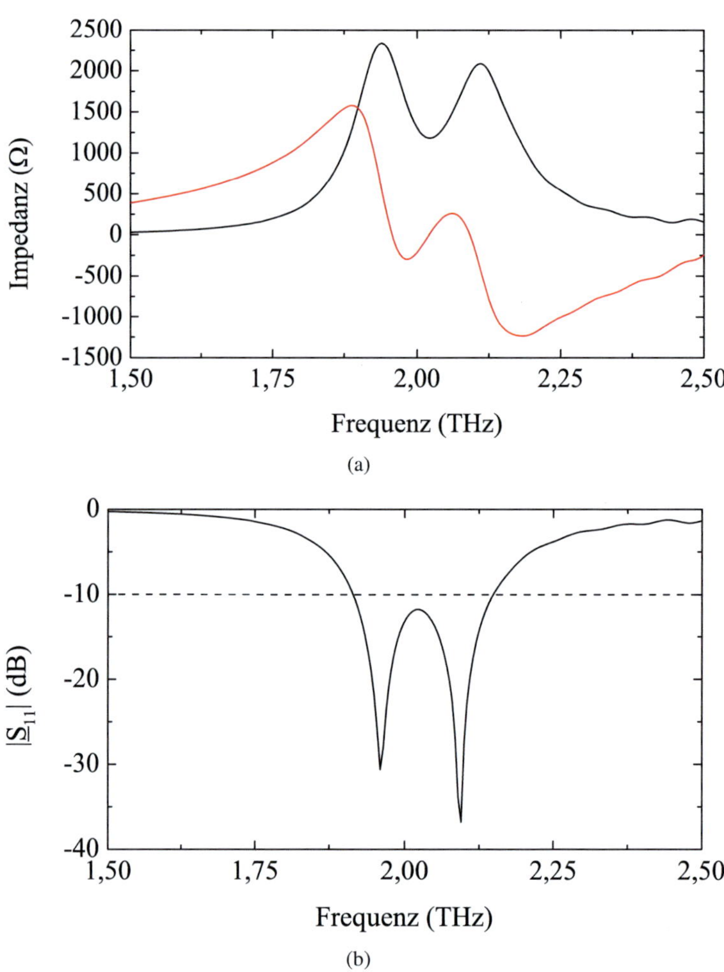

Abbildung 7.19.: (a) Simulierter Realteil (schwarz) und Imaginärteil (rot) des Impedanzverlaufs der modifizierten massegekoppelten Dipolantenne. (b) Simulation der Eingangsreflexion der modifizierten Dipolantenne für eine Detektorimpedanz von $Z_D = 2\ k\Omega$. Die gestrichelte Linie markiert die -10 dB-Grenze [120, 123].

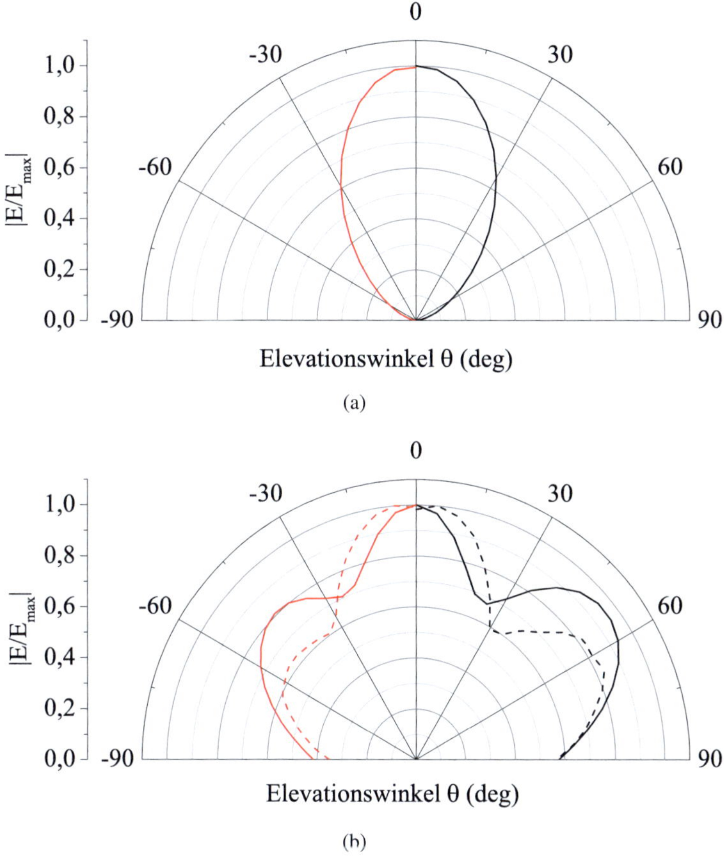

Abbildung 7.20.: (a) Simulierte Richtcharakteristik der modifizierten Dipolantenne bei den Azimutwinkeln $\varphi = 0°$ (schwarz) und $\varphi = 90°$ (rot) bei einer Frequenz von 2,1 THz. (b) Simulierte (durchgezogen) und gemessene (gestrichelt) Richtcharakteristik der zugehörigen Mikrowellenantenne bei einer Frequenz von 2,1 GHz [120, 123].

ner Verzerrung der Richtcharakteristik führt. Dies äußert sich in Abbildung 7.20b in Form von Nebenkeulen. Die Nebenkeulen sind sowohl in der Simulation als auch in der Messung vorhanden und verdeutlichen nochmals die Notwendigkeit dünner Membranstrukturen, um solche Effekte zu vermeiden.

7.4. Diskussion und Zusammenfassung

Für die zukünftige Entwicklung empfindlicher Raumtemperaturbolometer werden Schichten aus amorphem YBCO eingesetzt. Detektoren auf dieser Basis lassen sich jedoch aufgrund ihres hohen spezifischen Widerstands nicht effizient an standardisierte THz-Breitbandantennen koppeln. Zu diesem Zweck sollen spezielle Antennenstrukturen entworfen werden, die über eine hohe Eingangsimpedanz von mehr als 1 kΩ sowie eine Bandbreite von 1-4 THz verfügen.

Durch die Betrachtung einer Antenne als entartete Durchgangsleitung wird versucht, mittels der Modifikation der geometrischen Parameter der Antenne Einfluss auf deren Induktivitäts- bzw. Kapazitätsbelag zu nehmen. Am Beispiel einer archimedischen Spirale wird dieses Vorgehen an einer Struktur aus der Gruppe der Breitbandantennen gezeigt. Unter Berücksichtigung technologischer Randbedingungen zeigt sich in der Simulation, dass eine Erhöhung der Impedanz um bis zu 50 % auf $Z_A \approx 300\ \Omega$ erreicht werden kann, ohne die ultrahohe Strahlungsbandbreite zu beeinträchtigen. Anhand des Reflexionsparameters wird veranschaulicht, dass mittels solcher Antennen die Anpassung an Detektorimpedanzen von bis zu einem halben kΩ möglich ist und dabei trotzdem Bandbreiten von 2 Oktaven erreicht werden.

Ein weiterer Ansatz besteht in der Verwendung von Dipolantennen als λ-Resonatoren. Durch die bei diesem Betriebsmodus auftretende Minimierung der Stromdichte im Antennenfußpunkt lässt sich theoretisch eine beliebig hohe Eingangsimpedanz einstellen. Die gewünschte Bandbreite wird erreicht, indem eine bestimmte Anzahl unterschiedlich langer Dipolantennen zu einem Array kombiniert werden. Es wird eine Antenne vorgestellt, deren mittlere Impedanz trotz der vorgegebenen minimalen Strukturbreite vergleichbar mit der Impedanz der modifizierten Spiralantenne ist.

Um eine weitere Erhöhung der Impedanz bis in den kΩ-Bereich zu erzielen, wird der Effekt der wechselseitigen Feldkopplung (engl. Mutual Coupling) in Zusammenhang mit einer Dipolstruktur verwendet, in deren Nahfeldbereich eine Massefläche angeordnet ist. Die Bandbreite der Dipolantenne kann durch das Anbringen verschieden langer Fortsätze bis auf 10 % erweitert werden, wobei in der Simulation eine enorm hohe Antennenimpedanz von $Z_A = 2$ kΩ erreicht wird.

Zusätzlich zur Eingangsimpedanz wird das Abstrahlverhalten der Antennen untersucht. Neben der theoretischen Betrachtung anhand numerischer Simulationen erfolgt die messtechnische Charakterisierung skalierter Mikrowellenmodelle in einem reflexionsfreien Antennenmessraum in einem Frequenzband von $f = 1 - 4$ GHz. Für alle hergestellten Strukturen lässt sich eine gute Übereinstimmung zwischen Simulation und Messung feststellen.

8. Raumtemperaturbolometer basierend auf $PrBa_2Cu_3O_{7-x}$

Wie in Kapitel 7 erläutert wurde, existiert die Möglichkeit zur Entwicklung empfindlicher Raumtemperaturbolometer durch die Auswahl von Materialien, welche einen möglichst hohen Temperaturkoeffizienten des elektrischen Widerstands besitzen. Aufgrund ihres exponentiellen Widerstands-Temperatur-Verlaufs liegen die TCR-Werte der typischerweise eingesetzten Halbleitermaterialien um etwa eine Größenordnung oberhalb derer von Metallen, erfordern aufgrund ihres hohen spezifischen Widerstands aber den Einsatz spezieller hochohmiger Antennen. Um bewährte Konzepte breitbandiger Antennen verwenden zu können, wurde daher nach alternativen Materialien zur Herstellung weniger resistiver Bolometer gesucht. Dabei konnte der Halbleiter $PrBa_2Cu_3O_{7-x}$ (PBCO) als vielversprechender Kandidat identifiziert werden. Die erstmaligen Untersuchungen ultrabreitbandiger antennengekoppelter PBCO-Detektoren werden in diesem Kapitel diskutiert und wurden in [125] publiziert.

8.1. Einführung

Das im vorigen Kapitel vorgestellte Konzept eines Raumtemperaturbolometers, wonach die komplette Struktur (bestehend aus Antenne und Detektorelement) auf einer Membran positioniert wird, erfordert einen extrem hohen technologischen Fertigungsstandard. Bei der Betrachtung der in der Literatur vorgestellten Detektoren ist deshalb festzustellen, dass vor allem zwei andere Typen antennengekoppelter Bolometer Anwendung finden: Strukturen, die als freistehende Brücken (engl. Free-Standing Bridges) hergestellt werden und solche, die direkt auf einem Mikrowellensubstrat aufgebracht werden (engl. Substrate-Supported Bolometers). Ähnlich den Membranstrukturen wird bei den freistehenden Brücken der Effekt der thermischen Entkopplung genutzt, um gemäß Gleichung (2.9) eine Erhöhung der Detektionsempfindlichkeit zu erzielen. Im Unterschied zu den Membranstrukturen schwebt lediglich die Detektorbrücke selbst frei in der Luft, während die Antenne auf einem massiven Untergrund positioniert ist. Da in diesem Fall die thermische Ankopplung des Detektors ausschließlich über die Antennenzuleitungen und nicht über einen Substratkontakt erfolgt, wird die verbesserte Sensorempfindlichkeit durch eine Erhöhung der Detektionszeitkonstante erkauft. Solche Strukturen erfordern ebenfalls den Einsatz komplexer Herstellungsprozesse und können zudem empfindlich gegenüber mechanischen Einflüssen sein.

Substratgekoppelte Detektoren sind dagegen sehr einfach herzustellen und sind sehr robust. Wegen der stärkeren thermischen Kopplung an das Wärmebad besitzen sie eine kürzere Antwortzeit, allerdings auch eine geringere Detektionsempfindlichkeit [30, 122]. Wie bereits erwähnt wurde, konnte die erfolgreiche Herstellung und Charakterisierung antennengekoppelter Bolometer vor allem unter der Verwendung von Niob- [121, 122] und Bismut-Technologien [30] demonstriert werden. Zudem wurden in jüngster Zeit Detektoren aus YBCO vorgestellt, welche metallisches Verhalten bei Raumtemperatur ausweisen [126]. Bei der Verwendung von Metallen zur Herstellung von Bolometern lässt sich zwar eine sehr gute Anpassung an die Impedanz einer Planarantenne erzielen, der Temperaturkoeffizient des Widerstands liegt jedoch mit $TCR = 0,15 - 0,3$ %/K [30] deutlich unter den für Halbleiter gültigen Werten. Aus diesem Grund wäre es wünschenswert, die Vorteile von Halbleitern (ein hoher Temperaturkoeffizient für eine hohe Empfindlichkeit) und Metallen (ein geringer spezifischer Widerstand für eine gute Impedanzanpassung an die Antenne) zu vereinen, um integrierte THz-Detektoren zu entwickeln, die eine kurze Zeitkonstante, eine hohe Empfindlichkeit und eine hohe Strahlungsbandbreite besitzen.

Dazu wird im Folgenden Teil die Untersuchung substratgekoppelter Bolometer aus halbleitendem $PrBa_2Cu_3O_{7-x}$ (kurz: PBCO) vorgestellt. Bei der Entwicklung der gekühlten Detektoren aus supraleitendem YBCO (s. Kapitel 5) werden dünne PBCO-Schichten als Pufferschicht eingesetzt, um eine mechanische Anpassung an die Gitterstruktur von Substraten zu erreichen, welche selbst nicht über eine Perovskit-Struktur verfügen [97]. Bei der Charakterisierung dieser Schichten wurde festgestellt, dass sie über TCR-Werte im Bereich von 1-2 %/K verfügen, welche somit um eine Größenordnung über den Werten von Metallen liegen. Gleichzeitig besitzt PBCO einen mit $\rho = 1000 - 2500\ \mu\Omega$cm deutlich geringeren spezifischen Widerstand als VO_x, a-Si oder a-YBCO, was zu einer deutlichen Minderung der Detektorimpedanz führt. Aus diesen Gründen wurde PBCO hinsichtlich der Eignung als Detektorelement bei der Herstellung ungekühlter THz-Detektoren untersucht.

8.2. Beschreibung des Detektoraufbaus

Bei der Entwicklung der supraleitenden YBCO-Detektoren für ANKA (s. Kapitel 5) wurden bereits mehrere Entwürfe ultrabreitbandiger Antennen erarbeitet, welche sich direkt zur Untersuchung der PBCO-Detektoren anbieten. Aus diesem Grund wurde auf die Entwicklung einer speziell angepassten Antennengeometrie verzichtet. Wegen ihrer hervorragenden Breitbandeigenschaften wurde die log-spiralförmige Antennengeometrie $Ant_{LS,A1}$ zu diesem Zweck ausgewählt.

Zur Herstellung der Detektoren wurden PBCO-Dünnschichten ($t_{PBCO} = 70 - 100$ nm) mittels Laserablation auf einem beidseitig polierten MgO-Substrat abgeschieden. Detaillier-

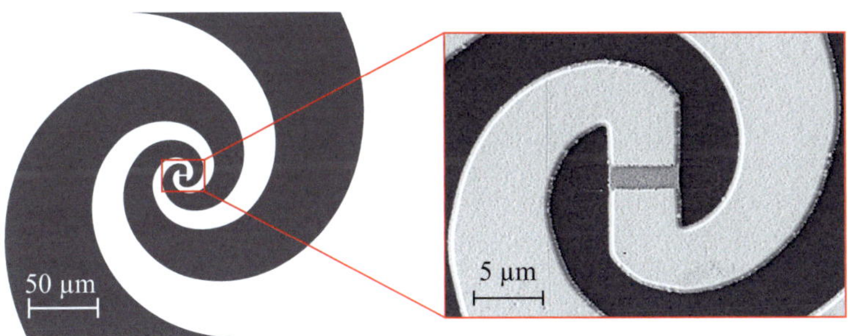

Abbildung 8.1.: Links: Layout der logarithmischen Spiralantenne $\text{Ant}_{\text{LS,A1}}$. Rechts: SEM-Bild des Innenbereichs eines hergestellten PBCO-Detektors. Der dunklere Teil zeigt das MgO-Substrat, die helleren Bereiche die Goldmetallisierung der Antenne. Im Zentrum ist das rechteckige Detektorelement erkennbar [125].

te Informationen zum Herstellungsprozess der PBCO-Schichten sind in [98] und [90] zu finden. Wie bei den YBCO-Strukturen wurde die Antennenmetallisierung durch eine Goldschicht ($t_{\text{met}} = 140$ nm) realisiert, welche ebenfalls mittels PLD-Technik aufgebracht wurde. Die Strukturierung von Antenne und Detektor erfolgte mittels Elektronenstrahllithografie gefolgt von unterschiedlichen Ätzprozessschritten. Bei der Herstellung der unterschiedlichen Detektorelemente wurde deren Breite w_{D} sowie die Länge L_{D} jeweils zwischen 2 μm und 6 μm variiert. Durch diese Variation ergaben sich Gleichstromwiderstandswerte der Detektoren im Bereich $R_{\text{D}} = 80 - 220$ Ω. Zur Auslese des Detektorsignals bzw. zur Einspeisung des Detektorstroms wurde die Antenne in die ebenfalls von der ANKA-Struktur bekannte Koplanarleitung eingebettet.

Das Antennenlayout sowie das SEM-Bild eines hergestellten Detektors im Bereich um den Antennenfußpunkt sind gemeinsam in Abbildung 8.1 dargestellt. Die elektromagnetischen Eigenschaften der Planarantenne auf einem Magnesiumoxidsubstrat ($t_{\text{sub}} = 330$ μm, $\varepsilon_{\text{r}} = 10,0$) wurden anhand numerischer Simulationen in CST Microwave Studio$^{®}$ untersucht. Wie zu erwarten ist, besitzt die Struktur die nahezu identischen Eigenschaften wie die ANKA-Struktur, da sich die Permittivität von Magnesiumoxid und Saphir kaum unterscheiden. Die Berechnung der Fehlanpassung zwischen Spiralantenne und Detektor wurde für den höchsten und den niedrigsten Impedanzwert der Detektoren, also für $R_{\text{D}} = 80$ Ω und $R_{\text{D}} = 220$ Ω, durchgeführt. Die entsprechenden frequenzabhängigen Verläufe des Reflexionsparameters sind in Abbildung 8.2 dargestellt. Gemäß Gleichung (3.54) lässt sich daraus ableiten, dass über die komplette Bandbreite hinweg die Koppeleffizienz zwischen Antenne und Detektor homogen verläuft und sich je nach Detektorwiderstand in einem Bereich zwischen $\eta_{\text{match}} = 68$ % und $\eta_{\text{match}} = 98$ % bewegt. Würde man dagegen diese Antenne beispielsweise für den in [24] vorgestellten VO$_{\text{x}}$-Detektor mit einem Widerstand von $R_{\text{D}} = 27$ kΩ verwenden, so ergäbe sich eine äußerst geringe Koppeleffizienz von

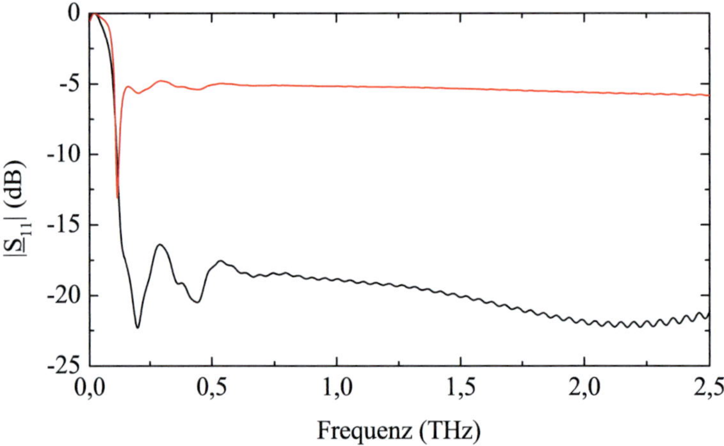

Abbildung 8.2.: Simulation des Reflexionsparameters der Spiralantenne $\mathtt{Ant_{LS,A1}}$ auf einem MgO-Substrat abhängig von der Frequenz für eine Detektorimpedanz von $Z_D = 80\ \Omega$ (schwarz) und $Z_D = 220\ \Omega$ (rot) [125].

$\eta_{match} = 0,9\ \%$. An diesem Beispiel ist erkennbar, das allein eine hohe elektrische Empfindlichkeit nutzlos ist, wenn nur ein Bruchteil der verfügbaren Strahlungsleistung genutzt werden kann.

8.3. Charakterisierung der elektrischen Detektoreigenschaften

Die Temperaturabhängigkeit des elektrischen Widerstands der hergestellten Detektoren wurde anhand einer Vierpunktmessung im Temperaturbereich $T_0 = 260 - 295$ K bestimmt. Durch den halbleitenden Charakter von PBCO zeigt der Widerstandsverlauf einen exponentiellen Abfall mit steigender Temperatur, wie anhand des Beispiels in Abbildung 8.3 erkennbar ist. Im Unterschied zu metallischen Bolometern hängt der Widerstandstemperaturkoeffizient von PBCO deshalb stark von der Temperatur ab. Aufgrund des Abfalls des Widerstandsverlaufs besitzt der Temperaturkoeffizient negatives Vorzeichen, wobei der Betrag mit steigender Temperatur abnimmt. Bei den hergestellten Detektoren konnten TCR-Werte im Bereich von 0,8 %/K bis 1,3 %/K beobachtet werden, welche somit deutlich über den Werten metallischer Detektoren liegen [30].

Im Vergleich zu den supraleitenden Detektoren führt die geringere Temperaturabhängigkeit der Raumtemperaturbolometer zu einer deutlich homogeneren Strom-Spannungs-Kennlinie. Als Konsequenz hiervon hat sich gezeigt, dass die Bestimmung der elektrischen Detektorempfindlichkeit anhand von Gleichung (2.10) zu ungenauen Ergebnissen führt. Aus

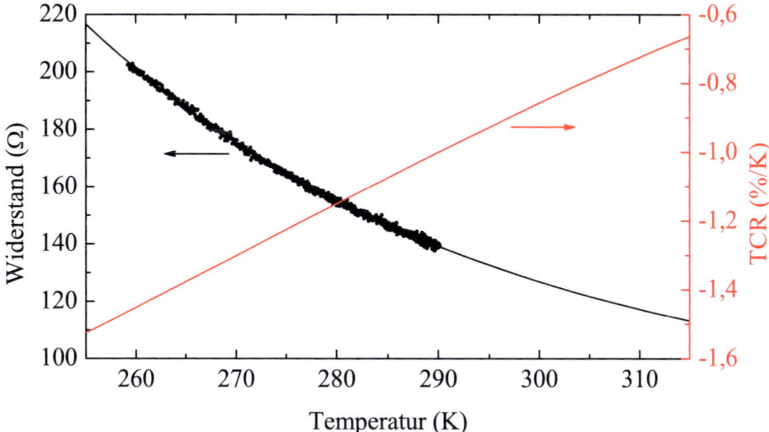

Abbildung 8.3.: Abhängigkeit des Detektorwiderstands von der Temperatur (Symbole). Die schwarze Linie ist eine exponentielle Anpassungskurve. Die rote Kurve zeigt den zugehörigen Verlauf des Temperaturkoeffizienten [125].

diesem Grund wurde zur Berechnung der Empfindlichkeit anhand der Gleichstromparameter auf Gleichung (2.9) zurückgegriffen. Unter der Annahme einer niederfrequenten Signalmodulation ($\omega\tau_{\mathrm{eff}} << 1$) vereinfacht sich diese Gleichung zu $S_{\mathrm{el}} = \alpha I_{\mathrm{b}} R_{\mathrm{bol}}/G_{\mathrm{eff}}$, wobei mit Ausnahme des thermischen Leitwerts alle Größen direkt aus den gemessenen Strom- und Spannungswerten des eingestellten Arbeitspunkts ermittelt werden können.

Zur Bestimmung des thermischen Leitwerts wurde der stationäre Fall ($dT_{\mathrm{bol}}/dt = 0$) der Leistungsbilanz betrachtet, wodurch sich Gleichung (2.4) vereinfachen lässt:

$$G = \frac{P_{\mathrm{rad}} + P_{\mathrm{el}}}{T_{\mathrm{bol}} - T_0} = \frac{P_{\mathrm{rad}} + R_{\mathrm{bol}} I_{\mathrm{b}}^2}{T_{\mathrm{bol}} - T_0} \left[\frac{\mathrm{W}}{\mathrm{K}}\right] \tag{8.1}$$

Für die messtechnische Charakterisierung des thermischen Leitwerts wurde die Strahlungsleistung P_{rad} anhand eines Synthesizersignals der Frequenz 1 GHz und mit einer variabel einstellbaren Amplitude „simuliert". Dieses Signal wurde über ein Bias-Tee mit dem konstanten Detektorstrom zusammengeführt und über ein Koaxialkabel an den Linsenblock angeschlossen, in welchem der Detektorchip zuvor montiert wurde. Zur Berechnung des thermischen Leitwerts gemäß Gleichung (8.1) wurde der Gleichstromwiderstand des Detektors anhand einer Zweipunktmessung bestimmt und die Bolometertemperatur aus der zugehörigen R-T-Kurve abgeleitet. Die Abhängigkeit des thermischen Leitwerts G von der Detektorfläche A ist für die hergestellten Detektoren in Abbildung 8.4 dargestellt und zeigt einen näherungsweise linearen Verlauf, was gemäß [126] für substratgekühlte Strukturen auch zu erwarten ist. An dieser Stelle sei erwähnt, dass der Einfluss von Diffusionskühlung, also die

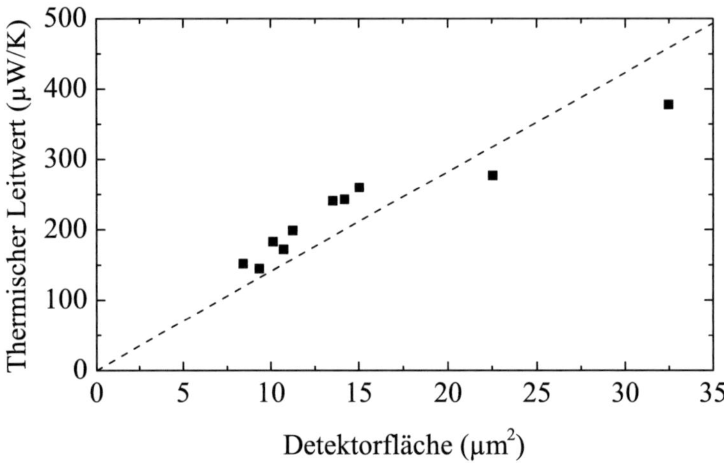

Abbildung 8.4.: Abhängigkeit des thermischen Leitwerts G (Symbole) von der Detektorgrundfläche A. Die gestrichelte Linie ist eine lineare Anpassungskurve [125].

Tabelle 8.1.: Vergleich unterschiedlicher antennengekoppelter ungekühlter THz-Bolometer [125].

Detektortyp	$TCR\left(\frac{\%}{K}\right)$	$G\left(\frac{\mu W}{K}\right)$	$R_{bd}\left(\frac{cm^2 K}{W}\right)$	$S_{el}\left(\frac{V}{W}\right)$	$NEP\left(\frac{W}{\sqrt{Hz}}\right)$
YBCO auf Saphir [126]	0,26	53	$3,8 \times 10^{-4}$	15	$4,5 \times 10^{-10}$
Nb auf SiO$_2$ [122]	0,15	125	8×10^{-4}	1,9	-
Bi auf Glas [30]	0,3	70	2×10^{-3}	10	2×10^{-10}
PBCO auf MgO	1,3	150	$7,1 \times 10^{-4}$	33	$1,5 \times 10^{-10}$

Wärmeabfuhr entlang der Detektorschicht in die Antennenzuleitung, aufgrund der niedrigen thermischen Leitfähigkeit von PBCO [127] (der Wert liegt um mehr als eine Größenordnung unterhalb des Werts für Niob) nicht berücksichtigt wird. Zudem ist der Leitungsquerschnitt des Diffusionskanals (Breite×Dicke des Detektorelements) um eine Größenordnung kleiner als der Querschnitt des Kanals für die Substratkühlung (Länge×Breite des Detektorelements). Wie den Ergebnissen in Abbildung 8.4 entnommen werden kann, liegen die thermischen Leitwerte der verschiedenen Detektoren im Bereich zwischen 150 μW/K und 400 μW/K und sind somit etwas höher als die in der Literatur angegebenen Werte für Nb- und YBCO-Bolometer mit vergleichbarer Grundfläche (s. Tabelle 8.1). Der mathematische Zusammenhang zwischen dem thermischen Leitwert und der Grundfläche der PBCO-Detektoren wurde anhand folgender linearen Anpassungskurve ermittelt:

$$G = (14,1 \pm 0,9)\frac{\mu W}{\mu m^2 K} \times A \tag{8.2}$$

Daraus lässt sich der mittlere thermische Grenzwiderstand zu

$$R_{bd} = \frac{A}{G} = 7,1 \times 10^{-4} \left[\frac{cm^2 W}{K} \right] \tag{8.3}$$

bestimmen. Ein Vergleich dieses Ergebnisses mit anderen Detektortechnologien findet sich in Tabelle 8.1 und zeigt, dass der Wert des thermischen Grenzwiderstands für PBCO nahe an dem Wert der Niob-Technologie liegt.

Wie aus diesen Zusammenhängen erkennbar ist, kann auf den bereits erwähnten Ansatz zur Erhöhung der Detektionsempfindlichkeit mittels Reduzierung des thermischen Leitwerts sowohl über den thermischen Grenzwiderstand als auch über die Detektorfläche Einfluss genommen werden. Der thermische Grenzwiderstand lässt sich beispielsweise erhöhen, indem während des Abscheideprozesses eine zusätzliche Pufferschicht zwischen Substrat und Detektorschicht eingebracht wird. Dabei muss jedoch beachtet werden, dass eine Erhöhung der Detektionszeitkonstante in Kauf genommen werden muss. Alternativ dazu wird in [126] vorgeschlagen, den thermischen Leitwert durch Verkleinerung der Detektorfläche zu verringern. Da in diesem Fall auch gleichzeitig die Wärmekapazität des Detektors verringert wird, tritt dabei eine Beeinträchtigung der Detektionszeitkonstante nicht in Erscheinung.

Zur direkten messtechnischen Charakterisierung der elektrischen Empfindlichkeit wurde das in Abschnitt 5.5.1 beschriebene Verfahren durchgeführt, indem der Messaufbau um einen Hochfrequenzschalter erweitert wurde, der zwischen dem Synthesizer und dem Bias-Tee angeschlossen wurde. Durch den Schalter wird das Hochfrequenzsignal moduliert, was den Einsatz eines Lock-In-Verstärkers zur Messung der Signalspannung ermöglicht. Zur Untersuchung der Abhängigkeit der elektrischen Empfindlichkeit vom Detektorstrom wurde der Synthesizer auf eine Nennleistung von $P_{rf} = -10$ dBm eingestellt. Die Absorptionsverluste der verwendeten Koaxialkabel, des Bias-Tee und vom HF-Schalter wurden dabei ebenso berücksichtigt wie die vom Arbeitspunkt abhängigen Reflexionsverluste aufgrund der Impedanzfehlanpassung zwischen Detektor und der 50 Ω-Ausleseleitung. Die höchste elektrische Empfindlichkeit wurde dabei mit einem Detektor der Größe $2 \times 5 \ \mu m^2$ gemessen. Die zugehörigen Ergebnisse sind in Abbildung 8.5 dargestellt. Die Empfindlichkeit zeigt einen nichtlinearen Verlauf abhängig vom Detektorstrom mit einem Maximum bei einem Strom von $I_{b0} = 5$ mA. Dieses Verhalten kann dadurch erklärt werden, dass mit steigendem Detektorstrom die Joulesche Verlustwärme zunimmt, worauf eine Änderung der temperaturabhängigen Parameter wie Widerstand, Temperaturkoeffizient des elektrischen Widerstands sowie des effektiven thermischen Leitwerts eintritt. Zusätzlich zu den gemessenen Werten ist der berechnete Verlauf gemäß Gleichung (2.9) dargestellt. Der Vergleich zwischen be-

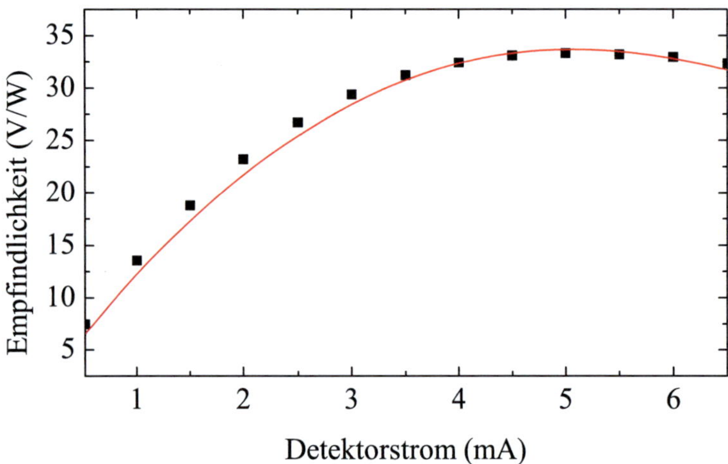

Abbildung 8.5.: Abhängigkeit der elektrischen Empfindlichkeit eines PBCO-Detektors vom Detektorstrom (Symbole). Die rote Linie zeigt die anhand der elektrischen Parameter berechnete Empfindlichkeit gemäß Gleichung (2.9) [125].

rechneter Kurve und gemessenen Werten zeigt eine hervorragende Übereinstimmung. Im Maximum beträgt die Empfindlichkeit $S_{el} = 33$ V/W. Dieser Wert liegt oberhalb der in der Literatur angegebenen Werte für antennengekoppelte Bolometer aus Nb, Bi oder YBCO, die direkt auf einem Substrat hergestellt wurden. Die entsprechenden Werte für die verschiedenen Technologien sind ebenfalls in Tabelle 8.1 zu finden.

Zur Analyse des Dynamikbereichs wurde der Detektor beim Strom maximaler Empfindlichkeit betrieben. Die Leistung des Synthesizers wurde anschließend über einen weiten Bereich von 1 nW bis 100 mW durchgestimmt. Wie in Abbildung 8.6 zu sehen ist, verhält sich der Detektor über einen Bereich von ca. 45 dB linear. Allerdings muss erwähnt werden, dass die obere Leistungsgrenze durch die Sättigung des HF-Schalters und nicht durch den Detektor festgelegt war. Daher ist anzunehmen, dass der reale Dynamikbereich des Detektors sogar noch höher ist.

Zusätzlich zur Mikrowellenleistung wurde der Einfluss der Modulationsfrequenz auf das Detektorsignal analysiert. Innerhalb des kompletten untersuchten Frequenzbereichs von $f_{mod} = 1$ Hz $- 100$ kHz konnte keine Abhängigkeit des Detektorsignals von der Frequenz beobachtet werden. Dies deutet darauf hin, dass die Zeitkonstante des Detektors weniger als $\tau = 1,6\ \mu$s beträgt, was der maximalen Modulationsfrequenz von 100 kHz entspricht.

Im Gegensatz zur Detektorantwort zeigt die gemessene Rauschspannung eine deutliche Frequenzabhängigkeit. Wie in Abbildung 8.7 erkennbar ist, fällt die Rauschspannung reziprok zur Frequenz ab, bis bei $f_{mod} = 10$ kHz ein Minimum erreicht wird. Bei einer weiteren

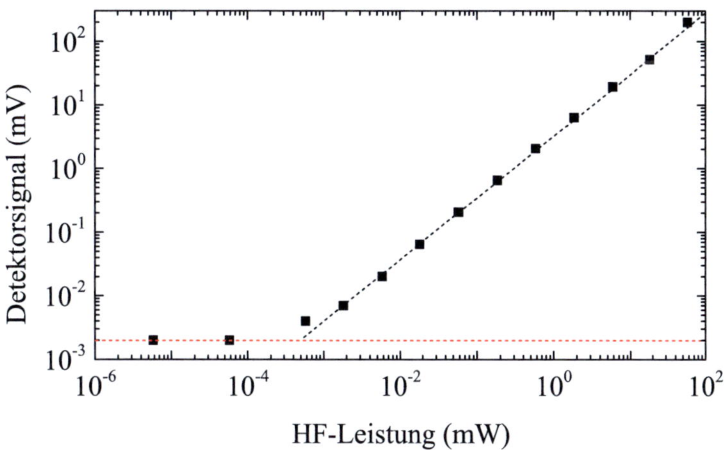

Abbildung 8.6.: Gemessene PBCO-Detektorantwort als Funktion der Mikrowellenleistung. Die rote Linie markiert die Rauschgrenze. Die schwarze Linie ist eine lineare Anpassungskurve. Der Dynamikbereich beträgt etwa 45 dB [125].

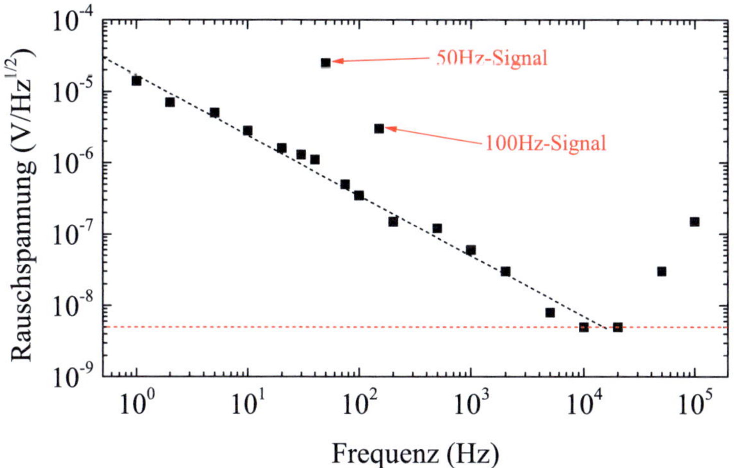

Abbildung 8.7.: Messung der Rauschspannung des PBCO-Detektors abhängig von der Modulationsfrequenz. Die rote Linie deutet die Rauschgrenze des Messaufbaus an [125].

Zunahme der Frequenz ist ein Anstieg der Rauschspannung festzustellen, welcher durch das Eigenrauschen des verwendeten Lock-In-Verstärkers entsteht. Die beiden Ausreißer bei 50 Hz und 100 Hz werden durch die Netzfrequenz und ihre erste Oberwelle verursacht. Die minimale gemessene Rauschspannung beträgt $U_n = 5\,nV/\sqrt{Hz}$ und entspricht der Rauschgrenze des Lock-In-Verstärkers. Mit den Kennwerten für Rauschspannung und elektrischer Empfindlichkeit kann schließlich anhand von Gleichung (2.14) die äquivalente Rauschleistung zu $NEP = 1,52 \times 10^{-10}\,W/\sqrt{Hz}$ bei einer Modulationsfrequenz von 10 kHz bestimmt werden. Dieser Wert ist durch den Systemaufbau begrenzt.

8.4. Strahlungsmessungen bei 650 GHz

Zusätzlich zu den elektrischen Messungen wurden THz-Strahlungsmessungen bei 650 GHz durchgeführt. Dazu wurde dasselbe Messsystem wie bei der Charakterisierung der supraleitenden YBCO-Detektoren verwendet (s. Abbildung 5.36). Das THz-Signal wurde über die beiden Parabolspiegel auf den Linsenblock fokussiert, welcher in den Kleinkühler eingebaut war. Zwar werden die PBCO-Detektoren bei Raumtemperatur betrieben, dennoch bietet die Montage innerhalb des Kühlers Vorteile: Erstens wird durch die Fixierung des Detektorblocks die Ausrichtung zur optischen Strahlachse sichergestellt und zweitens dient der äußere Mantel des Kühlers als Abschirmung gegen elektromagnetische Störeinflüsse. Darüber hinaus wird der Freiraumstrahl über das HDPE-Fenster verlustarm in den Innenraum des Kühlers geleitet, welches gleichzeitig den Infrarotanteil der thermischen Hintergrundstrahlung blockt und dadurch das Rauschen reduziert. Wie bei den YBCO-Messungen wurde das THz-Signal mittels eines mechanischen Chopperrads mit einer Frequenz von $f_{mod} = 20\,Hz$ moduliert. Die Abhängigkeit des gemessenen Detektorsignals vom angelegten Konstantstrom ist in Abbildung 8.8 anhand der schwarzen Symbole gezeigt. Da ein Bolometer ein integrierender Sensor ist, der auf die gesamte absorbierte Leistung reagiert, besitzt die THz-Messkurve den gleichen charakteristischen Verlauf wie bei der Mikrowellenmessung. Zur Veranschaulichung sind die entsprechenden Messpunkte bei einer Frequenz von 1 GHz und einem Signalpegel von -10 dBm ebenfalls in Abbildung 8.8 anhand der roten Symbole dargestellt. Durch den Vergleich von Mikrowellen- und THz-Messung besteht die Möglichkeit, die Systemkoppeleffizienz für die THz-Messungen aus den jeweiligen Empfindlichkeitswerten zu bestimmen. Für eine optimale Ausrichtung der Linse zum THz-Strahl wurde eine optische Empfindlichkeit von $S_{opt} = 1,6\,V/W$ (bezogen auf die Strahlungsleistung von 110 μW) gemessen. Verglichen mit der aus den Mikrowellenmessungen bestimmten elektrischen Empfindlichkeit ergibt sich daraus eine Gesamtkoppeleffizienz von

$$\eta = \frac{S_{opt}}{S_{el}} = 5\,\%. \tag{8.4}$$

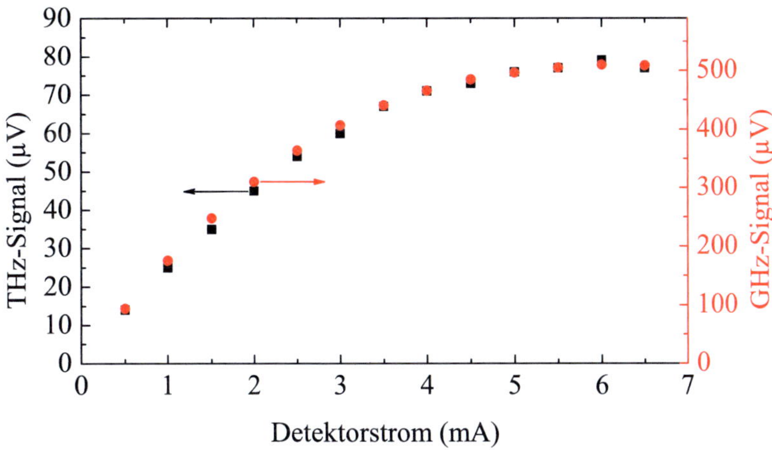

Abbildung 8.8.: Messung des PBCO-Detektorsignals (schwarz) bei 650 GHz abhängig vom Detektorstrom. Der Vergleich mit den gemessenen 1 GHz Mikrowellensignalen (rot) erlaubt die Bestimmung der optischen Koppeleffizienz [125].

Tabelle 8.2.: Parameter der optischen Systemkomponenten bei 650 GHz [125].

Transmission des HDPE-Fensters	80 %
Transmission an der Luft-Linse-Schnittstelle	67 %
Gaußkoppeleffizienz	42 %
Polarisationskoppeleffizienz	50 %
Koppeleffizienz Antennen-Bolometer für $I_b = 5$ mA	71 %
Gesamtkoppeleffizienz	**8 %**

Dieser Wert stimmt recht gut mit der aus den optischen Verlustanteilen berechneten Systemkoppeleffizienz von 8 % überein. Die Verluste sind in Tabelle 8.2 aufgelistet: Die Transmission des HDPE-Fensters wurde messtechnisch ermittelt, die übrigen Werte wurden den numerischen Simulationen entnommen. Der Unterschied zwischen dem berechneten und dem messtechnisch bestimmten Wert liegt neben Unzulänglichkeiten des Simulationsmodells vor allem an einer nicht idealen Montage des Detektorchips auf der Linsenrückseite, was keine Berücksichtigung in der Simulation findet.

8.5. Diskussion und Zusammenfassung

Als Ergänzung zu den im vorigen Kapitel betrachteten hochohmigen Detektoren aus amorphem YBCO wird in diesem Kapitel erstmalig die Eignung dünner PBCO-Schichten zur Entwicklung empfindlicher Raumtemperaturbolometer untersucht. Im Vergleich zu amorphem YBCO oder anderen Halbleitern besitzt PBCO einen deutlich geringeren spezifischen Widerstand ($\rho \approx 2000\ \mu\Omega\text{cm}$), sodass die Ankopplung an standardisierte Breitbandantennen ermöglicht wird. Dabei besitzen die hergestellten Detektoren einen Temperaturkoeffizient des elektrischen Widerstands im Bereich von $TCR = 0,8 - 1,3$ %/K, welcher um etwa eine Größenordnung über den von Niob und Bismut sowie den von metallischem YBCO bekannten Werten liegt.

Anhand der elektrischen Parameter wird eine maximale elektrische Empfindlichkeit von $S_{\text{el}} = 33$ V/W errechnet. Dieser Wert wird durch leitungsgebundene Mikrowellenmessungen bei einer Signalfrequenz von 1 GHz verifiziert. Die messtechnisch bestimmte Rauschleistung beträgt $NEP = 1,52 \times 10^{-10}$ W$/\sqrt{\text{Hz}}$ bei einer Modulationsfrequenz von 10 kHz und ist somit unterhalb der Rauschwerte, welche von metallischen Dünnschichtbolometern mit vergleichbarer Topologie bekannt sind.

Die Funktionalität als THz-Strahlungssensor wird anhand von CW-Messungen bei einer Frequenz von 650 GHz demonstriert, wobei der PBCO-Detektor in eine ultrabreitbandige Spiralantenne eingebettet und zusammen mit einer dielektrischen Linse in ein Detektormodul integriert wird.

Durch den zusätzlichen Einsatz von Pufferschichten zur Reduzierung der thermischen Leitfähigkeit des Detektors zum Substrat sowie durch die Verringerung der lateralen Detektorabmessungen stehen ausblickend zwei Optionen zur Verfügung, anhand derer eine zusätzliche Erhöhung der Detektionsempfindlichkeit dieses Sensortyps ermöglicht wird.

9. Zusammenfassung

In dieser Arbeit wird die Entwicklung ultrabreitbandiger THz-Strahlungssensoren auf der Basis antennengekoppelter Bolometer beschrieben. Dabei werden zwei unterschiedliche Aufgabengebiete bearbeitet:

- Im ersten Teil liegt der Schwerpunkt auf der Entwicklung kompletter Detektormodule, welche für die Verwendung mit supraleitenden Heiße-Elektronen-Bolometern (HEB) aus YBCO bzw. NbN optimiert werden. Anhand dieser Module soll die zeitlich hoch aufgelöste Untersuchung von THz-Strahlungssignalen im Zeitbereich ermöglicht werden. Im Falle des Synchrotronbeschleunigers ANKA geht es im Speziellen um die Auflösung ultrabreitbandiger Impulse ($f = 0,2 - 2$ THz) im Pikosekundenbereich. Ein separates Modul wird zur Charakterisierung der transienten Strahlungsemission eines THz-Quantenkaskadenlasers bei 3,1 THz entwickelt.

- Der zweite Teil der Arbeit widmet sich der Entwicklung ultrabreitbandiger Planarantennen zur Verwendung mit Raumtemperaturbolometern. Zur effizienten Strahlungsankopplung an hochohmige Detektoren aus amorphem YBCO müssen spezielle Antennenkonzepte entworfen werden, die über eine hohe Eingangsimpedanz ($Z_A > 1$ kΩ) verfügen.

Für den ersten Aufgabenteil wird die Benutzung eines quasioptischen Linsenempfängerkonzepts vorgeschlagen, durch welches sowohl eine hohe Empfangsbandbreite als auch die breitbandige Auskopplung der transienten Detektorsignale an die Messelektronik ermöglicht werden. Neben der ausführlichen mathematischen Untersuchung der Eigenschaften dielektrischer Linsenantennen anhand einer feldtheoretischen Beschreibung erfolgt die detaillierte Untersuchung ultrabreitbandiger Planarantennen am Beispiel der logarithmischperiodischen Antenne sowie der log-spiralförmigen Antenne.

In Zusammenhang mit der Analyse der log-periodischen Planarantennen wird ein neues analytisches Modell zur Berechnung der Resonanzfrequenzen bzw. der Bandbreite dieses Antennentyps vorgestellt. Durch den Vergleich der analytischen Berechnungen mit numerischen Simulationen werden die Limitierungen der bisherigen Modelle, wonach die Antennenarme als $\lambda/2$ bzw. $\lambda/4$-Resonatoren betrachtet werden, herausgestellt. Dabei wird gezeigt, dass beide existierenden Modelle bei der Voraussage der auftretenden Resonanzfrequenzen sowohl in der Genauigkeit der einzelnen Frequenzpunkte als auch hinsichtlich der Gesamtanzahl der Resonanzen fehlerhaft sind. In Bezug auf die genaue Lage der Resonanzfrequenzen wird in der Literatur versucht, dies mit Hilfe eines Korrekturfaktors zu beheben. Allerdings wird dadurch die Problematik der falschen Anzahl an Resonanzen nicht behoben. Beim $\lambda/2$-Modell kommt hinzu, dass die auftretende Frequenzverschiebung bei Variation des Armwinkels α nicht berücksichtigt wird.

Im Unterschied dazu wird beim neuen analytischen Modell eine $\lambda/2$-Resonanz im Schlitzbereich zwischen zwei Armen betrachtet. Diese Annahme beruht auf der Interpretation der simulierten Stromdichteverteilung der Antenne. Anhand des neuen Modells wird gezeigt, dass eine hervorragende Übereinstimmung zu numerischen Simulationen erzielt wird – sowohl hinsichtlich der Anzahl als auch der genauen Position der auftretenden Resonanzen. Dies wird durch die Analyse der auftretenden Dips bei der Simulation des Reflexionsparameters einer Antenne bei angepasster Last gezeigt.

Zur messtechnischen Verifikation des neuen Modells werden skalierte Mikrowellenmodelle unterschiedlicher Geometrie im Frequenzbereich $f = 1 - 8$ GHz untersucht. Die gemessenen Verläufe des Reflexionsparameters zeigen sowohl eine gute Übereinstimmung zu den numerischen Simulationen als auch gegenüber den Resonanzfrequenzen, die mittels des neuen Modells berechnet werden. Daraus lässt sich schließen, dass mit dem neuen analytischen Modell erstmals ein Werkzeug zur Verfügung steht, das den exakten Entwurf logperiodischer Planarantennen erlaubt. Durch den Wegfall aufwendiger Korrekturschritte bei einer nachfolgenden numerischen Simulation wird ein effizienterer Entwicklungsprozess ermöglicht.

Auf der Basis der gezeigten theoretischen Grundlagen erfolgt der Entwurf ultrabreitbandiger quasioptischer Detektormodule samt einer integrierten Mikrowellenumgebung zur Signalauskopplung, welche speziell für den Einsatz am Synchrotronbeschleuniger ANKA optimiert werden. Die vielversprechenden Simulationsergebnisse werden durch ausführliche elektrische und optische Messungen im Labor bestätigt.

Beim Einsatz der YBCO-basierten Detektormodule am Speicherring wird die erfolgreiche Messung ultrakurzer THz-Strahlungsimpulse vorgestellt. Die Breite der dabei gemessenen Impulse liegt im Bereich zwischen $\sigma_z = 10 - 13$ ps und zeigt eine deutliche Verbesserung gegenüber den bisher eingesetzten Detektoren aus Niobnitrid. Dadurch ergeben sich neue Möglichkeiten bei der zeitlich aufgelösten Untersuchung der vom Speicherring emittierten THz-Strahlungssignale.

Der zweite Anwendungsbereich der supraleitenden Detektoren besteht in der Charakterisierung eines THz-Quantenkaskadenlasers. Durch den Einsatz von ultraschnellen NbN-Detektoren in dem speziell entwickelten quasioptischen Detektormodul wird erstmalig die zeitlich hoch aufgelöste Strahlungsmessung eines THz-QCLs bei 3,1 THz gezeigt. Dadurch ist es möglich, spezielle Abstrahlcharakteristika anhand der aufgenommenen Detektorkurven zu identifizieren und dem entsprechenden Verlauf des Anregungsstroms, welcher durch den QCL fließt, zuzuordnen. Anhand dieser Ergebnisse wird gezeigt, dass die emittierte THz-Leistung stark durch den Anregungsstrom beeinflusst wird und daher äußerst empfindlich auf geringfügige Schwankungen reagiert.

Es ist möglich, aus den Zeitbereichsmessungen des QCL-Stroms sowie der Detektorsignale durch die direkte Zuordnung zeitgleicher Werte die Übertragungsfunktion des THz-QCLs (d.h. die emittierte THz-Leistung abhängig vom Anregungsstrom) zu bestimmen. Die Gültigkeit der ermittelten Übertragungskurve wird durch Vergleichsmessungen mit einem supraleitenden YBCO-Detektor bestätigt. Aufgrund der deutlich größeren Zeitkonstante kommerziell verfügbarer Strahlungsdetektoren wie Halbleiterbolometer, Golayzellen oder pyroelektrischen Sensoren sind solche Detektoren zur zeitlich aufgelösten Analyse gepulster THz-Signale nicht in der Lage, wie am Beispiel eines Ge-Bolometers verdeutlicht wird.

Anhand der ermittelten Übertragungskurve ist neben der exakten Bestimmung der charakteristischen Werte eines THz-QCLs, wie z.B. des Schwellstroms, der messtechnische Nachweis von Intrabandeffekten möglich, welche bisher nur von numerischen Simulationen bekannt waren. Darüber hinaus wird erläutert, wie die gewonnene Übertragungskurve zur exakten Voraussage bzw. Simulation des zeitabhängigen Verlaufs der Detektorsignale und damit der Leistungsemission des Lasers eingesetzt werden kann. Dabei wird eine sehr gute Übereinstimmung mit den gemessenen Detektorsignalen demonstriert.

Die Untersuchung des Zusammenhangs zwischen der angelegten Vorspannung und der THz-Emission des Lasers zeigt einen deutlichen Einfluss auf die abgestrahlte Impulsenergie. Anhand dieser Ergebnisse wird verdeutlicht, dass sich durch die Wahl der Vorspannung ein Arbeitspunkt des Lasers einstellen lässt, bei welchem eine Maximierung der emittierten Impulsenergie erreicht werden kann.

Im zweiten Teil der Arbeit werden Antennenstrukturen zur breitbandigen Einkopplung von THz-Strahlung ($f = 1 - 4$ THz) in ungekühlte Bolometer untersucht, welche zukünftig für den Aufbau von Multipixelarrays entwickelt werden sollen. Die Detektoren auf der Basis von amorphem YBCO (a-YBCO) besitzen aufgrund eines hohen spezifischen Widerstands eine enorm hohe Impedanz im Bereich von $Z_D \approx 1 - 10$ kΩ. In diesem Zusammenhang werden spezielle Antennenstrukturen entwickelt, die hinsichtlich einer hohen Eingangsimpedanz optimiert werden. Am Beispiel einer selbstkomplementären Spiralantenne wird gezeigt, dass es möglich ist, durch Modifikation der geometrischen Parameter eine Erhöhung der Impedanz um bis zu 50 % auf $Z_A \approx 300\ \Omega$ zu erreichen, ohne die ultrahohe Strahlungsbandbreite zu beeinträchtigen. Anhand von Simulationen des Reflexionsparameters wird veranschaulicht, dass mittels dieser Antennen die Anpassung an eine Detektorimpedanz von bis zu einem halben kΩ möglich ist und dabei eine Bandbreite von 2 Oktaven erreicht wird.

Weiterhin wird ein Array aus Dipolantennen vorgestellt, die als λ-Resonatoren funktionieren. Die dadurch erwirkte Minimierung der Stromdichte im Antennenfußpunkt führt ebenfalls zu einer hohen Impedanz im Bereich mehrerer hundert Ohm, wobei die erreichten Werte durch eine vorgegebene minimale Strukturbreite von 2 μm limitiert werden.

Um eine weitere Erhöhung der Impedanz bis in den kΩ-Bereich zu erzielen, wird der Effekt der wechselseitigen Feldkopplung (engl. Mutual Coupling) in Zusammenhang mit einer Dipolstruktur vorgeführt, deren Nahfeld an eine Massefläche gekoppelt ist. Die Bandbreite der Dipolantenne kann durch das Anbringen verschieden langer Fortsätze bis auf 10 % erweitert werden, wobei in der Simulation eine Antennenimpedanz von $Z_A = 2\ \mathrm{k}\Omega$ erreicht wird.

Zusätzlich zur Eingangsimpedanz wird das Abstrahlverhalten der Antennen im THz-Bereich anhand numerischer Simulationen untersucht. Die Verifikation der simulierten Abstrahlcharakteristika erfolgt durch die messtechnische Charakterisierung skalierter Mikrowellenmodelle in einem reflexionsfreien Antennenmessraum in einem Frequenzband von $f = 1 - 4\ \mathrm{GHz}$.

Als Ergänzung zu den hochohmigen Detektoren aus amorphem YBCO wird abschließend die Eignung dünner PBCO-Schichten ($t = 70 - 100$ nm) zur Entwicklung antennengekoppelter THz-Bolometer bei Raumtemperatur untersucht. Die PBCO-Dünnschichten besitzen einen hohen Temperaturkoeffizienten des elektrischen Widerstands ($TCR \approx 1 - 2$ %/K) bei einem im Vergleich zu anderen halbleitenden Materialien wie amorphes Silizium (a-Si), Vanadiumoxid (VO$_x$) oder a-YBCO niedrigen spezifischen Widerstand von $\rho \approx 2000\ \mu\Omega$cm.

Erstmalig wird gezeigt, dass es möglich ist, anhand solcher PBCO-Dünnschichten antennengekoppelte Raumtemperaturbolometer zu entwickeln. Diese besitzen einen Widerstandstemperaturkoeffizienten im Bereich von $TCR = 0,8 - 1,3$ %/K und liegen somit deutlich über den von Niob und Bismut sowie den von metallischem YBCO bekannten Werten. Der Widerstand der hergestellten Detektoren liegt dabei im Bereich $R_D = 80 - 220\ \Omega$, wodurch eine einfache Ankopplung an konventionelle Breitbandantennen ermöglicht wird. Dies ist für halbleitende Detektoren aufgrund ihrer hohen Impedanz nicht möglich, wie am Beispiel der a-YBCO-Bolometer ersichtlich ist.

Anhand von Mikrowellenmessungen mit einem 1 GHz Synthesizersignal wird eine maximale elektrische Empfindlichkeit von $S_{el} = 33$ V/W bestimmt sowie eine Rauschleistung von

$NEP = 1{,}52 \times 10^{-10}\,\mathrm{W}/\sqrt{\mathrm{Hz}}$ bei einer Modulationsfrequenz von 10 kHz. Damit übertreffen die PBCO-Detektoren die Leistungsparameter substratgekoppelter Bolometer auf Basis metallischer Dünnschichten. Die Funktionalität im THz-Bereich wird anhand von CW-Messungen bei einer Strahlungsfrequenz von 650 GHz demonstriert, wobei die Detektoren in eine ultrabreitbandige Spiralantenne eingebettet werden.

Ausblickend besteht die Möglichkeit, eine weitere Reduzierung der thermischen Leitfähigkeit, und damit eine Erhöhung der Empfindlichkeit, zu erreichen, indem während des Herstellungsprozesses eine Pufferschicht zwischen der Detektorschicht und dem Substrat abgeschieden wird. Ebenso stellt eine weitere Reduzierung der lateralen Detektorabmessungen eine vielversprechende Möglichkeit zur Verbesserung der Detektionsempfindlichkeit dar.

A. Verifikationsmessungen der log-periodischen Planarantennen im Mikrowellenbereich

Zur messtechnischen Verifikation des in Kapitel 4.3 entwickelten analytischen Modells zur Beschreibung log-periodischer Planarantennen wurden Messungen im Mikrowellenbereich anhand von Strukturen unterschiedlicher Geometrie durchgeführt. Eine Auflistung der geometrischen Antennenparameter sowie der Vergleich der Messungen mit dem neuen analytischen Modell sowie mit numerischen Simulationen sind im Folgenden aufgeführt:

Tabelle A.1.: Geometrische Parameter log-periodischen Mikrowellenantennen.

	r_1(mm)	α(deg)	β(deg)	n	τ
$\text{Ant}_{B,1}$	3,75	60	30	6	$\sqrt{2}$
$\text{Ant}_{B,2}$	5,5	45	45	6	1,3
$\text{Ant}_{B,3}$	4,0	60	30	8	1,3

A.1. Struktur Ant$_{B,1}$

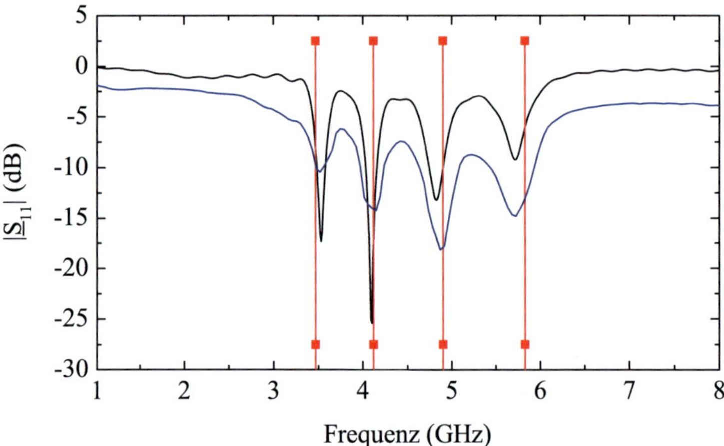

Abbildung A.1.: Simulation (schwarz) und Messung (blau) des Reflexionsparameters für die Struktur Ant$_{B,1}$. Die senkrechten roten Linien markieren die Positionen der mittels des neuen Modells berechneten Resonanzfrequenzen.

Tabelle A.2.: Vergleich der numerisch simulierten sowie der nach Gleichung (4.38) analytisch berechneten Resonanzfrequenzen mit den Messwerten für die Struktur Ant$_{B,1}$.

	f_1	f_2	f_3	f_4
Messung (GHz)	5,73	4,87	4,15	3,52
Numerische Simulation (GHz)	5,72	4,83	4,10	3,53
rel. Abweichung (%)	0,2	0,8	1,2	0,3
Analytische Berechnung (GHz)	5,83	4,90	4,12	3,47
rel. Abweichung (%)	1,7	0,6	0,7	1,4

A.2. Struktur $\mathrm{Ant_{B,2}}$

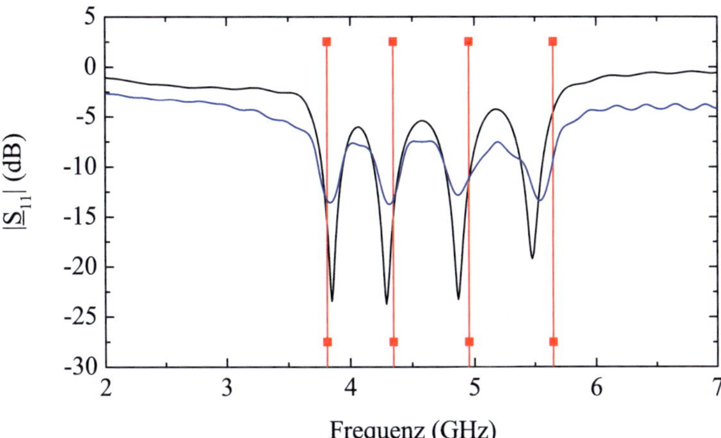

Abbildung A.2.: Simulation (schwarz) und Messung (blau) des Reflexionsparameters für die Struktur $\mathrm{Ant_{B,2}}$. Die senkrechten roten Linien markieren die Positionen der mittels des neuen Modells berechneten Resonanzfrequenzen.

Tabelle A.3.: Vergleich der numerisch simulierten sowie der nach Gleichung (4.38) analytisch berechneten Resonanzfrequenzen mit den Messwerten für die Struktur $\mathrm{Ant_{B,2}}$.

	f_1	f_2	f_3	f_4
Messung (GHz)	5,54	4,87	4,32	3,84
Numerische Simulation (GHz)	5,48	4,87	4,29	3,85
rel. Abweichung (%)	1,1	0,0	0,7	0,3
Analytische Berechnung (GHz)	5,65	4,95	4,35	3,81
rel. Abweichung (%)	2,0	1,6	0,7	0,8

A.3. Struktur Ant$_{B,3}$

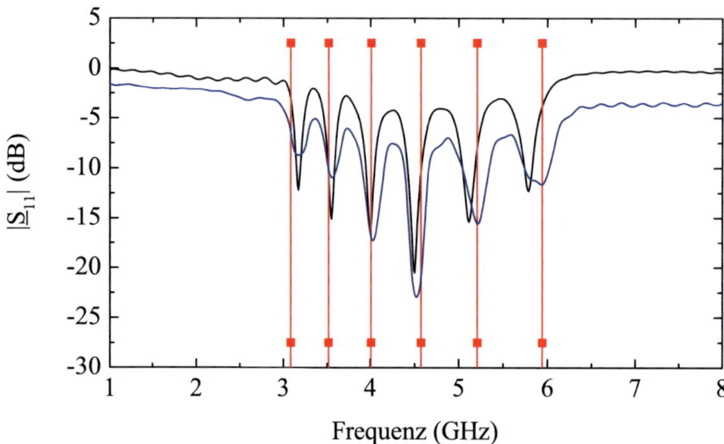

Abbildung A.3.: Simulation (schwarz) und Messung (blau) des Reflexionsparameters für die Struktur Ant$_{B,3}$. Die senkrechten roten Linien markieren die Positionen der mittels des neuen Modells berechneten Resonanzfrequenzen.

Tabelle A.4.: Vergleich der numerisch simulierten sowie der nach Gleichung (4.38) analytisch berechneten Resonanzfrequenzen mit den Messwerten für die Struktur Ant$_{B,3}$.

	f_1	f_2	f_3	f_4	f_5	f_6
Messung (GHz)	5,93	5,22	4,52	4,03	3,56	3,18
Numerische Simulation (GHz)	5,79	5,12	4,50	4,00	3,55	3,17
rel. Abweichung (%)	2,4	1,9	0,4	0,7	0,3	0,3
Analytische Berechnung (GHz)	5,94	5,21	4,57	4,01	3,51	3,08
rel. Abweichung (%)	0,2	0,2	1,1	0,5	1,4	3,1

B. Layouts der entwickelten Detektorchips

B.1. Struktur $\text{Ant}_{\text{LP,A}}$

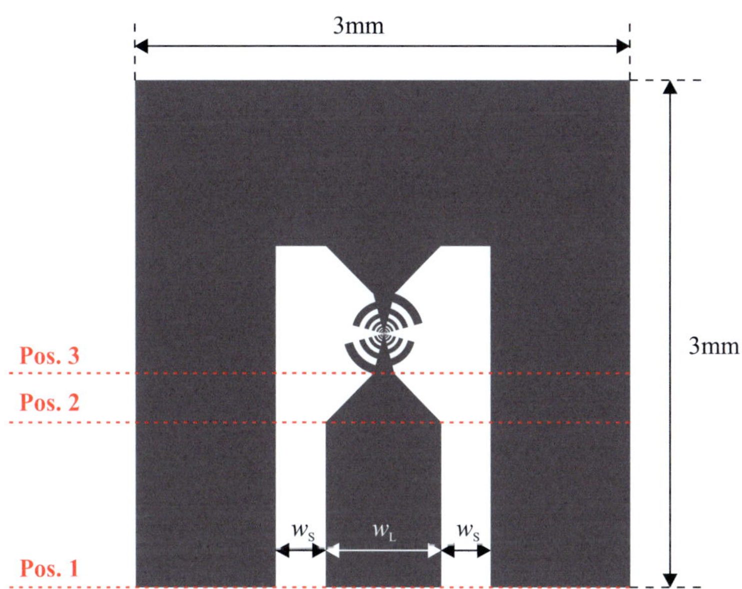

Abbildung B.1.: Layout des Detektorchips mit der Antenne $\text{Ant}_{\text{LP,A}}$.

Tabelle B.1.: Parameter der HF-Leitung des Detektorchips mit der Antenne $\text{Ant}_{\text{LP,A}}$.

Position i	$w_{\text{L},i}$ (μm)	$w_{\text{s},i}$ (μm)	$Z_{\text{L},i}$ (Ω)
1	700	300	50,3
2	700	300	50,3
3	127	586	94,9

B.2. Struktur $\text{Ant}_{\text{LS,A1}}$

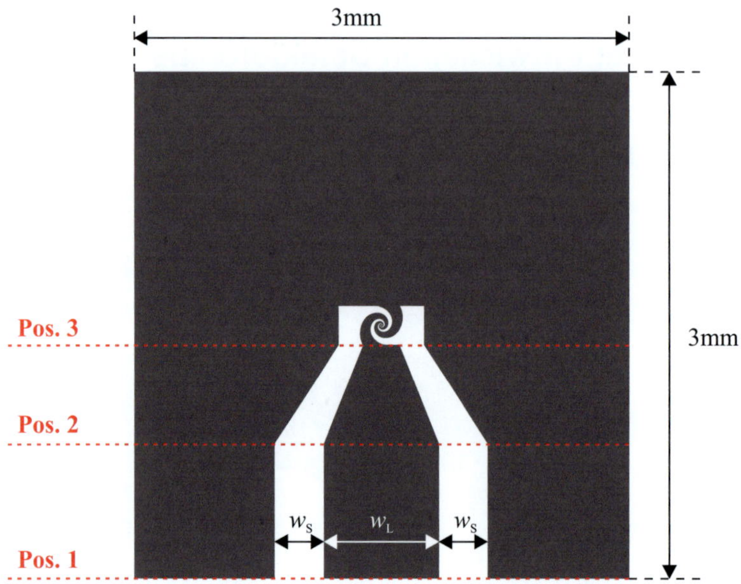

Abbildung B.2.: Layout des Detektorchips mit der Antenne $\text{Ant}_{\text{LS,A1}}$.

Tabelle B.2.: Parameter der HF-Leitung des Detektorchips mit der Antenne $\text{Ant}_{\text{LS,A1}}$.

Position i	$w_{\text{L,i}}$ (μm)	$w_{\text{s,i}}$ (μm)	$Z_{\text{L,i}}$ (Ω)
1	700	300	50,3
2	700	300	50,3
3	220	150	56,2

B.3. Struktur Ant$_{\text{LS,A2}}$

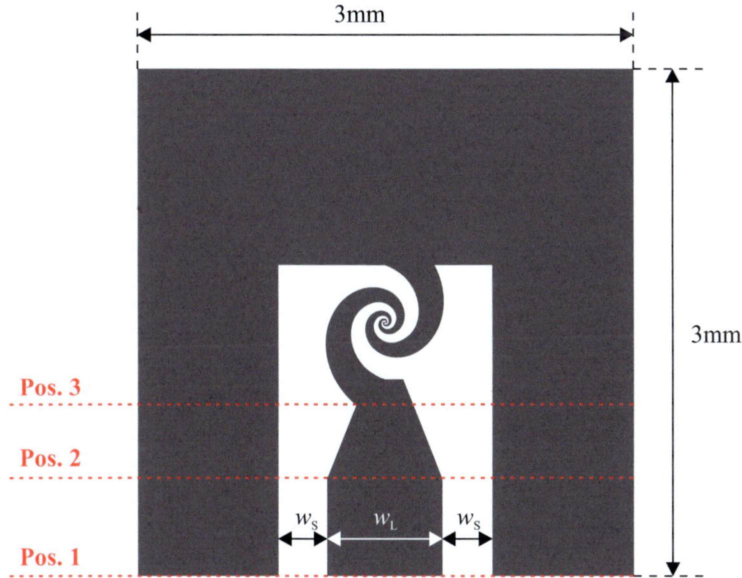

Abbildung B.3.: Layout des Detektorchips mit der Antenne Ant$_{\text{LS,A2}}$.

Tabelle B.3.: Parameter der HF-Leitung des Detektorchips mit der Antenne Ant$_{\text{LS,A2}}$.

Position i	$w_{\text{L},i}$ (μm)	$w_{\text{s},i}$ (μm)	$Z_{\text{L},i}$ (Ω)
1	700	300	50,3
2	700	300	50,3
3	348	472	68,7

B.4. Struktur Ant$_{\text{LS,B}}$

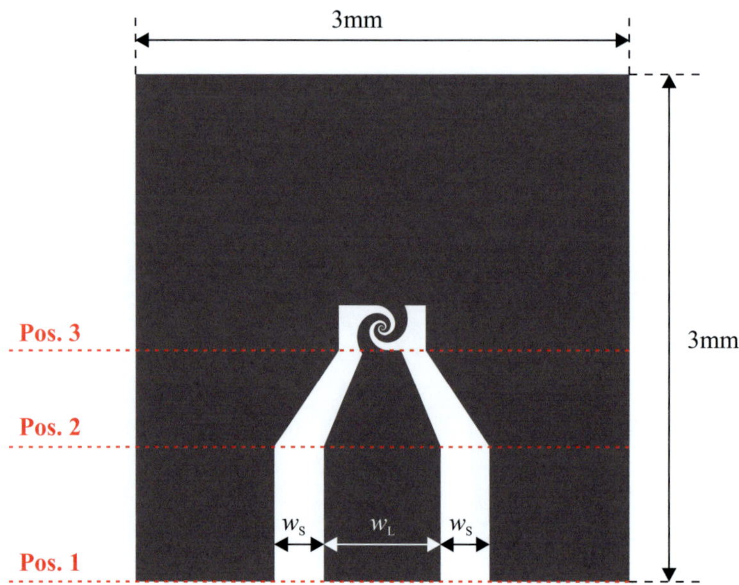

Abbildung B.4.: Layout des Detektorchips mit der Antenne Ant$_{\text{LS,B}}$.

Tabelle B.4.: Parameter der HF-Leitung des Detektorchips mit der Antenne Ant$_{\text{LS,B}}$.

Position i	$w_{\text{L,i}}$ (μm)	$w_{\text{s,i}}$ (μm)	$Z_{\text{L,i}}$ (Ω)
1	700	300	50,3
2	700	300	50,3
3	238	150	54,9

C. Symbole und Konstanten

Lateinische Buchstaben

Name	Variable	Einheit
effektive Antennenwirkfläche	A_{eff}	m^2
mag. Flussdichte	B	Vs/m^2
spezifische Strahlungsintensität	B_{f}	$W/(m^2 \, Hz \, sr)$
Bandbreite	BW	Hz
rel. Bandbreite	BW_{rel}	1
Wärmekapazität	C	J/K
Kapazitätsbelag	C'	As/(Vm)
spezifische Wärmekapazität	c_{s}	$J/(Km^3)$
el. Flussdichte	D	As/m^2
el. Feldstärke	E	V/m
Energielücke	E_{g}	V/m
Impulsenergie	E_{p}	J
Frequenz	f	Hz
Modulationsfrequenz	f_{mod}	Hz
Mittenfrequenz	f_{m}	Hz
untere bzw. obere Grenzfrequenz	$f_{\text{u,o}}$	Hz
thermischer Leitwert	G	W/K
effektiver thermischer Leitwert	G_{eff}	W/K
Ableitungsbelag	G'	S/m
mag. Feldstärke	H	A/m
Strom des Detektors im Arbeitspunkt	I_{b}	A

Name	Variable	Einheit
kritischer Strom	I_c	A
Abschnürstrom des QCLs	I_cut	A
Strom durch den QCL	I_qcl	A
Schwellstrom des QCLs	I_th	A
Stromdichte	J	A/m^2
Oberflächenstromdichte	J_s	A/m
Wellenzahl	k	1/m
Induktivitätsbelag	L'	H/m
Länge des Detektorelements	L_D	m
Brechzahl	n	1
rauschäquivalente Leistung	NEP	W/$\sqrt{\mathrm{Hz}}$
absorbierte Strahlungsleistung	P_abs	W
el. Verlustleistung	P_el	W
Strahlungsleistung	P_rad	W
Widerstandsbelag	R'	Ω/m
Antennenwiderstand	R_A	Ω
Bolometerwiderstand	R_bol	Ω
Detektorwiderstand	R_D	Ω
Verlustwiderstand	R_loss	Ω
Strahlungswiderstand	R_rad	Ω
Oberflächenwiderstand	R_s	Ω
Schichtwiderstand	R_sq	Ω
Strahlungsintensität	S	W/m^2
el. Empfindlichkeit	S_el	V/W

Name	Variable	Einheit
opt. Empfindlichkeit	S_opt	V/W
Reflexionsparameter	$\lvert \underline{S}_{11} \rvert$	1
Transmissionsparameter	$\lvert \underline{S}_{21} \rvert$	1
Spaltbreite	s_L	m
Temperatur	T	K
Arbeitstemperatur	T_0	K
Bolometertemperatur	T_bol	K
Sprungtemperatur	T_c	K
Temperaturkoeffizient des el. Widerstands	TCR	1/K
Metallisierungsdicke	t_met	m
Schichtdicke	t_schicht	m
Substratdicke	t_sub	m
Spannung des Detektors im Arbeitspunkt	U_b	A
Rauschspannung	U_n	V/$\sqrt{\mathrm{Hz}}$
Spannung am QCL	U_qcl	A
Signalspannung	U_s	V
Breite des Detektorelements	w_D	m
Leiterbreite	w_L	m
Spaltbreite	w_s	m
Antennenreaktanz	X_A	Ω
Antennenimpedanz	Z_A	Ω
Bolometerimpedanz	Z_bol	Ω
Detektorimpedanz	Z_D	Ω

Name	Variable	Einheit
Wellenwiderstand	Z_L	Ω
Oberflächenimpedanz	Z_s	Ω

Griechische Buchstaben

Name	Variable	Einheit
Dämpfungsbelag, -maß	α	1/m
Phasenbelag, -maß	β	1/m
Ausbreitungskonstante	γ	1/m
Wirbelstromeindringtiefe	δ	m
Verlustfaktor	$\tan\delta$	1
relative Permittivität	ε_r	1
effektive relative Permittivität	ε_eff	1
Koppeleffizienz	η	1
Wellenlänge	λ	m
relative Permeabilität	μ_r	1
spez. Widerstand	ρ	Ωm
el. Leitfähigkeit	σ	S/m
Länge eines Elektronenpakets	σ_z	s
Zeitkonstante	τ	s
effektive Zeitkonstante	τ_eff	s
Halbwertsdauer	τ_FWHM	s
Kreisfrequenz	$\omega = 2\cdot\pi\cdot f$	1/s

Fundamentale Konstanten

Lichtgeschwindigkeit im Vakuum	c_0	$299\,792\,458$ m/s
Elementarladung des Elektrons	e	$1{,}602\,176\,487(40) \times 10^{-19}$ C
el. Feldkonstante, Permittivität	ε_0	$8{,}854\,187\,817 \times 10^{-12}$ F/m
Plancksches Wirkungsquantum	h	$6{,}626\,068\,96(33) \times 10^{-34}$ Js
Boltzmann-Konstante	k_B	$1{,}380\,650\,4(24) \times 10^{-23}$ J/K
mag. Feldkonstante, Induktionskonstante	μ_0	$1{,}256\,637\,0611 \times 10^{-6}$ N/A^2
Kreiskonstante	π	$3{,}141\,592\,653\,59$
Freiraumwellenwiderstand	Z_0	120π Ω

D. Liste eigener Publikationen

Veröffentlichungen in referierten Zeitschriften

A. Valavanis, P. Dean, A. Scheuring, M. Salih, A. Stockhausen, S. Wuensch, K. Il'in, S. Chowdhury, S. P. Khanna, M. Siegel, A. G. Davies, and E. H. Linfield, „Time-resolved measurement of pulse-to-pulse heating effects in a terahertz quantum cascade laser using an NbN superconducting detector", *Applied Physics Letters*, 103(6):061120-061120-4, 2013.

A. Scheuring, P. Dean, A. Valavanis, A. Stockhausen, P. Thoma, M. Salih, S. P. Khanna, S. Chowdhury, J. D. Cooper, A. Grier S. Wuensch, K. Il'in, E. H. Linfield, A. G. Davies, and M. Siegel, „Transient Analysis of THz-QCL Pulses Using NbN and YBCO Superconducting Detectors", *IEEE Transactions on Terahertz Science and Technology*, 3(2):172-179, Mar. 2013.

P. Thoma, J. Raasch, A. Scheuring, M. Hofherr, K. Il'in, S. Wunsch, A. Semenov, H.-W. Hubers, V. Judin, A.-S. Muller, N. Smale, J. Hanisch, B. Holzapfel, and M. Siegel, „Highly Responsive Y-Ba-Cu-O Thin Film THz Detectors With Picosecond Time Resolution", *IEEE Transactions on Applied Superconductivity*, 23(3):2400206-2400206, Jun. 2013.

L. Rehm, D. Henrich, M. Hofherr, S. Wuensch, P. Thoma, A. Scheuring, K. Il'in, M. Siegel, S. Haindl, K. Iida, F. Kurth, B. Holzapfel, and L. Schultz, „Infrared Photo-Response of Fe-Shunted Ba-122 Thin Film Microstructures", *IEEE Transactions on Applied Superconductivity*, 23(3):7501105-7501105, 2013.

A. A. Kuzmin, S. V. Shitov, A. Scheuring, J. M. Meckbach, K. S. Il'in, S. Wuensch, A. V. Ustinov, and M. Siegel, „TES Bolometers With High-Frequency Readout Circuit", *IEEE Transactions on Terahertz Science and Technology*, 3(1):25-31, 2013.

A. Scheuring, P. Thoma, J. Day, K. Il'in, J. Hanisch, B. Holzapfel, and M. Siegel, „Thin Pr-Ba-Cu-O Film Antenna-Coupled THz Bolometers for Room Temperature Operation", *IEEE Transactions on Terahertz Science and Technology*, 3(1):103-109, Jan. 2013.

P. Thoma, A. Scheuring, S. Wunsch, K. Il'in, A. Semenov, H.-W. Hubers, V. Judin, A.-S. Muller, N. Smale, M. Adachi, S. Tanaka, S.-I. Kimura, M. Katoh, N. Yamamoto, M. Hosaka, E. Roussel, C. Szwaj, S. Bielawski, and M. Siegel, „High-Speed Y-Ba-Cu-O Direct Detection System for Monitoring Picosecond THz Pulses", *IEEE Transactions on Terahertz Science and Technology*, 3(1):81-86, 2013.

P. Thoma, A. Scheuring, M. Hofherr, S. Wunsch, K. Il'in, N. Smale, V. Judin, N. Hiller, A.-S. Muller, A. Semenov, H.-W. Hubers, and M. Siegel, „Real-time measurement of picosecond THz pulses by an ultra-fast $YBa_2Cu_3O_{7-\delta}$ detection system", *Applied Physics Letters*, 101(14):142601-142601-4, 2012.

P. Probst, A. Semenov, M. Ries, A. Hoehl, P. Rieger, A. Scheuring, V. Judin, S. Wunsch, K. Il'in, N. Smale, Y.-L. Mathis, R. Muller, G. Ulm, G. Wustefeld, H.-W. Hubers, J. Hanisch, B. Holzapfel, M. Siegel, and A.-S. Muller, „Non-thermal response of $YBa_2Cu_3O_{7-\delta}$ thin films to picosecond THz pulses", *Phys. Rev. B*, 85:174511, May 2012.

P. Probst, A. Scheuring, M. Hofherr, S. Wunsch, K. Il'in, A. Semenov, H.-W. Hubers, V. Judin, A.-S. Muller, J. Hanisch, B. Holzapfel, and M. Siegel, „Superconducting $YBa_2Cu_3O_{7-\delta}$ Thin Film Detectors for Picosecond THz Pulses", Journal of Low Temperature Physics, 167:898-903, 2012.

A. Kreisler, I. Turer, X. Gaztelu, A. Scheuring, and A. Degardin, *Terahertz Broadband Micro-antennas for Continuous Wave Imaging*, chapter 6, pages 119-146. Non-Standard Antennas. Wiley-ISTE, Apr. 2011.

P. Probst, A. Scheuring, M. Hofherr, D. Rall, S. Wunsch, K. Il'in, M. Siegel, A. Semenov, A. Pohl, H.-W. Hubers, V. Judin, A.-S. Muller, A. Hoehl, R. Muller, and G. Ulm, „$YBa_2Cu_3O_{7-\delta}$ quasioptical detectors for fast time-domain analysis of terahertz synchrotron radiation", *Applied Physics Letters*, 98(4):043504, 2011.

A. Scheuring, I. Turer, N. Ribiere-Tharaud, A. Degardin, and A. Kreisler, *Modeling of Broadband Antennas for Room Temperature Terahertz Detectors*, volume 9 of *Ultra-Wideband, Short Pulse Electromagnetics*, chapter 4, pages 277-286. Springer New York, 2010.

A. Scheuring, S. Wuensch, and M. Siegel, „A Novel Analytical Model of Resonance Effects of Log-Periodic Planar Antennas", *IEEE Transactions on Antennas and Propagation*, 57(11):3482-3488, Nov. 2009.

K. S. Il'in, A. Stockhausen, A. Scheuring, M. Siegel, A. D. Semenov, H. Richter, and H.-W. Huebers, „Technology and Performance of THz Hot-Electron Bolometer Mixers", *IEEE Transactions on Applied Superconductivity*, 19(3):269-273, Jun. 2009.

V. S. Jagtap, A. Scheuring, M. Longhin, A. J. Kreisler, and A. F. Degardin, „From Superconducting to Semiconducting YBCO Thin Film Bolometers: Sensitivity and Crosstalk Investigations for Future THz Imagers", *IEEE Transactions on Applied Superconductivity*, 19(3):287-292, Jun. 2009.

Veröffentlichungen in nicht-referierten Zeitschriften

A. Pohl, A. Semenov, A. Hoehl, R. Muller, G. Ulm, J. Feikes, M. Ries, G. Wustefeld, P. Probst, A. Scheuring, M. Hofherr, S. Wunsch, K. Il'in, M. Siegel, and H.-W. Hubers, „Measurement of the time jitter of coherent terahertz synchrotron radiation with a superconducting detector", In *37th International Conference on Infrared, Millimeter, and Terahertz Waves (IRMMW-THz)*, pages 1-2, Sep. 2012.

P. Dean, A. Valavanis, A. Scheuring, A. Stockhausen, P. Probst, M. Salih, S. P. Khanna, S. Chowdhury, S. Wuensch, K. Il'in, E. H. Linfield, A. G. Davies, and M. Siegel, „Ultra-fast sampling of terahertz pulses from a quantum cascade laser using superconducting antenna-coupled NbN and YBCO detectors", In *37th International Conference on Infrared, Millimeter, and Terahertz Waves (IRMMW-THz)*, pages 1-2, Sep. 2012.

T. A. Scherer, G. Aiello, G. Grossetti, A. Meier, S. Schreck, P. Spaeh, D. Strauss, A. Vaccaro, M. Siegel, J. M. Meckbach, and A. Scheuring, „Reduction of surface losses of CVD diamond by passivation methods", In *37th International Conference on Infrared, Millimeter, and Terahertz Waves (IRMMW-THz)*, pages 1-2, Sep. 2012.

A.-S. Muller, N. Hiller, A. Hofmann, E. Huttel, K. Il'in, V. Judin, B. Kehrer, M. Klein, S. Marsching, C. Meuter, S. Naknaimueang, M. J. Nasse, A. Plech, P. Probst, A. Scheuring, M. Schuh, M. Schwarz, M. Siegel, N. Smale, and M. Streichert, „Experimental Aspects of CSR in the ANKA Storage Ring", *ICFA Beam Dyn.Newslett.*, 57:154-165, 2012.

A. Scheuring, P. Probst, A. Stockhausen, K. Ilin, M. Siegel, T. A. Scherer, A. Meier, and D. Strauss, „Dielectric RF properties of CVD diamond disks from sub-mm wave to THz frequencies", In *35th International Conference on Infrared Millimeter and Terahertz Waves (IRMMW-THz)*, pages 1-2, Sep. 2010.

A. Scheuring, A. Stockhausen, S. Wuensch, K. Ilin, and M. Siegel, „A new analytical model for log-periodic Terahertz antennas", In *Proceedings of the Fourth European Conference on Antennas and Propagation (EuCAP)*, pages 1-5, Apr. 2010.

I. Turer, A. Scheuring, X. Gaztelu, N. Ribiere-Tharaud, A. F. Degardin, and A. J. Kreisler, „Modelling THz antennas for cooled superconducting and uncooled semiconducting bolometric pixels", In *Proc. SPIE 7117, Millimetre Wave and Terahertz Sensors and Technology*, pages 71170Q-71170Q-12, Oct. 2008.

E. Betreute studentische Arbeiten

Muhammet Albayrak, „Herstellung und Charakterisierung dünner Detektorfilme für THz-Sensoren", Studienarbeit, Institut für Mikro- und Nanoelektronische Systeme, Karlsruher Institut für Technologie (KIT), 2010.

Julia Day, „Optimierung von PBCO THz-Detektoren", Diplomarbeit, Institut für Mikro- und Nanoelektronische Systeme, Karlsruher Institut für Technologie (KIT), 2012.

Sebastian Diebold, „Leistungsuntersuchungen an verschiedenartig mäandrierten Koplanarresonatoren", Studienarbeit, Institut für Mikro- und Nanoelektronische Systeme, Universität Karlsruhe (TH), 2009.

Christian Dischke, „Entwicklung einer automatisierten Steuerung für ein THz-Sensorsystem", Studienarbeit, Institut für Mikro- und Nanoelektronische Systeme, Karlsruher Institut für Technologie (KIT), 2013.

Mikel de Zabala Wissing, „Entwicklung von THz-Raumtemperaturdetektoren basierend auf PBCO", Studienarbeit, Institut für Mikro- und Nanoelektronische Systeme, Karlsruher Institut für Technologie (KIT), 2011.

Christian Kapitza, „Strahlungsquellen für den Terahertz-Frequenzbereich", Studienarbeit, Institut für Mikro- und Nanoelektronische Systeme, Universität Karlsruhe (TH), 2009.

Andreas Pelczer, „Entwurf, Aufbau und Charakterisierung eines Lock-In-Verstärkers zur Detektorauslese", Diplomarbeit, Institut für Mikro- und Nanoelektronische Systeme, Karlsruher Institut für Technologie (KIT), 2009.

Alexander Schmid, „Entwicklung von Antennenkonzepten für Multipixelarrays im THz-Frequenzbereich", Bachelorarbeit, Institut für Mikro- und Nanoelektronische Systeme, Karlsruher Institut für Technologie (KIT), 2011.

Sandro-Diego Wölfle, „Untersuchung von Isolatorschichten zur thermischen Entkopplung von Bolometern", Studienarbeit, Institut für Mikro- und Nanoelektronische Systeme, Karlsruher Institut für Technologie (KIT), 2010.

Abbildungsverzeichnis

Tabellenverzeichnis

Literaturverzeichnis

[1] [Online] http://www.anka.kit.edu/28.php.

[2] [Online] http://www.ptb.de/mls.

[3] A.-S. Müller. Accelerator-Based Sources of Infrared and Terahertz Radiation. *Reviews of Accelerator Science and Technology*, 03(01):165–183, 2010.

[4] A. D. Semenov, R. S. Nebosis, Y. P. Gousev, M. A. Heusinger, and K. F. Renk. Analysis of the nonequilibrium photoresponse of superconducting films to pulsed radiation by use of a two-temperature model. *Phys. Rev. B*, 52:581–590, Jul. 1995.

[5] M. Lindgren, M. Currie, C. A. Williams, T. Y. Hsiang, P. M. Fauchet, R. Sobolewski, S. H. Moffat, R. A. Hughes, J. S. Preston, and F. A. Hegmann. Ultrafast photoresponse in microbridges and pulse propagation in transmission lines made from high-T_c superconducting Y-Ba-Cu-O thin films. *IEEE Journal of Selected Topics in Quantum Electronics*, 2(3):668–678, Sep. 1996.

[6] M. Lindgren, M. Currie, C. Williams, T. Y. Hsiang, P. M. Fauchet, R. Sobolewski, S. H. Moffat, R. A. Hughes, J. S. Preston, and F. A. Hegmann. Intrinsic picosecond response times of Y-Ba-Cu-O superconducting photodetectors. *Applied Physics Letters*, 74(6):853–855, 1999.

[7] R. Köhler, A. Tredicucci, F. Beltram, H. E. Beere, E. H. Linfield, A. G. Davies, D. A. Ritchie, R. C. Iotti, and F. Rossi. Terahertz semiconductor-heterostructure laser. *Nature*, 417(6885):156–159, May 2002.

[8] G. Scalari, C. Walther, M. Fischer, R. Terazzi, H. Beere, D. Ritchie, and J. Faist. THz and sub-THz quantum cascade lasers. *Laser & Photonics Reviews*, 3(1-2):45–66, 2009.

[9] S. Kumar. Recent Progress in Terahertz Quantum Cascade Lasers. *IEEE Journal of Selected Topics in Quantum Electronics*, 17(1):38–47, Jan.-Feb. 2011.

[10] S. Kumar and A. W. M. Lee. Resonant-Phonon Terahertz Quantum-Cascade Lasers and Video-Rate Terahertz Imaging. *IEEE Journal of Selected Topics in Quantum Electronics*, 14(2):333–344, Mar.-Apr. 2008.

[11] B. S. Williams, S. Kumar, Q. Hu, and J. L. Reno. High-power terahertz quantum-cascade lasers. *Electronics Letters*, 42(2):89–91, Jan. 2006.

[12] A. Barkan, F. K. Tittel, D. M. Mittleman, R. Dengler, P. H. Siegel, G. Scalari, L. Ajili, J. Faist, H. E. Beere, E. H. Linfield, A. G. Davies, and D. A. Ritchie. Linewidth and tuning characteristics of terahertz quantum cascade lasers. *Opt. Lett.*, 29(6):575–577, Mar. 2004.

[13] S. Fathololoumi, E. Dupont, C. W. I. Chan, Z. R. Wasilewski, S. R. Laframboise, D. Ban, A. Mátyás, C. Jirauschek, Q. Hu, and H. C. Liu. Terahertz quantum cascade lasers operating up to ∼200 K with optimized oscillator strength and improved injection tunneling. *Opt. Express*, 20(4):3866–3876, Feb. 2012.

[14] K. S. Il'in, M. Lindgren, M. Currie, A. D. Semenov, G. N. Gol'tsman, R. Sobolewski, S. I. Cherednichenko, and E. M. Gershenzon. Picosecond hot-electron energy relaxation in NbN superconducting photodetectors. *Applied Physics Letters*, 76(19):2752–2754, 2000.

[15] A. D. Semenov, G. N. Gol'tsman, and R. Sobolewski. Hot-electron effect in superconductors and its applications for radiation sensors. *Superconductor Science and Technology*, 15(4):R1, 2002.

[16] A. Semenov, O. Cojocari, H.-W. Hübers, F. Song, A. Klushin, and A.-S. Müller. Application of Zero-Bias Quasi-Optical Schottky-Diode Detectors for Monitoring Short-Pulse and Weak Terahertz Radiation. *IEEE Electron Device Letters*, 31(7):674–676, Jul. 2010.

[17] R. Courtland. A Cheap Terahertz Camera. [Online] http://spectrum.ieee.org/semiconductors/optoelectronics/a-cheap-terahertz-camera, Apr. 2012. IEEE Spectrum.

[18] M. Longhin, A. J. Kreisler, and A. F. Degardin. Semiconducting YBCO Thin Films for Uncooled Terahertz Imagers. *Materials Science Forum*, 587-588:273–277, 2008.

[19] P. L. Richards. Bolometers for infrared and millimeter waves. *Journal of Applied Physics*, 76(1):1–24, Jul. 1994.

[20] G. Neto, L. A. L. de Almeida, A. M. N. Lima, C. S. Moreira, H. Neff, I. A. Khrebtov, and V. G. Malyarov. Figures of merit and optimization of a VO_2 microbolometer with strong electrothermal feedback. *Optical Engineering*, 47(7):073603–073603–15, 2008.

[21] F. J. Gonzalez, B. Ilic, J. Alda, and G. D. Boreman. Antenna-coupled infrared detectors for imaging applications. *IEEE Journal of Selected Topics in Quantum Electronics*, 11(1):117–120, Jan.-Feb. 2005.

[22] S. E. Schwarz and B. T. Ulrich. Antenna-coupled infrared detectors. *Journal of Applied Physics*, 48(5):1870–1873, May 1977.

[23] R. C. Jones. The General Theory of Bolometer Performance. *J. Opt. Soc. Am.*, 43(1):1–10, Jan. 1953.

[24] N. Chi-Anh, H.-J. Shin, K. Kim, Y.-H. Han, and S. Moon. Characterization of uncooled bolometer with vanadium tungsten oxide infrared active layer. *Sensors and Actuators A: Physical*, 123-124(0):87–91, 2005.

[25] M. Almasri, X. Bai, and J. Castracane. Amorphous silicon two-color microbolometer for uncooled IR detection. *IEEE Sensors Journal*, 6(2):293–300, Apr. 2006.

[26] A. Mahmood, D. P. Butler, and Z. Celik-Butler. Micromachined bolometers on polyimide. *Sensors and Actuators A: Physical*, 132(2):452–459, 2006.

[27] M. Garcia, R. Ambrosio, A. Torres, and A. Kosarev. IR bolometers based on amorphous silicon germanium alloys. *Journal of Non-Crystalline Solids*, 338-340(0):744–748, 2004.

[28] M. M. Rana and D. P. Butler. Radio Frequency sputtered $Si_{1-x}Ge_x$ and $Si_{1-x}Ge_xO_y$ thin films for uncooled infrared detectors. *Thin Solid Films*, 514(1-2):355–360, 2006.

[29] NEC Avio Infrared Technologies Co., Ltd. [Online] http://www.nec-avio.co.jp/en.

[30] D. P. Neikirk, W. W. Lam, and D. B. Rutledge. Far-infrared microbolometer detectors. *International Journal of Infrared and Millimeter Waves*, 5:245–278, 1984. 10.1007/BF01009656.

[31] T.-L. Hwang, S. E. Schwarz, and D. B. Rutledge. Microbolometers for infrared detection. *Applied Physics Letters*, 34(11):773–776, 1979.

[32] C. A. Balanis. *Antenna theory : analysis and design*. Wiley-Interscience, 3. ed. edition, 2005.

[33] M. Tinkham. *Introduction to Superconductivity: Second Edition (Dover Books on Physics) (Vol i)*. Dover Publications, 2 edition, 2004.

[34] W. Buckel and R. Kleiner. *Supraleitung*. Wiley-VCH, 2004.

[35] B. S. Karasik, A. V. Sergeev, and D. E. Prober. Nanobolometers for THz Photon Detection. *IEEE Transactions on Terahertz Science and Technology*, 1(1):97–111, Sep. 2011.

[36] E. M. Conwell. *High Field Transport in Semiconductors*. Academic Press, New York, 1967.

[37] J. Nemarich. Microbolometer Detectors for Passive Millimeter-Wave Imaging. Technical report, Army Research Laboratory, 2005.

[38] P. A. Tipler, G. Mosca, and D. Pelte. *Physik*. Spektrum Akademischer Verlag, 1994.

[39] P. F. Goldsmith. *Quasioptical Systems: Gaussian Beam Quasioptical Propagation and Applications*. IEEE Press/Chapman & Hall Publishers Series on Microwave Technology and Rf. Wiley, 1998.

[40] S. J. Orfanidis. *Electromagnetic Waves and Antennas*. John Wiley & Sons, 2004.

[41] W. Wiesbeck. *Skriptum zur Vorlesung: Antennen und Antennensysteme*. Institut für Hochfrequenztechnik und Elektronik, Universität Karlsruhe (TH), 2005.

[42] A. W. Love. Comment on the equivalent circuit of a receiving antenna. *IEEE Antennas and Propagation Magazine*, 44(5):124–125, Oct. 2002.

[43] J. Van Bladel. On the equivalent circuit of a receiving antenna. *IEEE Antennas and Propagation Magazine*, 44(1):164–165, Feb. 2002.

[44] R. E. Collin. Limitations of the Thevenin and Norton equivalent circuits for a receiving antenna. *IEEE Antennas and Propagation Magazine*, 45(2):119–124, Apr. 2003.

[45] A. W. Love. Comment on "Limitations of the Thevenin and Norton equivalent circuits for a receiving antenna". *IEEE Antennas and Propagation Magazine*, 45(4):98–99, Aug. 2003.

[46] R. E. Collin. Remarks on "Comments on the limitations of the Thevenin and Norton equivalent circuits for a receiving antenna". *IEEE Antennas and Propagation Magazine*, 45(4):99–100, Aug. 2003.

[47] A. Cha. An offset dual shaped reflector with 84.5 percent efficiency. *IEEE Transactions on Antennas and Propagation*, 31(6):896–902, Nov. 1983.

[48] H. H. Richter. *Entwicklung von Hot-Electron-Bolometer-Mischern für Terahertz-Heterodynempfänger.* PhD thesis, Technische Universität Berlin, 2005.

[49] A. Scheuring, S. Wuensch, and M. Siegel. A Novel Analytical Model of Resonance Effects of Log-Periodic Planar Antennas. *IEEE Transactions on Antennas and Propagation*, 57(11):3482–3488, Nov. 2009.

[50] V. Rumsey. Frequency independent antennas. In *IRE International Convention Record*, volume 5, pages 114–118, Mar. 1957.

[51] Y. Mushiake. Self-complementary antennas. *IEEE Antennas and Propagation Magazine*, 34(6):23–29, Dec. 1992.

[52] A. D. Rakic, A. B. Djurišic, J. M. Elazar, and M. L. Majewski. Optical Properties of Metallic Films for Vertical-Cavity Optoelectronic Devices. *Appl. Opt.*, 37(22):5271–5283, Aug. 1998.

[53] P. S. Excell and N.McN Alford. Superconducting electrically-small dipole antenna. In *Seventh International Conference on Antennas and Propagation ICAP (IEE)*, volume 1, pages 446–447, 1991.

[54] R. Wördenweber, J. Einfeld, R. Kutzner, A. G. Zaitsev, M. A. Hein, T. Kaiser, and G. Muller. Large-area YBCO films on sapphire for microwave applications. *IEEE Transactions on Applied Superconductivity*, 9(2):2486–2491, 1999.

[55] H. A. Wheeler. Formulas for the Skin Effect. *Proceedings of the IRE*, 30(9):412–424, Sept. 1942.

[56] S. Amari and J. Bornemann. LSE- and LSM-mode sheet impedances of thin conductors. *IEEE Transactions on Microwave Theory and Techniques*, 44(6):967–970, Jun. 1996.

[57] M. N. Afsar and H. Chi. Window materials for high power gyrotron. *International Journal of Infrared and Millimeter Waves*, 15:1161–1179, 1994.

[58] M. N. Afsar. Dielectric Measurements of Millimeter-Wave Materials. *IEEE Transactions on Microwave Theory and Techniques*, 32(12):1598–1609, Dec. 1984.

[59] B. Komiyama, M. Kiyokawa, and T. Matsui. Open resonator for precision dielectric measurements in the 100 GHz band. *IEEE Transactions on Microwave Theory and Techniques*, 39(10):1792–1796, Oct. 1991.

[60] F. F. Igoshin, A. P. Kir'yanov, V. V. Mozhaev, M. A. Tulaikova, and A. A. Sheronov. Measurements of the refractive index of certain dielectrics in the submillimeter range of wavelengths. *Radiophysics and Quantum Electronics*, 17:227–228, 1974.

[61] J. R. Birch, J. D. Dromey, and J. Lesurf. The optical constants of some common low-loss polymers between 4 and 40 cm^{-1}. *Infrared Physics*, 21(4):225–228, 1981.

[62] E. V. Loewenstein, D. R. Smith, and R. L. Morgan. Optical Constants of Far Infrared Materials. 2: Crystalline Solids. *Appl. Opt.*, 12(2):398–406, Feb. 1973.

[63] R. H. Giles, A. J. Gatesman, and J. Waldman. A study of the far-infrared optical properties of rexolite. *International Journal of Infrared and Millimeter Waves*, 11:1299–1302, 1990.

[64] M. N. Afsar. Precision millimeter-wave dielectric measurements of birefringent crystalline sapphire and ceramic alumina. *IEEE Transactions on Instrumentation and Measurement*, IM-36(2):554–559, Jun. 1987.

[65] A. D. Semenov, H.-W. Hübers, H. Richter, M. Birk, M. Krocka, U. Mair, Y. B. Vachtomin, M. I. Finkel, S. V. Antipov, B. M. Voronov, K. V. Smirnov, N. S. Kaurova, V. N. Drakinski, and G. N. Gol'tsman. Superconducting hot-electron bolometer mixer for terahertz heterodyne receivers. *IEEE Transactions on Applied Superconductivity*, 13(2):168–171, Jun. 2003.

[66] A. D. Semenov, H. Richter, H.-W. Hübers, B. Gunther, A. Smirnov, K. S. Il'in, M. Siegel, and J. P. Karamarkovic. Terahertz Performance of Integrated Lens Antennas With a Hot-Electron Bolometer. *IEEE Transactions on Microwave Theory and Techniques*, 55(2):239–247, Feb. 2007.

[67] E. Gerecht, G. Dazhen, Y. Lixing, and K. S. Yngvesson. A Passive Heterodyne Hot Electron Bolometer Imager Operating at 850 GHz. *IEEE Transactions on Microwave Theory and Techniques*, 56(5):1083–1091, May 2008.

[68] R. Compton, R. McPhedran, Z. Popovic, G. Rebeiz, P. Tong, and D. Rutledge. Bowtie antennas on a dielectric half-space: Theory and experiment. *IEEE Transactions on Antennas and Propagation*, 35(6):622–631, Jun. 1987.

[69] R. Mendis, C. Sydlo, J. Sigmund, M. Feiginov, P. Meissner, and H. L. Hartnagel. Tunable CW-THz system with a log-periodic photoconductive emitter. *Solid-State Electronics*, 48(10-11):2041–2045, 2004.

[70] G. M. Rebeiz. Millimeter-wave and terahertz integrated circuit antennas. *Proceedings of the IEEE*, 80(11):1748–1770, Nov. 1992.

[71] C. Sydlo, R. Mendis, J. Sigmund, M. Feiginov, H. L. Hartnagel, and P. Meissner. Binary optical mixing for broadband THz communication. In *IEEE/ACES International Conference on Wireless Communications and Applied Computational Electromagnetics*, pages 873–877, Apr. 2005.

[72] M. M. Gitin, F. W. Wise, G. Arjavalingam, Y. Pastol, and R. C. Compton. Broadband characterization of millimeter-wave log-periodic antennas by photoconductive sampling. *IEEE Transactions on Antennas and Propagation*, 42(3):335–339, Mar. 1994.

[73] R. Mendis, C. Sydlo, J. Sigmund, M. Feiginov, P. Meissner, and H. L. Hartnagel. Spectral characterization of broadband THz antennas by photoconductive mixing: toward optimal antenna design. *IEEE Antennas and Wireless Propagation Letters*, 4:85–88, 2005.

[74] B. K. Kormanyos, P. H. Ostdiek, W. L. Bishop, T. W. Crowe, and G. M. Rebeiz. A planar wideband 80-200 GHz subharmonic receiver. *IEEE Transactions on Microwave Theory and Techniques*, 41(10):1730–1737, Oct. 1993.

[75] R. DuHamel and D. Isbell. Broadband logarithmically periodic antenna structures. In *IRE International Convention Record*, volume 5, pages 119–128, Mar. 1957.

[76] CST Microwave Studio. [Online] http://www.cst.com.

[77] J. Dyson. The equiangular spiral antenna. *IRE Transactions on Antennas and Propagation*, 7(2):181–187, Apr. 1959.

[78] Alexander Schmid. *Entwicklung von Antennenkonzepten für Multipixelarrays im THz-Frequenzbereich*. Bachelorarbeit, Institut für Mikro- und Nanoelektronische Systeme, Karlsruher Institut für Technologie (KIT), 2011.

[79] Y. T. Lo and S. W. Lee. *Antenna Handbook*. Chapman & Hall, 1993.

[80] V. M. Lubecke, K. Mizuno, and G. M. Rebeiz. Micromachining for terahertz applications. *IEEE Transactions on Microwave Theory and Techniques*, 46(11):1821–1831, Nov. 1998.

[81] G. M. Rebeiz. Current status of integrated submillimeter-wave antennas. In *IEEE MTT-S International Microwave Symposium Digest*, volume 2, pages 1145–1148, Jun. 1992.

[82] E. R. Brown, C. D. Parker, and E. Yablonovitch. Radiation properties of a planar antenna on a photonic-crystal substrate. *J. Opt. Soc. Am. B*, 10(2):404–407, Feb. 1993.

[83] D. F. Filipovic, S. S. Gearhart, and G. M. Rebeiz. Double-slot antennas on extended hemispherical and elliptical silicon dielectric lenses. *IEEE Transactions on Microwave Theory and Techniques*, 41(10):1738–1749, Oct. 1993.

[84] J. Zmuidzinas and P. L. Richards. Superconducting detectors and mixers for millimeter and submillimeter astrophysics. *Proceedings of the IEEE*, 92(10):1597–1616, Oct. 2004.

[85] T. H. Büttgenbach. An improved solution for integrated array optics in quasi-optical mm and submm receivers: the hybrid antenna. *IEEE Transactions on Microwave Theory and Techniques*, 41(10):1750–1760, Oct. 1993.

[86] M. J. M. van der Vorst. *Integrated Lens Antennas for Submillimetre-wave Applications*. PhD thesis, Technische Universität Eindhoven, 1999.

[87] M. Gerken. *Skriptum zur Vorlesung: Entwurf optoelektronischer Bauelemente mit Matlab/Simulink*. Lichttechnisches Institut, Universität Karlsruhe (TH), 2006.

[88] Mathworks. MATLAB. [Online] http://www.mathworks.de/products/matlab/.

[89] P. Thoma, A. Scheuring, M. Hofherr, S. Wunsch, K. Il'in, N. Smale, V. Judin, N. Hiller, A.-S. Muller, A. Semenov, H.-W. Hubers, and M. Siegel. Real-time measurement of picosecond THz pulses by an ultra-fast $YBa_2Cu_3O_{7-\delta}$ detection system. *Applied Physics Letters*, 101(14):142601–142601–4, 2012.

[90] P. Probst, A. Semenov, M. Ries, A. Hoehl, P. Rieger, A. Scheuring, V. Judin, S. Wunsch, K. Il'in, N. Smale, Y.-L. Mathis, R. Muller, G. Ulm, G. Wustefeld, H.-W. Hubers, J. Hanisch, B. Holzapfel, M. Siegel, and A.-S. Muller. Nonthermal response of $YBa_2Cu_3O_{7-\delta}$ thin films to picosecond THz pulses. *Phys. Rev. B*, 85:174511, May 2012.

[91] P. Thoma, A. Scheuring, S. Wunsch, K. Il'in, A. Semenov, H.-W. Hubers, V. Judin, A.-S. Muller, N. Smale, M. Adachi, S. Tanaka, S.-I. Kimura, M. Katoh, N. Yamamoto, M. Hosaka, E. Roussel, C. Szwaj, S. Bielawski, and M. Siegel. High-Speed Y-Ba-Cu-O Direct Detection System for Monitoring Picosecond THz Pulses. *IEEE Transactions on Terahertz Science and Technology*, 3(1):81–86, 2013.

[92] M. Klein. Coherent Synchrotron Radiation at ANKA. Apr. 2011.

[93] A. Plech, S. Casalbuoni, B. Gasharova, E. Huttel, Y.-L. Mathis, A.-S. Müller, and K. Sonnad. Electro-optical sampling of terahertz radiation emitted by short bunches in the ANKA synchrotron. In *Particle Accelerator Conference*, 2009.

[94] A.-S. Müller. Studies of Polarisation of Coherent THz Edge Radiation at the ANKA Storage Ring. In *Proceedings of IPAC*, 2010.

[95] T. Konaka, M. Sato, H. Asano, and S. Kubo. Relative permittivity and dielectric loss tangent of substrate materials for high-T_c superconducting film. *Journal of Superconductivity*, 4:283–288, 1991.

[96] P. Thoma. *Ultra-fast $YBa_2Cu_3O_{7-x}$ direct detectors for the THz frequency range.* PhD thesis, Karlsruher Institut für Technologie (KIT), 2013.

[97] P. Probst, A. Scheuring, M. Hofherr, D. Rall, S. Wunsch, K. Il'in, M. Siegel, A. Semenov, A. Pohl, H.-W. Hubers, V. Judin, A.-S. Muller, A. Hoehl, R. Muller, and G. Ulm. $YBa_2Cu_3O_{7-\delta}$ quasioptical detectors for fast time-domain analysis of terahertz synchrotron radiation. *Applied Physics Letters*, 98(4):043504, 2011.

[98] P. Probst, A. Scheuring, M. Hofherr, S. Wunsch, K. Il'in, A. Semenov, H.-W. Hubers, V. Judin, A.-S. Muller, J. Hanisch, B. Holzapfel, and M. Siegel. Superconducting $YBa_2Cu_3O_{7-\delta}$ Thin Film Detectors for Picosecond THz Pulses. *Journal of Low Temperature Physics*, 167:898–903, 2012.

[99] E. L. Kollberg, K. S. Yngvesson, Y. Ren, W. Zhang, P. Khosropanah, and J.-R. Gao. Impedance of Hot-Electron Bolometer Mixers at Terahertz Frequencies. *IEEE Transactions on Terahertz Science and Technology*, 1(2):383–389, Nov. 2011.

[100] R. K. Hoffmann. *Integrierte Mikrowellenschaltungen: Elektrische Grundlagen, Dimensionierung, Technische Ausführung, Technologien.* Springer-Verlag GmbH, 1983.

[101] G. Hammer. *Untersuchung der Eigenschaften von planaren Mikrowellenresonatoren für Kinetic-Inductance Detektoren bei 4,2 K.* PhD thesis, Karlsruher Institut für Technologie (KIT), 2011.

[102] K. C. Gupta. *Microstrip Lines and Slotlines.* ARTECH HOUSE INC, 2. ed. edition, 1996.

[103] Sid Levingston. *Understanding Measurements using an Oscilloscope versus a Lock In Amplifier.* SpectrumDetector Inc., Mar. 2007.

[104] A. Luukanen, E. N. Grossman, A. J. Miller, P. Helisto, J. S. Penttila, H. Sipola, and H. Seppa. An Ultra-Low Noise Superconducting Antenna-Coupled Microbolometer With a Room-Temperature Read-Out. *IEEE Microwave and Wireless Components Letters*, 16(8):464–466, 2006.

[105] F. Sizov. THz radiation sensors. *Opto-Electronics Review*, 18:10–36, 2010.

[106] A. D. Semenov, H.-W. Hübers, K. S. Il'in, M. Siegel, V. Judin, and A.-S. Müller. Monitoring coherent THz-synchrotron radiation with superconducting NbN hot-electron detector. In *34th International Conference on Infrared, Millimeter, and Terahertz Waves*, pages 1–2, Sep. 2009.

[107] Thomas Keating Ltd. QMC Instruments Ltd. [Online] http://www.terahertz.co.uk/.

[108] Microtech Instruments inc. [Online] http://www.mtinstruments.com/.

[109] Inc. Gentec-EO USA. [Online] http://www.gentec-eo.com.

[110] A. Scheuring, P. Dean, A. Valavanis, A. Stockhausen, P. Thoma, M. Salih, S. P. Khanna, S. Chowdhury, J. D. Cooper, A. Grier S. Wuensch, K. Il'in, E. H. Linfield, A. G. Davies, and M. Siegel. Transient Analysis of THz-QCL Pulses Using NbN and YBCO Superconducting Detectors. *IEEE Transactions on Terahertz Science and Technology*, 3(2):172–179, Mar. 2013.

[111] B. S. Williams. Terahertz quantum-cascade lasers. *Nature Photonics*, 1(9):517–525, Sep. 2007.

[112] H. Luo, S. R. Laframboise, Z. R. Wasilewski, G. C. Aers, H. C. Liu, and J. C. Cao. Terahertz quantum-cascade lasers based on a three-well active module. *Applied Physics Letters*, 90(4):041112–041112–3, Jan. 2007.

[113] J. D. Cooper, A. Valavanis, Z. Ikonic, P. Harrison, and J. E. Cunningham. Finite difference method for solving the Schrödinger equation with band nonparabolicity in mid-infrared quantum cascade lasers. *Journal of Applied Physics*, 108(11):113109–113109–5, 2010.

[114] H. Callebaut, S. Kumar, B. S. Williams, Q. Hu, and J. L. Reno. Analysis of transport properties of tetrahertz quantum cascade lasers. *Applied Physics Letters*, 83(2):207–209, 2003.

[115] Y. Chassagneux, Q. J. Wang, S. P. Khanna, E. Strupiechonski, J. Coudevylle, E. H. Linfield, A. G. Davies, M. A. Belkin, and R. Colombelli. Limiting Factors to the

Temperature Performance of THz Quantum Cascade Lasers Based on the Resonant-Phonon Depopulation Scheme. *IEEE Transactions on Terahertz Science and Technology*, 2(1):83–92, 2012.

[116] A. Stockhausen. *Optimization of Hot-Electron Bolometers for THz radiation*. PhD thesis, Karlsruher Institut für Technologie (KIT), 2013.

[117] D. Garcia. Robust smoothing of gridded data in one and higher dimensions with missing values. *Computational Statistics & Data Analysis*, 54(4):1167–1178, 2010.

[118] P. Gellie, S. Barbieri, J.-F. Lampin, P. Filloux, C. Manquest, C. Sirtori, I. Sagnes, S. P. Khanna, E. H. Linfield, A. G. Davies, H. Beere, and D. Ritchie. Injection-locking of terahertz quantum cascade lasers up to 35GHz using RF amplitude modulation. *Opt. Express*, 18(20):20799–20816, Sep. 2010.

[119] S. Barbieri, M. Ravaro, P. Gellie, G. Santarelli, C. Manquest, C. Sirtori, S. P. Khanna, E. H. Linfield, and A. G. Davies. Coherent sampling of active mode-locked terahertz quantum cascade lasers and frequency synthesis. *Nat. Photon.*, 5(5):306–313, May 2011.

[120] A. Scheuring, I. Turer, N. Ribiere-Tharaud, A. Degardin, and A. Kreisler. *Modeling of Broadband Antennas for Room Temperature Terahertz Detectors*, volume 9 of *Ultra-Wideband, Short Pulse Electromagnetics*, chapter 4, pages 277–286. Springer New York, 2010.

[121] M. E. MacDonald and E. N. Grossman. Niobium microbolometers for far-infrared detection. *IEEE Transactions on Microwave Theory and Techniques*, 43(4):893–896, Apr. 1995.

[122] A. J. Miller, A. Luukanen, and E. N. Grossman. Micromachined antenna-coupled uncooled microbolometers for terahertz imaging arrays. In Dwight, editor, *Terahertz for Military and Security Applications II*, pages 18–24, Sep. 2004.

[123] V. S. Jagtap, A. Scheuring, M. Longhin, A. J. Kreisler, and A. F. Degardin. From Superconducting to Semiconducting YBCO Thin Film Bolometers: Sensitivity and Crosstalk Investigations for Future THz Imagers. *IEEE Transactions on Applied Superconductivity*, 19(3):287–292, Jun. 2009.

[124] C. Sydlo, J. Sigmund, H. L. Hartnagel, R. Mendis, M. Feiginov, and P. Meissner. Planar Terahertz antenna optimisation. In *IEEE/ACES International Conference on Wireless Communications and Applied Computational Electromagnetics*, pages 878–882, Apr. 2005.

[125] A. Scheuring, P. Thoma, J. Day, K. Il'in, J. Hanisch, B. Holzapfel, and M. Siegel. Thin Pr-Ba-Cu-O Film Antenna-Coupled THz Bolometers for Room Temperature Operation. *IEEE Transactions on Terahertz Science and Technology*, 3(1):103–109, Jan. 2013.

[126] S. Cherednichenko, A. Hammar, S. Bevilacqua, V. Drakinskiy, J. Stake, and A. Kalabukhov. A Room Temperature Bolometer for Terahertz Coherent and Incoherent Detection. *IEEE Transactions on Terahertz Science and Technology*, 1(2):395–402, Nov. 2011.

[127] A. V. Inyushkin, A. N. Taldenkov, L. N. Dem'yanets, T. G. Uvarova, and A. B. Bykov. Thermal conductivity of layered superconductors. *Physica B: Condensed Matter*, 194-196, Part 1(0):479–480, 1994.

Karlsruher Schriftenreihe zur Supraleitung
(ISSN 1869-1765)

Herausgeber: Prof. Dr.-Ing. M. Noe, Prof. Dr. rer. nat. M. Siegel

Die Bände sind unter www.ksp.kit.edu als PDF frei verfügbar oder als Druckausgabe bestellbar.

Band 001
Christian Schacherer
Theoretische und experimentelle Untersuchungen zur Entwicklung supraleitender resistiver Strombegrenzer. 2009
ISBN 978-3-86644-412-6

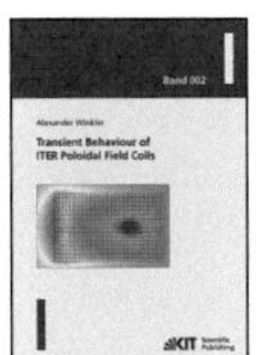

Band 002
Alexander Winkler
Transient behaviour of ITER poloidal field coils. 2011
ISBN 978-3-86644-595-6

Band 003
André Berger
Entwicklung supraleitender, strombegrenzender Transformatoren. 2011
ISBN 978-3-86644-637-3

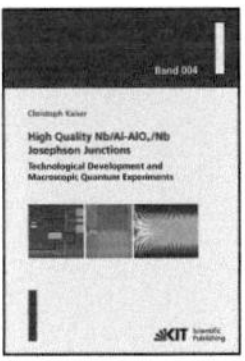

Band 004
Christoph Kaiser
High quality Nb/Al-AlOx/Nb Josephson junctions. Technological development and macroscopic quantum experiments. 2011
ISBN 978-3-86644-651-9

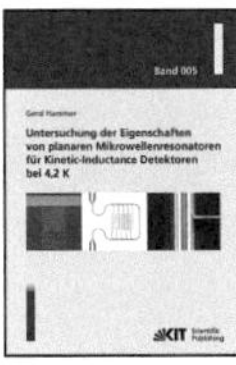

Band 005
Gerd Hammer
Untersuchung der Eigenschaften von planaren Mikrowellenresonatoren für Kinetic-Inductance Detektoren bei 4,2 K. 2011
ISBN 978-3-86644-715-8

Band 006
Olaf Mäder
**Simulationen und Experimente zum Stabilitätsverhalten
von HTSL-Bandleitern.** 2012
ISBN 978-3-86644-868-1

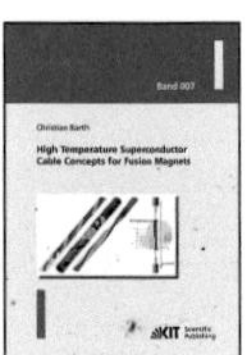

Band 007
Christian Barth
**High Temperature Superconductor Cable Concepts for
Fusion Magnets.** 2013
ISBN 978-3-7315-0065-0

Band 008
Axel Stockhausen
Optimization of Hot-Electron Bolometers for THz Radiation. 2013
ISBN 978-3-7315-0066-7

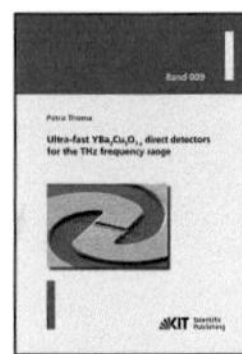

Band 009
Petra Thoma
**Ultra-fast $YBa_2Cu_3O_{7-x}$ direct detectors for the THz frequency
range.** 2013
ISBN 978-3-7315-0070-4

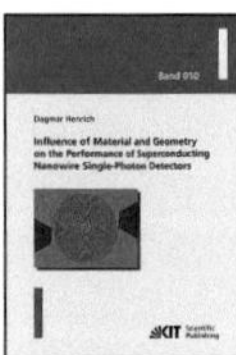

Band 010
Dagmar Henrich
**Influence of Material and Geometry on the Performance
of Superconducting Nanowire Single-Photon Detectors.** 2013
ISBN 978-3-7315-0092-6

Band 011
Alexander Scheuring
Ultrabreitbandige Strahlungseinkopplung in THz-Detektoren. 2013
ISBN 978-3-7315-0102-2